遗产新知文丛
New Heritage Studies

清华同衡系列专著

乡土聚落

研究与探索

罗德胤　编著

化遗产·记录人类文明之路　乡土遗产·守护中华文明之根

中国建材工业出版社

图书在版编目（CIP）数据

乡土聚落研究与探索 / 罗德胤编著 . -- 北京： 中国建材工业出版社，2019.8

（遗产新知文丛）

ISBN 978-7-5160-2585-7

Ⅰ . ①乡… Ⅱ . ①罗… Ⅲ . ①乡村地理－聚落地理－建筑科学－研究 Ⅳ . ① TU1 ② C912.82

中国版本图书馆 CIP 数据核字（2019）第 130069 号

内容提要

本书从汉族区、少数民族区、民系区的乡土聚落着手，将以聚落为单元的基础研究与笔者近年来在村镇保护发展上的实践工作相结合，探索乡土聚落遗产整体研究与有效保护的路径。

本书是清华大学建筑学院"乡土聚落研究"的课程教材，适合普通高等院校城乡规划、建筑学、风景园林等相关专业本科生和研究生参考学习，也可作为文化遗产设计人员的参考书。

乡土聚落研究与探索

Xiangtu Juluo Yanjiu yu Tansuo

罗德胤　编著

出版发行：中国建材工业出版社

地　　址：北京市海淀区三里河路 1 号

邮政编码：100044

经　　销：全国各地新华书店

印　　刷：北京中科印刷有限公司

开　　本：787mm×1092mm　1/16

印　　张：19.5

字　　数：350 千字

版　　次：2019 年 8 月第 1 版

印　　次：2019 年 8 月第 1 次

定　　价：**98.00 元**

前言
PREFACE

2008 年，我在清华大学为建筑系本科生开设了一门选修课，课程名称叫"乡土建筑学"。这门课是以建筑类型作为线索的，包括乡土住宅（民居）、宗祠、庙宇、文教建筑、防御建筑等，目的是让同学们对中国乡土建筑有一个概览式的了解。开设此课有两个前提：其一是我本人在乡土建筑调查和研究上已经有了五六年的基础，并且出版了两本这方面的书籍，算是对乡土建筑学科有了比较深入的了解；其二，更重要的是清华大学乡土建筑研究的三位开创者——陈志华先生、楼庆西先生和李秋香老师，于 2004—2008 年在北京三联书店出版了一套名为《乡土瑰宝》的系列丛书。丛书一共十册（其中《住宅》分上、下册），是清华大学乡土建筑研究组将近 20 年的学术结晶，也成为我这门课的主要参考书目。陈志华和李秋香两位老师后来于 2012 年又出版了《中国乡土建筑初探》一书，被我直接用作了课程教材。

《乡土瑰宝》丛书的最后一本是《村落》，"乡土建筑学"的最后一讲也是"村落"。清华乡土建筑研究范式，是陈志华先生定下的"以聚落[1]为单元的整体研究法"，所以这最后一讲才算是真正讲到了精华之处。可惜一堂课的容量太有限，远不能充分展开。

为弥补遗憾，我在几年后开设了另一门课，名为"乡土聚落研究"。该课程的设置，就是一堂课讲 1 ~ 2 个有代表性的聚落研究案例。清华乡土 20 年，调查研究并且出版过专著的聚落也不下 20 个，所以课程素材是足够的，还得有所筛选，以便其他有代表性的案例也能放进课堂。这门课也是八节课的选修课，但是授课对象从本科生变成了研究生。之所以安排在研究生阶段，是希望我们的聚落研究法对研究生们写硕士、博士论文有所帮助。

1　准确地说，是以聚落或者聚落群为单元的整体研究法。这里说的聚落群，是指在同一文化圈内、具有高度的文化一致性的聚落集合。清华乡土组的研究课题中，诸葛村、新叶村等属于单个的乡土聚落，而楠溪江中游古村落、婺源古村落、蔚县古堡等则属于同一文化圈的乡土聚落群。

"乡土聚落研究"讲了两年之后，形势又有了一些变化。保护传统村落，开始成为一项受到各级政府和社会各界关注的事业。住房城乡建设部于2012年9月成立了传统村落保护与发展专家指导委员会，我有幸成为其中一员，从此比较多地接触到了政策制订方面的问题。从2013年夏天开始，我本人和我的团队[1]又有机会在全国不同地方，陆续开展了一些村镇保护与发展方面的探索性实践工作。这些保护实践基本上也是以聚落为单元而展开的，跟我早些年做的以聚落为单元的研究正好形成了互补。

政策制订和实践工作的探索，让我对乡村遗产的保护理论有了更多的思考。我也借此对"乡土聚落研究"这门课进行了局部调整，加入了一些实践案例的内容，以便让同学们及时了解到最新的学科与行业进展。

"乡土聚落研究"开课至今已有七年，或许到了适合出版教材的时候。一本教材在手，总比只有PPT文件更有利于学生们掌握知识。于是我把这些年的讲课内容进行了整理，又加入了一些我认为有代表性的聚落研究案例与保护实践案例，编成了这本《乡土聚落研究与探索》。书名之所以有"探索"二字，是想表达几层含意。一是我们在乡土聚落的保护实践上，这些年都处在尝试和摸索阶段，远未成熟，是否真正有效也还需要一段时间的观察。二是乡土聚落本身的价值认识，也会随着学科发展与学术交流而发生演变，今天的认识跟昨天已经不一样，明天的认识也可能会跟今天不一样，这是一个永恒的探索过程。三是对于中国这个幅员辽阔、民族众多的文化大国，一个团队即使是穷尽全力，也只能认识其中的一小部分。

本书出版，首先要感谢导师秦佑国先生和乡土组三位老师对我的多年栽培。同时也要感谢吴正光、范霄鹏、郭焕宇、薛林平、王新征、张力智、赵晓梅、刘沛、陈奇等诸位老师的无私贡献，他们的文章使得本书的内容架构变得完整。还要感谢孙娜、李君洁、覃江义、王芝茹、王恒、周丽娜、王斐、付敬诺这几位村落所同事的全力支持，他们是我在乡土聚落研究与保护领域的长期战友。

2019年5月

1　指北京清华同衡规划设计研究院有限公司传统村落所，成立于2013年，主要从事传统村落保护与发展的实践工作。

目录
CONTENTS

第一章

绪 论

第一节 名称与概念

聚落，即人类各种形式的聚居地的总称。它不单是房屋建筑的集合体，还包括与居住直接有关的其他生活设施和生产设施，以及隐藏在背后的社会结构与文化观念。聚落一般分为城市和乡村两大类。考古学中的聚落，实际上是指聚落遗址。

乡土，本意指家乡的土地，引申为家乡。20 世纪 20 年代，中国出现了一种取材于鲜明地方特色和浓厚地域风俗的农村题材小说，其代表人物有鲁迅、废名、王鲁彦等。鲁迅于 1928 年将这一流派称为"乡土文学"。"乡土"一词，从此得以流行，并且被赋予了文学意义和文化意味。著名社会学家费孝通于 1948 年出版《乡土中国》一书，对该词的流行也起到了进一步的推广作用。

民居，是中国建筑学者较早就开始使用的一个词汇。1935 年，梁思成、林徽因在《中国营造学社汇刊》第五卷第二期上发表《晋汾古建筑预查纪略》，于最后章节提到了山西民居，这可能是"民居"作为专有名词的首次出现；龙非了 1934 年发表于《中国营造学社汇刊》第五卷第一期上的《穴居杂考》，在当时建筑学界还只看重官式建筑的背景下，具有开民居系统研究之先河的意义。[1] 中国学者对民居的研究，在 20 世纪 40 年代之后逐渐扩大。1988 年在华南理工大学（广州）举办的第一届中国民居建筑学术会议，是一个标志性事件，象征着民居研究队伍的价值认同和凝聚力，对推动民居建筑的深入与拓展起到了重要作用。

乡土建筑，陈志华将其定义为"乡土社会中的建筑"。所谓乡土社会，就是自然经济的封建宗法制度下的以手工农业为主的乡村，这在中国大致就是 20 世纪中叶土地改革以前的农村。[2] 陈志华曾在 20 世纪 90 年代提倡学术界用"乡土建筑"来取代"民居"，因为民居一词局限于居住建筑，不适用于中国乡土社会中存在着众多高质量的公共建筑的状况。尽管这一主张并未被广泛采纳，但是他的基本思想还是被国内很多学者所接受，"乡土建筑"一词在最近十几年也变得流行。

Vernacular Architecture，直译即乡土建筑。Vernacular，本意为方言，尤其是指被特定人群中的普通人在日常生活中使用的语言。在欧美学术界，Vernacular 是一个经常用的词汇，除了在语言学，它还用来形容那些非标准的、非官方的、非中心的、属于某个地方的事物。Vernacular Architecture，就是指非纪念性的、通常分布在城市之外的建筑。1988 年之后的历届中国民居建筑学术会议，常有国际学者出席，其中就有人将欧美学者常用的 Vernacular Architecture，跟中国学者常用的

"民居"进行了直接对应的翻译。[3] 从这个角度看，乡土建筑是比民居更便于跟国际学术界进行对接的词汇，这也在一定程度上助推了它在国内学术界的流行。

乡土聚落，本书所说的乡土聚落主要是指两大类聚落中的乡村，同时也包括一些小型的城镇。乡土聚落与乡土建筑的区别在于，前者强调了聚落的整体性。陈志华在倡导乡土建筑概念的同时，也主张"以完整的村落为单元"进行研究和保护。他所领导的清华大学乡土建筑研究小组，对国内不同地区的、具有典型意义的聚落单体或者聚落群体进行了深入研究，先后出版了几十部专著。这些著作不只在建筑学界产生了影响，在更广泛的知识文化界也引发了讨论。

对乡土聚落进行整体思考的方法论，在此后也逐渐成为学界共识。"聚落研究是一种综合性和跨学科的研究，以往的民居研究提供了丰富的基础资料。只有将生态的、历史的、政治的、社会的、经济的、民俗的、宗教的、婚姻的等因素引入，才能更深入地建立一种属于建筑学领域的聚落研究。"[4]

文物保护单位中的村落遗产，主要是以某个村内的古建筑群为名义而公布的，比如安徽黟县宏村古建筑群、浙江兰溪市诸葛村古建筑群等。此类国保级"村（寨）古建筑群"有几十项。

中国历史文化名镇和中国历史文化名村，由中华人民共和国住房和城乡建设部（简称住房城乡建设部）和国家文物局共同组织评选。评选标准为：保存文物特别丰富，且具有重大历史价值或纪念意义的，能较完整地反映一些历史时期传统风貌和地方民族特色的村和镇。截至目前，中国历史文化名镇和中国历史文化名村一共评出了七批，分别有 312 个和 487 个。

中国古村落，由中国民间文艺家协会（简称中国民协）组织评定。冯骥才于2001—2016 年担任中国民协主席，在他的倡导下，中国民协经常以学术会议的方式，组织建筑学和民俗学的专家们一起探讨古村落的文化价值与保护路径。

传统村落（中国传统村落），是近几年才正式形成的概念和体系。2012 年 4 月，住房城乡建设部、文化部、财政部、国家文物局（简称四部局）共同发起了传统村落调查。四部局在关于开展传统村落调查的通知中指出："传统村落是指村落形成较早，拥有较丰富的传统资源，具有一定历史、文化、科学、艺术、社会、经济价值，应予以保护的村落。"

传统村落和古村落的一字之差，反映出这两个词汇各有侧重。古村落强调的是时间，传统村落强调的是性质。一个形成年代不久的村落，如果它较多地延续了传统社会的有形与无形文化，我们就可以说它是传统村落，但可能不应该说它是古村落。四部局在开展调查之初用传统村落来代替古村落，是为了把更多承载了传统文化的村落纳入到调查和保护体系。见图 1-1-1、图 1-1-2。

图 1-1-1　蔚县古堡村

图 1-1-2　山西盂县大汖村

　　中国传统村落的评选，和之前已经开展了多年的中国历史文化名村的评选有很大区别：后者是两三年评选一次，每次入选的村落从十几个到几十个不等（最近两次的数量有所增加），属于精挑细选；前者基本上是一年一次，每次入选的村落有几百个甚至一两千个，其中难免出现质量参差不齐的情况。

　　为什么传统村落的评选要如此"激进"？原因在于，我们正处在一个快速城镇化而文化遗产保护观念滞后的历史阶段，如果不在最短的时间内把保存尚可的传统村落纳入保护范围，那么大多数传统村落将很可能在受到社会关注之前，就已经遭到破坏并消失殆尽。

注释：

1　潘莹，施瑛.中国民居研究的起点 [J].南方建筑，2017（01）：16-20.

2　陈志华.中国乡土建筑的世界意义 // 文物建筑保护文集 [C].南昌：江西教育出版社，2008（11）：98-103.

3　根据纳仲良先生（Ronald Knapp，任教于纽约州立大学新帕尔兹分校）的回忆，他于 20 世纪 90 年代经常来中国参加民居学术会议，在向美国同行介绍中国民居的研究动向时，通常会用 Vernacular Architecture 来指代中国民居，因为民居的直接翻译 Folk-house 在欧美并不是一个常用词汇。

4　余英，陆元鼎.东南传统聚落研究——人类聚落学的架构 [J].华中建筑，1996（4）.

第二节　乡土聚落的谱系框架

　　住房城乡建设部组织中国传统村落评选，前后已有五次，上榜的村落总共6819个。这些传统村落加上保留还比较好的古镇，我国现存的乡土聚落估计超过7000个。面对数量如此庞大的乡土聚落，谱系的建立应该成为一个重点考虑的问题。只有建立起谱系，这些乡土聚落才不会是一盘散沙，而是编织起来的一张结构清晰的知识之网。也只有建立起谱系，我们才知道哪些聚落是属于"稀有物种"，需要我们去主动发现和重点保护。

　　建立乡土聚落的谱系，是一项有难度的工作。谱系的建立，关键是要找到让个体之间产生差异的第一要素。这个第一要素一旦产生，个体的其他特征就可以由此推导，形成有线索可寻的逻辑关系。什么可以成为区分乡土聚落的第一要素呢？人口、面积、地形、选址、结构、产业等，都可以成为区分乡土聚落的一个指标，但是都不足以成为第一要素，因为其他要素与它们之间还不存在足够的关联度。

　　村和镇之间，是大致可以从产业角度来划分的，因为村大多以农业为主，镇则以商业为主，或至少商业和农业并重。不过，由于镇的数量比村要少得多，所以按这个方法划分了之后，村的分类依然是个难题。

　　2012年10月在北京举行的第一批中国传统村落评审会上，面对各地提交的信息量超大的申报表格，专家们达成一个共识：看一个村落能不能入选传统村落，要从聚落、建筑和非遗这三个因素来考量。聚落指村落的选址（连带周围环境）、布局[1]；建筑指现存传统建筑，包括历史较长的和历史不长但以传统技艺建造的；非遗即非物质文化遗产。三项都过关的就通过，两项过关的要讨论决定，低于两项过关的就不通过或补充材料后下次再审。这个办法把复杂问题给简化了，有利于评审的公平和效率。鉴于该方法简洁有效，它在此后的中国传统村落评审中都得到了沿用。

　　应该说，尽管还不完美，但抓住聚落、建筑和非遗这三个因素，确实是抓到了传统村落的关键点。尤其是非遗成为三要素之一，可以说是非物质遗产专家们的一次胜利。之前从事民居建筑研究的学者们，是没有把非物质遗产放到这么重要的位置的。

　　然而，不管是聚落还是建筑，抑或是非遗，都还不足以成为建立传统村落谱系的第一要素，因为它们之间似乎是相互独立的，缺乏关联性。我们还需要一个超越于聚落、建筑和非遗这三要素之上的东西。

要找到建立传统村落谱系的第一要素，可以借鉴目前国际上讨论较多的一个文件——《巴拉宪章》。《巴拉宪章》是澳大利亚于 1979 年制定的针对本国国情的文化遗产保护文件，其核心思想是用"文化重要性"来代替《威尼斯宪章》提出的"历史信息"。澳大利亚的文化遗产，特点是"两头多、中间少"，也就是史前遗迹或原住民文化多，现代建筑多，而古希腊以至近代的历史建筑很少。[2] 显然，用《威尼斯宪章》提出的历史信息原则来评判，对澳大利亚是很不利的，所以他们提出了"文化重要性"的概念，以便把史前遗迹和原住民文化都纳入世界遗产的范围里。

《巴拉宪章》提出后，尽管不断有争议，但是国际上对它的关注度和接受度是越来越高。[3] 其中一个原因在于，它符合了国际社会对文化遗产的评价和认识趋势。在世界遗产的概念出现之初，主要是一些已经得到公认的文化遗产项目被列入名单。比如，中国最早列入世界遗产名录的长城、故宫、颐和园，就属于"太过重要"的项目。这些项目的价值，是不需要论证的。我们要做的是尽量完整地收集和保护它们的历史信息，以便后代可以最大限度地认识这些人类杰作。

后来，随着世界遗产名录的不断增加，开始出现一些不被人熟知的项目。在这个时候，论证就成为一个非常重要的环节。所谓论证，就是对历史信息的梳理与评判。也就是说，光靠提供历史信息已经不足以让评委们认识一个文化遗产项目了，而是要归纳总结出它最重要、最突出，而且与之前已经列入名录的文化遗产项目都有着明显差异的特征，才能说服评委，同时也让普通民众在短时间内接受并记住这一项目。

这实际上是一个世界遗产谱系建立的过程，因为每一个新的项目都与之前的不一样，从而每一次新项目的列入都在丰富着人类文明的多样性。从这个角度说，《巴拉宪章》的文化重要性在世界遗产名录的建立中是发挥了重要作用的。

文化重要性，也正是我们需要寻找的超越于聚落、建筑和非遗之上的第一要素。文化的分类通常从民族或地域入手，而中国的情况是一个汉族加五十五个少数民族。针对这一特殊国情，我们将全国划成了四个片区，这四个片区之内各有自己的文化重要性体现。

Ⅰ区是汉族主流文化区，主要是华北、华中和东部，不包括广东、海南、港澳台以及闽南、闽西、赣南，但是包括重庆、四川和广西的部分地区。这是以汉族文化为主导的片区。Ⅰ区的乡土聚落，其文化重要性是通过两条线索体现的。

一条线索是文化上的一致性。汉族区乡土聚落经常有的共同特征：从社会维度而言，普遍存在着宗法制度、泛神崇拜和科举影响；从聚落维度而言，是选址和结构多数围绕农业而展开，少数则围绕商业、手工业等其他产业而展开；从建筑维度而言，是住宅以合院为主流，而公共建筑通常有宗祠（图 1-2-1）、庙宇和文教建筑这三类。另一条线索是地方上的差异性。汉族区内各地的乡土聚落，因气候、地理、经济、文化上的差异而形成丰富多样的建筑风格和景观面貌。

Ⅱ区是西部的少数民族文化区，这是以少数民族的文化特征为文化重要性的片区。相比于汉族区乡土聚落，少数民族区乡土聚落在文化上的一致性没那么明显。在汉族区乡土聚落，通过寻找祠堂、庙宇、文昌宫等公共建筑，就可以大致了解它的社会结构和运行机制。在少数民族区的乡土聚落，有的也有高质量的公共建筑，但是它们在以不同的方式反映着社会结构和运行机制。少数民族区乡土聚落很多都没有高质量的公共建筑，它们的社会结构与运行机制是通过其他方式来承载和表现的，需要我们采用不同于汉族区的研究方法去了解。见图 1-2-2。少数民族的聚落和建筑，大多在不同程度上受到了汉族文化的影响。在研究这些乡土聚落时，分析它们与汉族文化之间的关联性，通常是重要的议题。

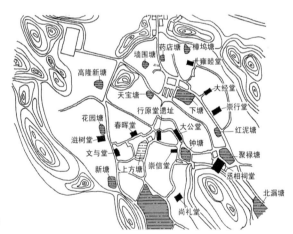

图 1-2-1　浙西诸葛村宗祠分布图[4]

图 1-2-2　元阳县垭口村，蘑菇房保
　　　　　留完整的哈尼村寨

III区是南部的民系区，是以华南为主的区域，还包括赣南和闽西，不包括海南。这里的民系大致可以分为五个：客家、广府、闽南、潮汕和雷州。其中的广府包括澳门，而香港则是广府和客家均有。这五个民系都属于汉族，但是在文化上与I区的汉族又有所区别，在某种程度上可以被视为是"非主流"的汉族文化。民系区的民系分化现象十分明显，从民系来理解该区域的种种文化现象，往往是顺理成章的，比如语言、饮食、节庆等。用民系来划分乡土聚落，也符合这一地区的特殊情况。见图1-2-3。

四川和重庆有数量不算少的客家人，浙江也有少量的客家人，这些客家人仍然以聚居的方式生活，所以会形成客家乡土聚落。但是，它们或多或少都受到了所在区域的文化影响，跟粤闽赣三省交界地带的客家乡土聚落又有所区别。

广西壮族自治区是一个略显特殊的省份。她既属于西部，又属于华南。少数民族文化、主流汉族文化和民系文化，在这里都有鲜明的体现。具体情况，要视小区域的人口分布而定。

IV区包括东北、台湾和海南。IV区的特点是原住民加外来人口，原住民即原先居住的民族，外来人口即后来迁入的民族或民系。因此，IV区实际上是前三个片区的综合。

在东北，如果是原住民为主的乡土聚落，可按II区的民族原则来处理，比如满族、朝鲜族、达斡尔族等；如果是以外来人口为主的乡土聚落，由于大多是从I区的汉族地区迁来的（尤其是"闯关东"的山东人），所以可按I区的文化地理原则来处理。

图1-2-3 广东省兴宁市的东升围，俗称"九厅十八井"，客家民系的传统民居
（图片由兴宁市文化局提供）

在台湾，原住民有泰雅、阿美、布农等民族，外来人口以闽南、客家两个民系为主。如果考虑到原住民的建筑已经消失，只有重建的博物馆式民居，台湾大致上可以划入III区，即民系区。

在海南，原住民以黎族和苗族为主，所以原住民的乡土聚落按II区的民族原则处理。外来人口以闽南人为最多，其次有广府人（主要在琼北），所以外来人口的乡土聚落按I区的文化地理原则处理。不过值得注意的是，海南历史上有不少来自中原的驻军，又有来自东南亚的影响，所以这里的传统村落还融入某些中原和东南亚的元素。

以上看似复杂的分类法，其根本仍是遵循以民族为基本原则的。I区是汉族；II区是少数民族；III区的民系可视为一种特殊的"亚民族"；IV区是前三个区的综合，归根结底还是民族分类。

应该承认，这一分类法并非完美无缺。比如，在每个片区的交界地带，甚至在每个子片区的交界地带，都会存在一些难以明确归类的乡土聚落。对于这些乡土聚落，我们需要加强它们与两边腹地的典型聚落的对比研究。这不但会使各自的特点都更为突显，也将会使中国乡土聚落的谱系更为完善。

按此分类法，本书的第二章至第四章分别以汉族区、少数民族区和民系区的乡土聚落为论述对象。混合区由于目前掌握的信息还不充分，故未单独列章。

本节采编自：
罗德胤. 中国传统村落谱系建立刍议 [J]. 世界建筑，2014（06）.

注释：

1　这里说的聚落，主要是指选址与布局，与本书开头对聚落的定义有所不同。
2　王世仁. 保护文物古迹的新视角——简评澳大利亚《巴拉宪章》[J]. 世界建筑，1999（05）：22.
3　翟珊珊. 对《巴拉宪章》历次修订的研究 [D]. 北京：清华大学，2013（05）：2.
4　陈志华，李秋香. 诸葛村 [M]. 北京：清华大学出版社，2010.

第二章

汉族区乡土聚落

Ⅰ区是汉族主流文化区，主要是华北、华中和东部，不包括广东、海南、港澳台以及闽南、闽西、赣南，但是包括重庆、四川和广西的部分地区。

中国是一个历史悠久、幅员辽阔的文明古国，也是以汉民族为主体的多民族国家。距今约 5000 年前，以中原地区中心开始出现聚落组织进而形成国家，后历经多次民族交融和朝代更迭，直至形成多民族国家的大一统局面。

汉族的族称，是在中国统一的多民族国家形成、发展过程中确立的。公元前206 年汉朝建立，前后历 400 余年，经济、文化及国家的统一有了新的发展，原称华夏的中原居民称为汉人。此后，汉人成为中国主体民族族称，历代占中国人口绝大多数，在经济、政治、文化等各方面均占主导地位。到了近代，随着"民族"一词传入中国，"汉族"便取代"汉人"成为这一族群的正式名称。汉族历经与各族的共处、迁徙、融合，形成了在松辽平原及黄河、淮河、长江、珠江等农业发达地区及城市集中分布，在边疆与当地各族交错杂居的分布特点。另外，历史上汉族有相当数量人口移居海外，形成当地的华裔或华侨。[1]

第一节　概　述

陈志华在《中国乡土建筑的世界意义》中指出，宗法制度、科举制度和实用主义的泛神崇拜是中国乡土建筑区别于欧洲乡土建筑的三个因素，它们给中国乡土聚落带来了大量艺术水平很高的建筑。"由宗族出钱建造的公共建筑，主要是各级宗祠，包括大宗祠、房祠、分祠和香火堂。它们是宗族和房派兴旺发达的标志。宗族也负责公共性的工程建设，例如水渠、堤坝、堰塘、道路、桥梁和风景点等。科举制度的影响一直渗透到穷乡僻野。为了祈求族人取得科举的辉煌成就，宗族建造了不少庄严华丽的公共建筑，例如文昌阁、奎星楼、文峰塔、文笔、焚帛炉等，有少数村子甚至造起了文庙和乡贤祠。科举成绩好的村落，会有功名牌坊、翰林门、状元楼。实用主义的泛神崇拜也大大丰富和提高了乡土建筑。庙宇有大有小，大的是巍峨堂皇、楼台重叠，小的只容得下一块神名碑。它们都是村落里的艺术节点，大都位置在显眼的地方，对村落的面貌很有影响。"[1]

这里说的"中国"，主要指汉族文化为主导的地区。不以汉族文化为主导的地方，在宗法制度、科举制度和实用主义的泛神崇拜这三个因素上也可能有所体现，但不会这么明显，更难得见到三个因素同时发挥作用。陈志华领导的清华研究团队在从事乡土建筑的研究和保护工作时，还特别强调"以完整的村落为单元"，所以他笔下所说的"中国乡土建筑"，我们基本上可以理解为是汉族区的乡土聚落。[2]

中国的乡土聚落里之所以出现很多建造水平和艺术水平都很高的公共建筑与住宅建筑，除了上面说的三个因素之外，还和两个因素的助推有很大关系。这两个因素，一个是商业，另一个是防御。

如前所述，汉族区乡土聚落的文化重要性是通过文化上的一致性和地方上的差异性这两条线索展开的。本章在典型聚落案例的选择上，也是基于这两条线索而做出的综合考量。它们在地域分布上要尽量的广，在宗法制度、泛神崇拜、科举文教、商业、防御等方面的体现上也要有足够的代表性。

一、宗法制度

宗法制度联结的是血缘关系，尤其是间接的血缘关系。直接的血缘关系体现在小家庭内部，基本上属于天然联系，不需要做额外的联结工作。间接的血缘关系，涉及面就比直接血缘关系大多了，如果不做刻意的安排，是没法凝聚成集体的。宗法制度让一批有直接和间接的血缘关系的人认同于同一个祖先，由此形成一个稳定的合作团体共同应对生活和生产中出现的靠单个家庭无法应对的各种问题。在问题和困难面前，宗族作为整体的力量和效用远大于各个家庭的简单叠加，所以宗法制度在中国古代社会中得到了广泛的应用。

江西省乐安县流坑村，是一个反映宗法制度的乡土聚落案例（图2-1-1）。宗法制度在流坑村的影响，主要体现在宗祠建筑、村落规划和兴建文化建筑这三个方面。在宗祠建筑上，流坑村的祠堂数量之多，为国内罕见。"据万历十年的宗谱记载，村内已有大小祠堂26座。清嘉靖、道光时期，由于竹木生意兴隆，流坑董氏财力大盛，宗祠建设又掀高潮，至道光十年竟有83座之多。除了大宗祠之外，其他宗祠都属于分祠，又可以分为四类。一类是严格意义上的祠堂，是为祭祀自己房派的先祖而建，由房长、长老等管理，拥有一定数量的祠产。二是由于某人官居高位，或为学者大儒，当他去世后，族人为纪念他，将他的住宅或读书处辟为祭祀专祠，并设有祭田。三是许多老人怕死后子孙将祖产典卖，家业分散，便立下遗嘱将老屋改称以他的名义为祀主的祠堂。四是由香火位升格而成的祠堂。"[3] 在村落规划方面，明代中叶的理学家、董氏第二十二世董燧主持了流坑村的重新规划，并率领族人建设实施。"董燧的壮举有三。其一是在村西挖掘起沟渠作用的长湖，取名龙湖，将天然雨水和生活用水从东西引入湖中，再将湖水与乌江相通，使全村为水所包围，形成山环水抱的佳境。其二是将村中密如蛛网的街巷加以规划整治，从东到西开辟七条宽巷，从南到北设置一条宽巷，横七竖一的布局与水道相一致，族人也按照房派支系分区居住。三是在董燧的经营下，建造了十八栋联为一体的住宅。"[4] 在文化建筑方面，流坑董氏宗族"办书院，出资建文馆、文昌阁、魁星阁等建筑，对有特殊成就的族人还修建状元楼、翰林楼、五桂坊、奕世科名坊、子男封爵坊等纪念建筑，从而形成庞大的文化建筑系统。"[5]

二、泛神信仰

当一个村落有两个或更多的宗族共同生活时，宗法制度的联结作用也不够了。很多杂姓村落建有三义庙，里面供奉着桃园结义的刘关张三位。这是在用模拟血缘关系的方式，来构建起杂姓村落的共同体。实际上很多神灵信仰并不需要模拟血缘关系，仅仅是靠信仰本身，也都能起到沟通感情、交流信息、聚集人心、形成共识的作用。因此在中国的乡土聚落里，神灵信仰既是个体精神的需要，也可以是超越宗族的联结纽带。也就是说，中国的乡土聚落中从血缘联结到地缘联结的过渡，在相当程度上是依靠神灵信仰来实现的。神灵信仰起到的地缘联结，还可以超越一个村落，扩大到由若干个村镇构成的文化圈。

神灵信仰的这种联结作用，还可以延伸到血缘和地缘之外的业缘范畴。中国古代的很多行业都有自己的保护神，比如木匠奉鲁班为行业神，杀猪业奉张飞为行业神，娼妓业奉管仲为行业神等。因为古代有的行业是由某个地方的人来主要从事甚至垄断的，所以有的行业神就兼有了地缘和业缘联结的作用。这其中最著名的，要数关公信仰。关公即关羽，原本只是三国时蜀国的一员大将。关羽的武力和战功远不能排第一，但是由于三国故事的广泛流传等一系列的原因，他成了一个战神和运城盐池的守护神（运城旁边的解州是关羽的老家），后来随着晋商实力的急剧扩大，他又成了山西商人的守护神，进而成为民间共同信奉的财神和象征忠义的全能神，再后来又因为朝廷的多次正式册封，终于晋升为与文圣人孔子并称的武圣人。[6]

山西省介休市龙凤镇的张壁村，是泛神崇拜体现于乡土聚落的一个典型案

图 2-1-1　江西乐安县流坑村（李玉祥　摄）

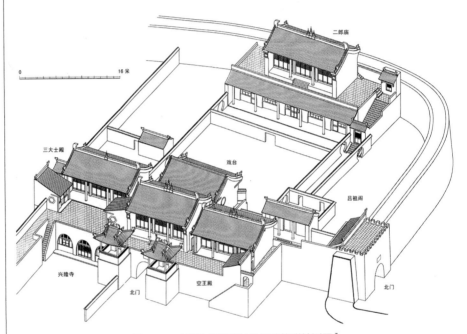

图 2-1-2　山西介休张壁村北门建筑群轴测图 [7]

例（图 2-1-2）。"张壁村的庙宇建筑，除去早年毁掉不知所在的眼光殿，其余都丛集于北门内外和南门内外。计北门十座，南门十六座。"张壁村多庙宇原因，大概有四个。首先是晋商有不离乡的规矩，"赚了钱带回家，田地早已买足，宅院也早已造齐，于是就有了'无妄之费'，包括斋僧礼佛，建造各种庙宇，还捐献一些土地作为庙产，供僧人生活和做法事。""其次是中国实际上没有真正意义上的宗教，有的是功利的实用主义的自然神和人格神的崇拜。""再者，农村中，庙宇一般都有公共建筑的功能，张壁村的商人多从事典当、钱庄、票号，自有经理伙计经营，东家大多家居，以乡绅身份管理村中公共事物，所以比较留心公益。建庙是一种公益活动，张壁村的庙宇多有一种公共建筑的性格，少宗教的庄严和迷信的神秘，建在村口内外而不是远在村外僻静处，可贴近日常生活。"最后，张壁村位于介休县城去往绵山的必经之路上。"绵山下有兴地村的回銮寺，绵山上有云峰寺等几个重要的寺庙，香火很盛，附近各县都有大量的信众来进香。绵山是专司雨水的空王佛修行之地，山西气候干旱，农田多是旱作，年岁丰歉都取决于雨水，所以空王佛的地位十分重要。张壁村是上绵山朝拜空王佛途中特殊的一站。"[8]

三、科举影响

神灵信仰，视其信众多寡和影响范围而有大小不同的覆盖区域。像关公信仰这个级别的，覆盖范围几乎是全国，甚至远及海外。我们可以这么说，属于中国人的实用主义泛神崇拜，是让中国人之所以成为中国人的一个重要组成部分。而科举制度在把全国人民联结成一个整体的作用上，也起到了极为关键的作用。如果说以关公信仰为代表的神灵崇拜是把中国中下层民众联结起来的一条纽带，那么科举制度就是把中国中上层精英联结起来的一条纽带。在古代，自从科举制度建立尤其是在宋代发展成熟之后，在科举中取得好成绩就成为了所有读书人的毕生理想。"朝为田舍郎，暮登天子堂"这句励志口号，让无数青年才俊把时间和精力都消耗在了为帝王服务的憧憬上。皇帝也适时地把儒家经典作为主考内容，成功地在全国范围内统一了意识形态。

浙江永嘉县楠溪江中游的村落群，是体现科举和文教的典型案例（图2-1-3）。楠溪江最灿烂的文化高峰在南宋，这也是中国古典文化的一个灿烂时期。"楠溪江人历经宋、元、明、清四朝'科甲簪缨，珠贯蝉联'，而且出了著名的理学家和诗文作者。文风之盛，文运之隆，在村落体素上的表现之一就是文教建筑的普及和类型的多样化。最常见的有义塾、书院、读书楼、文昌阁、戏台和其他以教化为目的的各种建筑物。""楠溪江的村落和房舍都非常简朴天然，以素木蛮石、粉壁青瓦创造出动人的魅力。这种魅力来自它们所反映的有高度文化追求的农耕生活，和蕴含在文化中的对自然的热爱。""楠溪江的很多村落都经过统一的、综合的规划，村子有围墙寨门，墙里有整齐的街巷网和水系，有礼制中心、文化中心、休闲中心和园林绿化等开放空间，有公共的生活设施。"[9]

四、商业因素

乡土聚落跟商业的渊源，很早就出现了。中国是一个农业大国，农业是整个社会的基础。在农业社会，自给自足是主流，但是有些东西也是农民自己没法生产或不便制作的。比如农用和家用的铁器,大多数村子没有铁匠铺,村民需要从附近市镇上购买。晋东南有个大阳镇,在古代以冶铁业为基础,发展出了专门做钢针的产业。钢针这种细小物件,打制起来需要专门的技巧,大阳镇就有一批专门做针的手艺人,还有几十家专门把针运到各地去销售的商号。这些手艺人和商号把小钢针做成了大生意,使大阳镇成为"九州针都",长期占据长江以北的市场。大阳镇至今保留有众多质量相当高的民居、商铺和公共建筑,历史上还曾经有过东、西两座针翁庙[10],镇上老街延绵五里长,两侧分布有 26 条次要街巷。

中国的国土面积大,各地物产有差异,这导致一些生活物资有长途贩运的必要,从而给商人带来了机会。大阳镇的钢针只是一个例子,更大机会是在粮食、布匹、食盐、木材、茶叶、陶瓷等大宗物资方面。古时有"苏湖熟,天下足""湖广熟,天下足"的说法,也就是说,粮食生产有富余的地方,是要运送到其他地方去满足消费的。粮商由此而获得了发展机会。食盐自古就是由政府管控的重要物资。中国古代有几个主要的产盐地,包括山西运城(池盐)、四川自贡(井盐)、青海吉兰泰(湖盐)和沿海盐场(海盐)。这些产盐地的食盐,需要运销到全国。官府为此而构建起庞大的食盐行销网络。早期的晋商和徽商,就是靠食盐专卖而发展

图 2-1-3 楠溪江芙蓉村凉亭及书院(李玉祥 摄)

图 2-1-4 碛口古镇(李玉祥 摄)

起来的。瓷器、茶叶和丝绸，更是中国主要的外贸物资，曾经长期垄断国际市场。

　　大部分质量高的汉族区乡土聚落，都离不开商业的支撑。周庄、同里等江南古镇的兴盛，靠的是历史上江南水乡发达的商业网络。晋中和晋东南地区的地主大院，是由晋商建造的。徽州建筑的建造者也主要是徽商。胶东最近发现一些相当好的传统村落，其建筑大都建于 1900 年前后，这是近代鲁商的贡献。古代商人热衷于把钱寄回老家，体现了农业社会的价值观。在家乡搞建设，是商人们获得社会认可的重要方式。

　　位于吕梁山西麓、黄河东岸的山西省临县碛口镇，是一个反映商业作用于乡土聚落的突出案例。碛口镇坐落在黄河与湫水河交汇处的卧虎山脚，由于湫水河将大量泥沙砾石冲入黄河，将原本 400 米宽的河道挤成只有 80 米左右，使得重载木船和皮筏子都无法通过，从而形成水旱转运功能。至清代初年，"在河套地区灌溉了大片沃土，催生了丰饶的农产品，于是用木船和皮筏子经秦晋大峡谷把粮食、胡麻油、吉兰泰的盐和碱顺流而下，运进内地，还捎带着把宁夏、甘肃的牛、羊、皮毛以及甘草、枸杞、当归等等中药材一起运了过来。""从清代乾隆朝到二十世纪三十年代末的二百多年，是碛口经济的鼎盛时期，中间还有一个光绪朝的高潮。这期间，碛口镇号称秦晋大峡谷沿岸七百公里的第一镇，或者说晋西第一镇，远比临县县城繁华得多。"[11] 见图 2-1-4、图 2-1-5。

五、防御因素

　　防御因素在汉族区乡土聚落中的体现，在某些地方也是相当明显的。最突出的例子是长城沿线的村堡。长城是农耕文明和游牧文明的分界线，农耕民族过的是定居生活，游牧民族过的是移动生活。天气正常的时候，两者还能相安无事。遇到天气变冷，草原上的牲畜大量死亡，游牧民族只好南下劫掠。农耕民族的机动性和战斗力原本远不如游牧民族，但是农耕的生产方式有两个大的好处。一是同样的土地面积能生产出更多的粮食，从而养活更多的人口。二是农耕的定居生活，更方便形成有组织的社会。人口多加上组织优势，就可以发动军民修建城堡，跟游牧民族的骑兵抗衡。长城以南沿线，分布着无数大大小小的城堡，有的是官府修建的，更多的则是民间自发修建的。

　　南方也有防御性很强的乡土聚落。比如客家人在赣南的围屋（图 2-1-6）和闽西的土楼（客家乡土聚落，见第五章）。在闽西客家往东不远，有土堡和庄寨这两种也是防御性相当强的乡土建筑。[12] 土堡的规模一般比土楼要小一些，土楼的房屋是用来永久居住的，而土堡的房间只用于临时居住。从聚落形态上看，土楼村是

图 2-1-5　碛口古镇（王皂生　摄）

图 2-1-6　江西龙南县燕翼围（院
内原本是空场，房屋为后加）

由若干个土楼加上一些小型民居组成的，土楼是主体；土堡村是由很多院落型民居加上一两个土堡组成的，院落型民居是主体。这两种聚落形态，对应着两种完全不同的生活方式。

庄寨也是一种用夯土墙或石墙围起来的大型建筑。典型的庄寨由一圈围屋加上里面的厅堂、堂屋和横屋组成。外围墙通常是两层高，有的庄寨在四个角上还建有角楼，也称炮楼。庄寨村的聚落形态有两种。一种是很小的自然村，由一两个庄寨就构成了一个村落。另一种形态，是一个聚落由许多中小型院落居居和若干个庄寨构成。

碉楼也是一种防御性比较强的乡土建筑。有碉楼的乡土聚落，目前看来主要有三个地方：广东江门的开平市（图 2-1-7）、广东深圳的宝安区（图 2-1-8）和四川西北部的北川县、丹巴县。开平碉楼属于广府民系的，宝安碉楼属于客家民系，北川县、丹巴的碉楼属于羌族和藏族。

汉族民居的主流方式是形成合院，这本身就是自带防御性的建筑形式。大多数汉族区乡土聚落都由小型和中型的合院民居，加上若干个公共建筑组成的，合院与巷道构成了此类聚落的基本肌理。徽州的合院建筑，多为两层，外围的墙体又特意被拔高，所以建筑的防御性在这里体现得更加明显。有的地主庄园，

图 2-1-7　开平自力村碉楼
　　　　（李玉祥　摄）

图 2-1-8　深圳宝安松元厦村的
　　　　碉楼

图 2-1-9　徽州村落巷道

图 2-1-10　浙东省松阳县三都乡杨家堂村

占地广阔，大合院里套小合院，并且分出居住、作坊、仓储、祠堂、书院等不同功能，周围还有自家的山林和田地，形成了自成一体的聚落。见图 2-1-9、图 2-1-10。

注释：

1　陈志华.中国乡土建筑的世界意义 // 文物建筑保护文集 [C].南昌：江西教育出版社，2008（11）：98-103.

2　某些受汉族文化影响较深的少数民族村落，也会建起祠堂、庙宇、私塾等建筑，其中的一个典型案例是湖南会同县的高椅村。这是一个侗族人的村落，但从建筑风格上看更接近汉族，与其西面的侗族村寨有较大差别。参见：李秋香.高椅村 [M].北京：清华大学出版社，2010.

3　李秋香，陈志华.流坑村 [M].石家庄：河北教育出版社，2003：85-86.

4　周銮书.千古一村——流坑历史文化的考察 [M].南昌：江西人民出版社，2003（3）：21-22.

5　李秋香，陈志华.流坑村 [M].石家庄：河北教育出版社，2003：111-112.

6　可参考：（日）渡边义浩.关羽 [M].李晓倩译，北京：北京联合出版公司，2017（8）.

7　陈志华，中国古村落：张壁村 [M].石家庄：河北教育出版社，2007：67.

8　陈志华，中国古村落：张壁村 [M].石家庄：河北教育出版社，2007：49-50.

9　陈志华，李秋香.楠溪江中游 [M].北京：清华大学出版社，2010：2，27，285.

10　留有《西大阳针翁庙创建碑记》，王国士于清顺治十年（1653）撰写。其中说到："公中此业者，旧有三、二家，而止则列肆矣，屈指不能尽。"参见：薛林平等.大阳古镇 [M].北京：中国建筑工业出版社，2012（9）：242-243.

11　陈志华.古镇碛口 [M].北京：中国建筑工业出版社，2004（8）：28，45.

12　也有学者认为土堡和庄寨是属于一类建筑。

第二节　拱卫京畿——蔚县的"八百村堡"

蔚县位于北京西面约 240 公里处，介于张北高原和华北平原之间，属河北省张家口地区。这一地理位置决定了它在历史上的军事地位，有"京师肘腋，宣大喉襟"之称[1]。明代将领戚继光在《纪效新书·总叙》中曾说："若夫北方原野，地形既殊，虏马动以数万，驰如风雨，进不能止。"从张北高原到华北平原所呈现出来的逐级跌落的三级台地，非常适于骑兵驱驰。古代游牧民族的骑兵队伍，就曾经不止一次由此挥师南下，直逼华北平原。为了抵抗骁勇彪悍的游牧民族骑兵队伍，中原王朝不得不在北部边境广修防御工事。在明代，尤其是永乐定都北京以后，由于京师靠近边境而时刻面临鞑虏、瓦剌等北方民族的威胁，防御工事的修建就尤显迫切而重要。

蔚县地区大量城堡的修建，正以此为时代背景。蔚县位于二级台地上和内外长城之间，西有雁门关，东有紫荆关和倒马关，北面则是由宣化、榆林和大同连成的军事防卫线。它既是中原王朝一处关隘和边防后勤基地，又是极易遭受游牧民族骑兵队伍掳掠的前沿地带。

这一军事特点也决定着蔚县境内城堡的数量很多，有"村村皆堡"和"八百城堡"之称。尽管在最近的几十年由于自然或人为的因素而毁坏甚多，但根据1985 年的统计，县域内仍保存城堡将近 300 座，最近的调查则表明大约有 150 座城堡留存。[2]

一、城堡修建的原因

边防紧迫是明代大批城堡修建的直接原因。明初鉴于北元势力尚强，朱元璋制定"来则御之，去则勿追"[3]的军事策略。由于蒙古骑兵随时可能反扑，中原部队就不得不做好随时应对的准备。于是，修筑城堡、恢复长城就成为边关将领的首要任务。与徐达在怀柔修复慕田峪长城大约是同一时期，"卫所指挥怀远将军"周房也在"周围以里计者七"的蔚州旧址上修复城墙，并创建城楼[4]。在修城的过程中，还将南门西侧的南安寺拆除（惟南安寺塔得以保存），将其砖材用于建城。这便是蔚州志中记载的"周房建城用砖，寺废惟塔存"。[5]

　　根据乾隆版《宣化府志·卷八·城堡志》中的记载，明初宣府地区修建的府、县级城堡除蔚州之外，还有怀安县城和万全县城，另外还扩建宣化府城和怀来县城。见图 2-2-1。

　　与修建城堡相匹配的，是明太祖朱元璋首倡而其后历代君主遵行不悖的"屯军"政策。朱元璋的边境政策，初为"边民内徙"，后为"以军实边"。明初徐达出兵雁门关失败后，朱元璋为根除蒙古部众在该地的群众基础，决定将雁北一带的居民迁往长城以内，这给边塞地区的经济和社会发展带来了消极影响。雁北地区作为明朝的边防重镇，大量士兵常年戍守，又远离中原产粮区，如果没有当地后勤支持势必难以维持。

　　解决问题的出路即为"寓兵于农"的军屯政策。今蔚县宋家庄的苏氏开基祖苏镇，以威武将军职入籍蔚县宋家庄[6]；蔚县暖泉镇北官堡的刘氏坟谱则记载，其祖先为"原籍山西平阳府洪洞县之大柳树村人，洪武年间始迁蔚郡，卜居城西暖泉村"[7]，以迁徙时间来推测，很可能也是因屯军而到此地的。

　　然而大量士兵囤积于边境，却并不见得时时都能派上用场。游牧民族通常也只是在气候恶化等时，才会冒险南侵。在大多数时间内，明朝的边关将士都是处于备战状态。在此背景下，屯军逐渐演变为以耕地为主而守备为次。《明太祖实录》

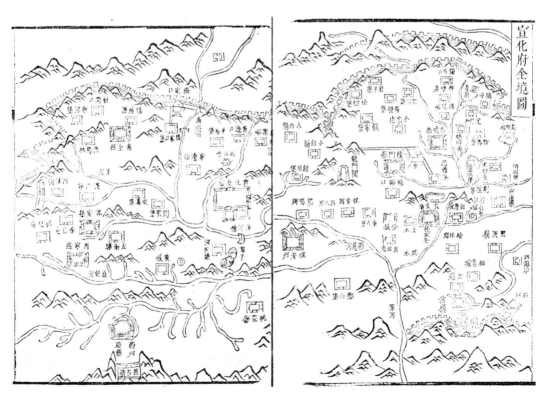

图 2-2-1　宣化府志全境图

记载："上以山西大同、蔚、朔、雁门诸卫军士月给粮饷，有司役民转输，艰苦不胜，遂命各卫止留军士千人戍守，余悉令屯田，以息转输之劳。"[8]额定人数五千六百人的卫所，只留下一千人进行守备，其余四千六百人都去耕田。用今天的话说，是实行"就地军转民"了，成为一种特殊的农业生产方式。

二、蔚县城堡的形制

既为城堡，防御性无疑为其最重要的特征。一般说来，官堡所处的地理位置比较重要，修建的规模也比较大。如蔚州城，其周长"七里十三步"[9]——相当于现在的 4400 米左右。而民堡的规模就小多了，其平面大多近似于方形，边长 100米左右；少数规模较大的，边长可超过 200 米；而规模小的，边长只有四五十米（如水涧子西堡）。有的城堡，原先是民堡，因为所处地理位置比较重要，后来又被改造成官堡了。蔚县东部的桃花堡（今毁），就是从民堡改造成官堡的一个实例，其周长"五百九十五丈"[10]——大约相当于现在的 1860 米，比州城小，但也比一般民间自修的城堡大。

大多数城堡的平面接近方形，堡墙为夯土垒筑，仅在城门附近的外墙铺砖，城堡当中有一条南北轴线的大街（当地称为"正街"），沿途分布戏台、城门、庙宇等建筑（后加的公共建筑，一般分布在各城堡的城门之外），最北端则大多为真武庙。

城堡的选址要考虑充分利用原有的地形。蔚县地处壶流河盆地，壶流河发源于与蔚县西部接壤的山西省广灵县，由西向东流经蔚县县境，其南部为大山，北部为丘陵。除壶流河两岸为河滩平地之外，南北两面接近山丘处大多为"冲沟"（裂隙地形的俗称）。修筑在冲沟旁边的城堡，必定选择在靠近冲沟的台地之处。最理想的位置是城堡后方及左或右的一方为较深的冲沟，冲沟内常有雨水、山洪或泉水汇聚而成的水面，既是城堡内居民的生活用水来源，也是天然的护城河；其余两面则留有余地，以供耕作。修筑在河滩平地上的城堡，虽无冲沟可供依托，但仍然会尽量选择在北高南低的坡地上，向阳而避风。有的城堡还会沿堡墙挖掘沟渠，形成一道小型护城河，以增加入侵者的进攻难度。

对付入侵者还有一个好办法，就是若干个城堡就近修筑，形成一个小型城堡群。各城堡之间互成犄角之势，一旦其中某个城堡遭袭，其余城堡的居民可赶来支援，对入侵者实行前后夹击。翻开 1937 年杨震亚绘制的蔚县八大集镇街巷略图[11]，可以发现暖泉镇、代王城镇、北水泉镇、吉家庄镇、白乐镇这五个集镇都有三个或更多的城堡。暖泉镇的三个城堡分别是西古堡、北官堡和中小堡，其中西古堡位于暖泉镇的西南角，中小堡在其东面，与之并排，两者之间仅一巷之隔，而北官堡则位于西古堡和中小堡的东北方，距离中小堡大约 500 米。除八大集镇外，也不乏几座民堡相互临近、互为支援的实例。如涌泉庄的水涧子三堡，西小堡位于最西边，西堡在其东面，两者隔一道沟堑相望，东堡则位于西堡的东北方，距离大约是 500 米。

修建瓮城，也是对付入侵者的好办法。瓮城又名"月城"，是我国古代常见的一种用来屏蔽城门的小城。守军出城时，先关住瓮城外门而开城门，待欲出之军齐集瓮城内时，再关城门而开瓮城外门，守军出外门时城门是关闭的，可防止敌人乘隙冲击城门。收兵或退兵时，也是两道城门不同时开启。瓮城城门与大城门的朝向一般呈 90 度夹角，这一方面延缓了敌军的进攻速度，另一方面瓮城顶上的守军可以借此居高临下从四面围攻敌人。瓮城的另一个作用是防洪，其原理与防御敌军进攻的方式类似。

具备瓮城的城堡一般规模都比较大。蔚县境内现存的城堡，目前只发现蔚州城和暖泉镇的西古堡有瓮城。蔚州城原有东、西、南三座瓮城，分别谓之东关、西关、南关，现在三座瓮城的城墙均已无存，但由护城河环绕所形成的地基轮廓仍清晰可见。暖泉镇的西古堡，南北端各有瓮城一座。北瓮城原有庙宇和城楼，但毁坏严重，只剩灵侯庙（也即北城门楼）的残迹。南瓮城位于南门外，其庙宇和城楼大部分留存，并在近年得到修复。两座瓮城的城门均朝东开，分别与北门、南门成直角。见图 2-2-2。

城门既是城堡保障设施中最薄弱的环节，又是一城之"门脸"。城门越多，越不利于防守，因此城门的数量需尽可能地少，而且一般都把持进出城堡的主要干道。蔚州城只在东、西、南三个方向各设一道城门。村落型城堡，多数只开南堡门，堡内居民不管远近，进出都须走此门。

出于防御功能的考虑，城门往往不直接暴露在广阔的旷野之中，而城门之外的空间也必逼狭而不利于入侵者的进攻。城门之外常修有庙宇或戏台，使得城门"半遮半掩"，也使得进出道路多了几番周折。宋家庄乡的上苏庄，可谓其中楷模。行人在经过关帝庙、五道庙等庙宇后，仍须绕到戏台背后方能看见城门，反映了建造者的煞费苦心。见图 2-2-3。

三、庙宇

蔚县城堡大多不在北侧城墙开城门，北侧的正中位置一般筑高台，台上修建真武庙，"以镇浮浇之风"。[12] 真武庙正对城堡中轴的"正街"，作为主街尽端的结束点。

真武大帝是道教神仙，司职北方，因北方五行属水，故真武也是管水的天神。

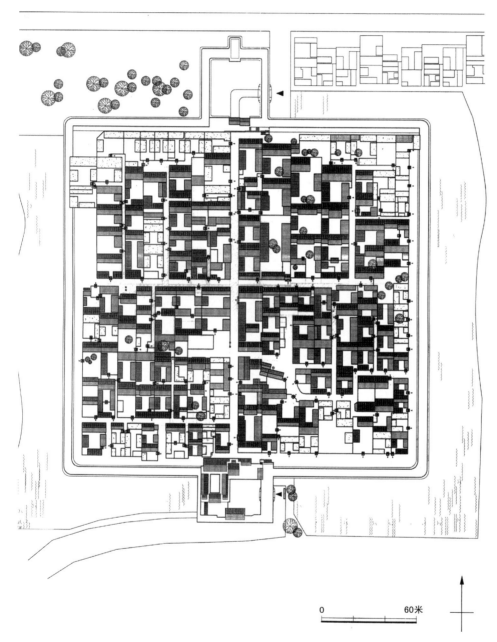

0　　　　　　60米

图 2-2-2　西古堡总平面

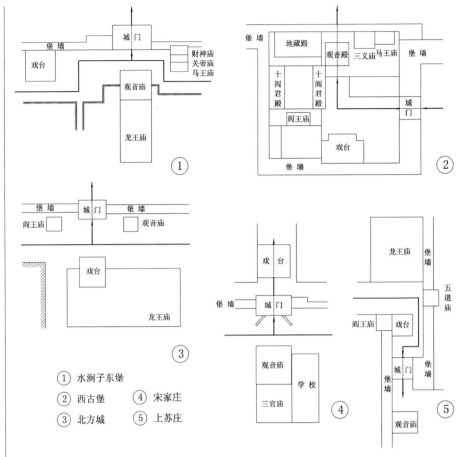

图 2-2-3　堡门庙宇布局

用管水的天神坐镇城堡，可防止水灾和火灾（水灾危害百姓生活，火灾威胁木构建筑）。明代永乐皇帝早年以皇子身份督军北平，并由此而南下发动靖难之役，夺得皇位，其间多有假借真武大帝名义，因此登基后对真武大帝尤为崇奉。永乐十年（1412 年），明成祖命隆平侯张信率军夫二十余万大建武当山宫观，使武当山的香火达到鼎盛。武当山真武阁的建筑选址与空间序列之营造手法，更是成为宗教建筑中的典范。

　　蔚县的城堡在一定程度上也可以说是武当山在平原上的翻版。除州城外，大多数城堡在北端用一组或几组台地来强调真武庙在村落空间序列上的高潮地位。如北方城的真武庙下，有三层台地，最上一层台地部分突出于北面的堡墙。由正街登上三层台地的台。再如水涧子东堡的真武庙，整个庙宇分成前后两个台地，前一个台地与正街之间由 7 步台阶相连，台阶之上紧接着就是一道院门，过此院门后，有 31 步台阶通往正殿，使正殿凌驾于城堡内所有住宅建筑之上。见图 2-2-4。

　　坐镇城堡北方的真武庙，也起着重要的军事作用。真武庙通常矗立在城墙之上，此处可料敌，可防御，可指挥，军事地位非同一般，不亚于城堡的南门城楼。南门城楼和真武庙，一南一北，一前一后，共同组成城堡的军事枢纽。

　　真武庙还有重要的艺术作用。真武庙在城堡的北端高起之后，与南门城楼共同形成城堡中轴线上南北两端的标志物。从旷野中望去，平缓绵长的堡墙两端，各有一座高起的建筑，在构图上显得完整而平衡。可以想象，如果只有南门城楼而北端无真武庙作为结束，总是个缺憾。与此同时，进入城门的行人抬头即可望见北方高起的真武庙，这在视觉心理上也起到了很好的稳定作用。见图 2-2-5。

　　也有少数城堡在其最北端放置的并不是真武庙。蔚州城最北端是玉皇阁。玉皇阁即明初的靖边楼。靖边楼是在明洪武十年（1377 年）和蔚州城墙同时修筑的，从它的名称就能看出其修建目的。后来真武大帝受尊崇，靖边楼作为蔚州之象征已深入人心，地位不可动摇，于是真武庙也只好安放于西北一隅。暖泉镇的北官堡，于城堡南北轴线北端修马王庙，马王庙的东北方另起一高台，台上筑玉皇阁。大酒务头堡，真武庙位于城堡中心，北端为三官庙。上苏庄，其最北端为三义庙，供奉桃园结义的刘备、关羽和张飞，为的是强调杂姓村落里"异姓兄弟亲逾骨肉"[13]。

图 2-2-4　水涧子东堡真武庙

图 2-2-5　从阎家寨城门看真武庙

西陈家涧北端，由低到高、由南向北依次排列着龙王庙、真武庙和玉皇阁三座庙宇。

真武庙、玉皇阁、三官庙和三义庙等庙宇都属于公共建筑，而蔚县城堡里的公共建筑却远不止这些，还包括戏台、观音殿、龙王庙、文昌阁、关帝庙、马王庙、财神庙、地藏寺、五道庙等。蔚县城堡的形制是统一的，但城门附近戏台、庙宇等公共建筑的修筑和配置却差异甚大。它们以不同的组合出现，即使组合相同又会因村民喜好与地势不同而在布局和规模上有所差别。见图 2-2-6。

蔚县城堡的公共建筑自明代已有。[14] 修城堡的同时自然也要修城楼，而城楼往往又可兼作庙宇。蔚州城的东、西、南三座城楼和北侧的靖边楼，就是周房将军于明洪武十年（1377 年）修建的。水涧子西堡的三官庙，根据现立于庙内耳房的乾隆十九年（1754 年）重修碑记，则是"万历年间监生吴公荷重修"。还有数量可观的真武庙，很可能是跟城堡同期修建的。明代的公共建筑，通常与军事防御密切相关。

入清以后，满族以游牧民族入关一统天下，曾经困扰中原王朝的边塞问题不复存在。此时的壶流河盆地，因为有南通华北大地、北连塞外草原的交通枢纽之利，所以迎来了一次社会经济的大发展。而社会经济的大发展，又促成了城堡建筑的建设高潮。不过，此次建设高潮不仅是修墙筑寨，更多的是体现在添加庙宇、戏台等公共建筑上。在安全得到基本保证之后，乡民们便开始用各种宗教和文化来

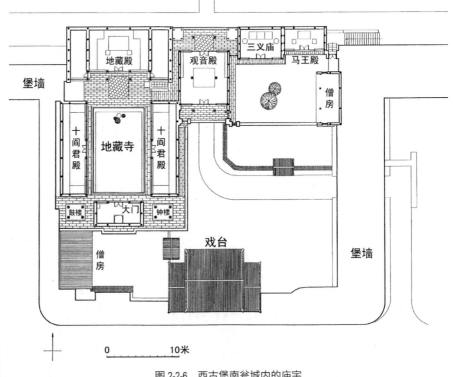

图 2-2-6　西古堡南瓮城内的庙宇

提高和丰富他们的生活了。暖泉镇的西古堡，就在瓮城内修建了地藏寺、观音殿、三义庙、马王庙等四座庙宇和一座戏台。

但是城堡的防御功能也还是在起作用的。游牧民族的骑兵虽然不再南下剿掠，北山和南山上仍不时有土匪下山洗劫。一直到 1948 年以前，村堡的居民们仍然保持着堡内居住、堡外耕作和天黑即关堡门的习俗。

四、结语

蔚县的城堡村落群堪称中国古代乡土建筑的一个特殊而重要的类型。说它特殊，是因为数量如此庞大，同时又如此集中地反映军事防御特征的村落实属罕见。说它重要，是由于它突出地反映了明清两代以农耕文化为主导的中原民族和以游牧文化为主导的北方民族之间的斗争与交流状况。

本节采编自：

罗德胤.蔚县古堡 [M].北京：清华大学出版社，2007（11）.

注释：

1　明嘉靖十七年（1538 年），杨百之撰《重修蔚州城楼记》，见于清代庆之金纂《蔚州志（光绪丁丑版）·卷十·金石志（下）》。
2　蔚县人民政府于 2001 年 7 月 3 日编写《强化政府管理职能、做好文物保护工作》。
3　《明太祖实录·卷七十八》，第 3 页。
4　明嘉靖十七年（1538 年），杨百之撰《重修蔚州城楼记》，见于清代庆之金纂《蔚州志（光绪丁丑版）·卷十·志八·金石志（下）》。
5　《蔚州志（光绪丁丑版）·卷五·地理志（下）》。
6　宋家庄苏氏祠堂清同治四年（1865 年）碑。
7　蔚县暖泉镇北官堡刘氏坟谱，现存北官堡内居民刘喜金家中。但坟谱称刘氏源自洪洞县大柳树村是不可靠的，因大多家谱或坟谱都有同样的叙述，大柳树村不可能迁出如此多的人口（据估计可上百万）。后文中仍出现有家谱或坟谱记其家族来自洪洞的文字，只将其列出，不再赘述。
8　《明太祖实录·卷二三一》，第 3377 页。
9　《蔚州志（光绪丁丑版）·卷六·建置志》。
10　《宣化府志（乾隆版）·卷八·城堡志》。
11　现存蔚县地名办公室。
12　水涧子西小堡真武庙内残碑。
13　上苏庄三义庙内清嘉庆十三年（1808 年）《重修三义庙碑记》。
14　在明代修筑城堡以前，蔚州城已出现释迦寺、南安寺等庙宇，但乡村中的建筑则难以考查。此处只讨论周房修蔚州城墙以后蔚县境内出现的各类公共建筑。

第三节　鸡鸣三省——崛起于深山的廿八都镇

廿八都是因驻军和交通运输业而发展起来的一个集镇。它坐落于浙江省西南端的仙霞山脉之中，属浙江省江山市管辖。由于其西面与江西省广丰县接壤，南面与福建省浦城县接壤，所以被当地人称为"一脚踏三省"或"鸡鸣三省醒"。

廿八都之名形成于南宋。当时江山境内十二乡，自东北开始按顺时针方向排列，共分四十四都，廿八都排名第二十八。

浙闽赣交界处，横亘着号称"浙江山脉之祖"的仙霞山脉。廿八都就坐落在仙霞山脉之中。一般说来，像这种三省交界的山区，由于交通不便和缺乏耕地等原因，往往都是些经济发展落后、政府无暇顾及的"三不管"地带。然而，廿八都镇却是个例外。在其鼎盛期的晚清至民国年间，廿八都镇拥有浔里街和枫溪街这两条各长约 400 米的街道，街边的店铺和作坊总数将近 200 家，市场繁华程度与江山县城不相上下。

廿八都是一个杂姓聚居的集镇。镇区所辖浔里、花桥和枫溪三村，人口约 3600 人，姓氏有 69 种[1]。姓氏多的原因，是原住民少而来自各方的移民多。移民多的原因主要有两个：第一，廿八都曾长期作为驻军地；第二，廿八都是仙霞古道上的交通重镇。此外，1937—1945 年，廿八都的"后方"身份，也是导致移民和姓氏多的因素。见图 2-3-1、图 2-3-2。

一、仙霞古道

为什么廿八都会发展成如此繁华的集镇？这还要从跨越仙霞岭而连通浙闽的仙霞古道说起。

仙霞古道是钱塘江源头与闽江源头之间最短距离的旱路连接线，翻越仙霞山脉，有"浙闽咽喉"之称。它北起浙江江山的清湖镇码头，南至福建浦城的南浦镇码头，全长约 120 公里。廿八都就坐落于仙霞古道的小竿岭之南，枫岭之北，北距清湖镇约 65 公里，南距南浦镇约 55 公里。在古代，由于只能依靠人力或畜力翻越山岭，所以从廿八都到清湖码头和南浦镇，分别需要约两天和一天半的时间。

浙闽两省为财赋重地，经济发展水平较高，又有较强的互补性。福建运往浙

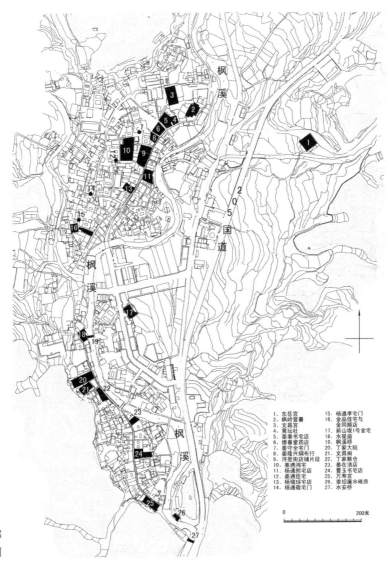

图 2-3-1 廿八都
总平面图

1. 东岳宫
2. 枫岭营署
3. 文昌宫
4. 黄坛社
5. 姜秉书宅店
6. 德寿堂姜药店
7. 姜守全宅门
8. 姜隆兴绸布行
9. 浔里街店铺片段
10. 姜遇鸿宅
11. 杨通熙宅店
12. 姜遇臣宅
13. 杨瑞球宅店
14. 杨通敬宅门
15. 杨通孝宅门
16. 金品佳宅与
    金同顺店
17. 前山坂1号金宅
18. 水星庙
19. 枫溪桥
20. 丁家大院
21. 文昌阁
22. 丁家粮仓
23. 姜在清店
24. 曹玉书宅店
25. 万寿宫
26. 姜绍廉水碓房
27. 水安桥

0 ————————— 200米

图 2-3-2 雾霭中
的廿八都

江的物资，包括木、纸、糖、蓝靛和从海港转运来的进口香料、象牙等奢侈品，浙江经由福建沿海出口的物资，以生丝和绸缎为最大宗，这些物资往来，可以走海路，也可以走内陆的钱塘江和闽江。唐、宋、元时期，随着"海上丝绸之路"的兴盛，浙闽之间的海路交通也蓬勃开展。元代之后，从 1368 年明朝建立到 1840 年鸦片战争爆发的近 500 年间，浙江的海上贸易是受朝廷钳制的，福建的海上贸易、尤其是民间贸易则始终保持活跃。海路不畅时，浙闽物资往来就不得不倚重钱塘江和闽江的航运。

连接钱塘江与闽江的旱路主要有两条：一条是绕行江西的常山（浙江）—铅山（江西）—崇安（福建）一线，另一条就是仙霞古道。大约在明末以前，仙霞古道的经贸运输业已有所发展，但仍不及绕道江西的铅山线。这是因为，相比于路途较为平缓而人烟较为稠密的铅山线，仙霞岭的山路陡峻而易遭遇盗匪，行人客商们为安全起见，多选择走铅山线。

仙霞古道的南北两端分别是福建浦城的南浦镇和浙江江山的清湖镇。由于环境闭塞，廿八都的发展要大大晚于南浦镇和清湖镇。廿八都的命运转折出现在满清入关以后。清初时，福建先有南明隆武朝，后有耿精忠之乱，再后又有郑成功收复台湾，仙霞岭和仙霞关陡然间成为"准"前线地带，军事地位变得十分重要。顺治五年（1648 年），清廷将浙闽总督署移往衢州。[2] 顺治十一年（1654 年），在浙闽交界地的枫岭设置"浙闽枫岭营"，统管仙霞岭路沿线之防务。枫岭营"设游击一员、守备一员、千总二员、把总四员、兵一千名"。[3] 顺治十二年，常山的广济驿移至江山。[4]

出于军事需要，清朝政府必须保证江山至浦城的驿路畅通。而畅通的驿路，在客观上为经贸运输业创造了条件。事实上，清朝前期仙霞岭的军事斗争只有平定耿精忠之乱的规模较大，其余时间均是备而不战。仙霞古道的经贸运输业，不但养活了数量庞大的挑夫，也刺激了沿途各集镇和某些村落，甚至某些庙宇的商业发展。江山的清湖、石门、峡口、廿八都和浦城、渔梁、仙阳、南浦等地，都成长为较大型的集镇。沿途的一些村落内，也形成了商业街道。途中的一些庙宇，在满足过往客商和挑担者物质与精神的双重需求时，也为自己谋得发展良机。清湖南面约 7 公里的昭明村的保乡殿，占地面积达 600 平方米左右，但神灵大多集中在面积约 100 平方米的正殿内，其余面积全部用于经营茶馆。枫岭关旁的关帝庙，中堂东南侧有面积达 50 余平方米的厨房和餐厅，常为路人提供膳食。五显岭上的五显庙（后亦称吉祥寺），除中间有五显大殿和大雄宝殿并列外，其东侧有两层共二十二间的居室，既是僧房，也是供挂单或旅客借宿的客房。

二、深山中的大集镇

顺治年间设立的浙闽枫岭营，其营署就位于廿八都浔里街北头。同治《江山县志》对康熙年间枫岭营署的地界描述是"东、西、南三面悉界溪河"，这相当于现在整个浔里村的范围了，说明浔里村和浔里街是在驻军的基础上发展而来的。也就是在枫岭营设立之后的一段时间，廿八都连出了两名武进士和两名武举人：康熙三十八年（1699年）有举人金之捷，康熙五十二年（1713年）有武进士金之抡和林逢恩，雍正四年（1726年）有举人金汤。[5]

受益于驻军，廿八都实现了初期的发展，并且在此基础上拓展出运输业、土纸业和其他门类的商业。

"挑长担"一直是廿八都人的重要副业。廿八都的挑夫以将货物运往南面浦城的为多，这一行业叫"挑浦城担"，来回一般要三四天。返程时如果挑运了浦城当地的货物，就叫"挑回头担"。民国时期，雇用廿八都挑夫的主要是姜隆兴、姜源兴和谢鑫记这三家过载行。

挑夫和客商在廿八都留宿，使饭店和旅馆有了可靠的客源。饭店大多兼管住宿，所以饭店和旅馆并无明显的界限。直到民国时期，廿八都饭店和旅馆的数量仍占商铺总数的一半左右。

和过载行关系密切的还有土纸业。廿八都的周边村落，因地处仙霞岭深山区，耕地缺乏，农耕业一向不发达。除了从事挑担之外，廿八都人靠山吃山，充分发挥山区盛产毛竹的优势，将造纸业发展成一项大产业。山区居民生产出的纸张，大多要运到廿八镇上出售。二十八都四大家族中的杨家，就是靠经营造纸业发的家，姜、曹、祝三姓也都开有土纸行。

制作土纸的原料是嫩毛竹（图2-3-3），砍伐时间大约是在"小满"节气之后的一个月。土纸的销售旺季则是在秋冬季节，那段时间节日多，气候寒冷，纸张消耗量大（如糊窗户、烧纸钱、印刷图书、包装礼品等）。杨家的"土纸下山"[6]后，部分存放在自家仓库，部分则被姜家的过载行收购，之后运输到钱塘江下游地区销售。

土纸业和运输业是相互支撑的。廿八都四大家族中的姜家，就是靠过载行发的家。廿八都有三家过载行，姜家占其二，即姜隆兴和姜源兴。姜隆兴过载行在把杨家生产的土纸运往各地的同时，还以经营"三籽"（桐籽、油茶籽、柏籽）见长，形成收购、加工、运输和销售的产业链。过载行把收购来的桐籽、柏籽和油茶籽榨成油，灌入木桶，再运输至杭州、上海、宁波等地销售，其中桐油大量出口海外。

在以上几个行业的基础上，廿八都又发展起南货店、中药店等商业门类。从

图 2-3-3　廿八都山区盛产毛竹，毛竹是造纸的原料

图 2-3-4　黄昏时的浔里街（远处屋顶是德春堂药店的阁楼）

北边钱塘江流域来的商人，带来了江南地区出产的南货、绸布等商品。从南面浦城方向来的商人，携带着大米、香菇、木耳、桂圆干、荔枝干、板糖、粉丝、粉皮等物资。江西广丰的烟叶、烟草、砂糖、米酒、笋干、鲜鱼和水果等土特产，也被运至廿八都，部分销售给当地人民，部分再经仙霞古道南下或北上。景德镇的瓷器，也是经廿八都转运至江西广丰等地。

晚清时期，由于东部沿海地区近代工业的萌芽和发展，仙霞岭山区与钱塘江下游地区之间形成更为明显的经济互补关系。大约在清末、民国初，廿八都终于发展成一个大型集镇，它既是客商挑夫们不得不停留的一个中转站，同时也是山区土产与外来物资的交易中心。

三、街道与建筑

廿八都镇的商业功能和商人的经济实力，充分反映在廿八都的街道、住宅、庙宇、祠堂等类型的建筑上。

廿八都镇区由浔里、花桥、枫溪三个村落组成。其中北面的浔里和南面的枫溪（也叫湖里），成村较早，村内各有一条商业街道，即浔里街和枫溪街，形成两个商业区。浔里街比枫溪街更繁华，缘于清初枫岭营署的设立。枫岭营署的营盘包括今天浔里街两侧的建筑和田园用地，三面临溪而北面靠山，是一个面积大而且边界清晰的地块，又比枫溪村利于防洪。廿八都的商业是依托仙霞古道的商贸运输业和枫岭营驻军的生活需求发展而来的，所以浔里街得以更早、更充分的发展。见图 2-3-4、图 2-3-5。

枫岭营署的官兵们最尊崇关公。在共同面对陌生的新环境时，他们最需要的精神偶像就是这位象征忠义的"武圣人"。关帝庙坐落在浔里街的南头。在枫岭营的鼎盛时期，这个位置应该属于营盘的边缘地带。营署衙门和关帝庙，一北一南，遥相呼应，它们分别在行政上和思想上控制、影响着驻守枫岭营官兵。关帝庙前的广场及其两侧街道，后来也成为廿八都的商业核心地带。

乾隆二十八年（1763 年），县丞署入驻廿八都。在已经设立了武官衙门的廿八都，再设一个文官衙门，说明廿八都的"民事管理工作"已经很可观。乾隆年间的枫岭营盘和浔里村，不再是纯粹的军队驻扎地，而是已经融合成一个新的商业性居民社区了。将武官衙门、文官衙门和关帝庙这三座建筑的东门连上直线，就成了我们今天看到的浔里街。

廿八都住宅建筑质量之高，在江山境内首屈一指。现存占地面积在 400 平方米以上的大型住宅有 19 座，姜遇鸿宅的占地面积甚至达到 1700 平方米，比最大

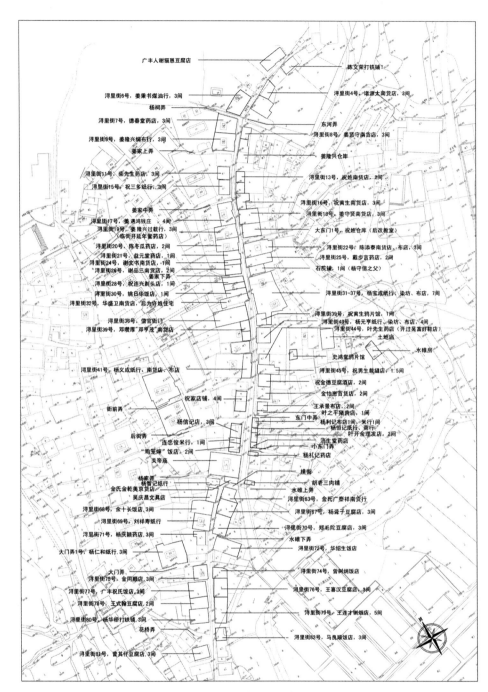

图 2-3-5　浔里街店铺示意图

　　的庙宇——文昌宫还大一些。住宅通常由主院和辅助用房组成。主院内的天井四周，是木雕构件集中之处：屋檐下用于支撑挑檐檩的牛腿，常雕成"八爱"[7]"和合二仙""善财童子"或龙头、花卉等造型；厅堂和两厢有格扇门，卧室有格扇窗。

　　廿八都商铺的数量和质量，也远胜于清湖码头和峡口镇。民国时期，廿八都镇上的商铺大约有 150 家[8]，手工业作坊约 40 家。为了防火防盗，钱庄、南货、绸布等行业的不少大商户都采用了"墙门店"的建筑样式，其造价高于普通的"板门店"。[9]

高级住宅和商铺的大门上方，还出现了极富廿八都本地特色的建筑部件——"门楼"。所谓"门楼"，就是悬挑在大门上方的木牌楼式重檐歇山屋顶，常见有"四柱三楼"和"六柱三楼"两种（柱指垂莲柱）。"门楼"上的牛腿、梁枋、垂莲柱和勾头滴水等构件，也都精雕细刻。见图 2-3-6。

公共建筑也能反映廿八都的经济发展水平。廿八都的公共建筑有衙署、祠堂、庙宇和交通建筑等种类。衙署即武官衙门（枫岭营署）和文官衙门（县丞署）。枫岭营署的占地面积约 900 平方米，内有营房、马房、厨房、库房、牢房和仓房等。县丞署于清咸丰八年（1858 年）毁于战火。在光绪版《枫溪金氏宗谱》"阳基图"中，浔里街中间的西侧有一座重檐歇山顶的建筑，就是指文官衙门。

廿八都的祠堂只有 3 座半[10]，远不及同样作为仙霞古道上的商业性聚落的清湖码头和峡口镇。其中原因，可能是军人的姓氏来源多而且杂，建造祠堂需要的统一力量难以凝聚。不过，就建筑规模和质量而言，于 1982 年拆除的金氏宗祠，可能不亚于清湖和峡口的任何一座祠堂。据杨庆山老师（生于 1926 年）介绍，清末时杨秀东就是仿造金氏宗祠而设计建造了占地面积达 1570 余平方米的文昌宫。

廿八都的庙宇有 13 座半。整体而言，廿八都的庙宇规模之大，质量之好，是清湖码头和峡口镇都无法相比的。除最大的文昌宫之外，关帝庙、文昌阁、东岳宫、法云寺、水星庙和万寿宫的占地面积也都不少于 450 平方米。

四、文昌宫与文昌阁

廿八都镇有一大一小两座文昌宫（阁），分别在浔里街北端的西面和枫溪街北段的西侧。文昌宫供奉的是文昌、魁星、孔子等主管文运和教育的神，廿八都是在"驻军"基础上形成的集镇，但是居然出现了两座高规格的文昌宫（阁）。它们一方面反映了廿八都镇的经济实力，另一方面也说明廿八都社会向"主流"意识形态靠拢的表现。

浔里街的文昌宫，从北朝南，由主院与东、西跨院组成，占地面积共 1570 多平方米，是廿八都镇现存规模最大、质量最高的建筑，建于清宣统元年（1909 年）。枫溪街的文昌阁年代较老，规模也较小，从西朝东，占地面积约 500 平方米，由前后两进院组成，其正殿面阔三间（次间仅 1.3 米），底层供奉文昌帝君，楼阁上供奉魁星，屋顶为三重檐歇山顶。见图 2-3-7。

廿八都的文昌阁（宫），在一定程度上扮演着"地方管理机构"的角色。旧时，

图 2-3-6　浔里街姜隆兴过载行的门楼

图 2-3-7　文昌宫

宗族是我国基层社会的"类自治性政权机构"。廿八都是一个杂姓聚居地，各姓宗祠只能管理族内成员，廿八都仍需一个在各姓宗祠之上的协调管理机构。廿八都的游击将军衙门，更接近于今天的"武警大队"，而非"警察局"，并不直接插手民事管理。于乾隆年间移驻廿八都的"文官衙门"县丞署，应该具有一定的民事管理功能。不过，据杨庆山老师等年长者回忆，直到 1949 年以前，人们遇到麻烦或纠纷时仍习惯去找族长和文昌宫（阁）；而族长和文昌宫（阁），也一直在建祠修谱、铺路造桥、矜恤鳏寡、防火防盗等公共事务中起到重要作用。

家境宽裕而又渴望得到声望的地方绅商，也乐于捐献钱财田地给文昌宫（阁），这使得文昌宫（阁）拥有相对充裕的活动经费。如此"强大"的一个组织，自然不会满足于开办两间义塾这样的小事。文昌（宫）阁的精英们，除了交流学问和每年举办几次重要活动外，还负有解决纠纷的责任，并设有矜恤局、代耕会、寒衣会、保婴局、义仓和义塾等机构。

义仓是公共粮仓。古时民间有"押青苗"之俗，指穷人家在青黄不接时，以青苗做抵押，向大户借钱、借粮，春借 1 石，秋后还 1.5 ~ 2 石，利息高达50% ~ 100%。文昌宫的义仓，只收取很少的利息，大受百姓欢迎。向文昌阁借粮，居民须以十户为一组，形成联保联贷。这种"连坐式"的借贷方式，降低了义仓的风险，也使居民们在平时更加注意维护个人信誉。文昌宫内，设有一"廒"，也就是 500 担谷的大仓。[11]

五、结语

廿八都在晚清和民国年间发展至鼎盛，说到底离不开一个至关重要的前提条件，那就是清湖至浦城无法一日到达，行人不得不在廿八都这个中间站停留。1933 年修通江浦公路后，江山县城可直通浦城，廿八都就面临衰落的命运。但此后不久，抗日战争爆发，江浦公路的维护失去保障，1942 年又因仙霞关抗日战争、为防日军南下而局部遭破坏。此时廿八都以后方的身份大量接受省城机关、学校、报社、工厂等机构入驻，形成短时期的畸形繁荣。待抗日战争结束，尤其是 1949 年后，随着公路交通的恢复和进一步改善，行人过而不留，廿八都也不复昔日的辉煌。

崛起于仙霞岭深山中的廿八都镇，有着特殊的起源历史与发展路径，也有着自成一体的社会管理机制，她是中国乡土聚落中商业类型的一个突出案例。

本节采编自：

罗德胤.廿八都古镇[M].上海：上海三联书店，2013.

注释：

1 姓氏数取自《廿八都镇志》（中国文史出版社 2007 年版）第 441 页："1998 年廿八都镇镇区人口分家庭姓氏分布表"。人们常说的"廿八都有 141 姓"，是指整个镇域范围之内，其面积有 183 平方公里，总人口 12868 人（2005 年年底的统计数据，取自《廿八都镇志》第 41、423 页）。

2 《清史稿·卷一百十六·志九十一》："顺治二年，置福建总督，驻福州，兼辖浙江。五年，更名浙闽总督，徙衢州，兼辖福建。"

3 （清）朱宝慈等纂，同治十二年（1873 年）版《江山县志》卷之二《沿革·兵防》引康熙二十年（1681 年）李之芳《请复枫岭营浙闽分辖旧制疏》。

4 《大清一统志》卷二三三：《文渊阁四库全（电子版）书·史部·地理类·总志之属》〉上海人民出版社，迪志文化出版有限公司，1999 年版）。

5 （清）朱宝慈等纂《江山县志》卷之七《选举》[清同治十二年（1873 年）版]。

6 "土纸下山"指挑夫们将做好的土纸从山场挑到廿八都镇上。

7 "八爱"的说法不一，杨庆山老师的说法是：王羲之爱鹅、陶渊明爱菊、周敦颐爱莲、叶公好龙、林和靖爱梅、唐明皇爱月、伯乐爱马、鲁隐公好鱼。

8 《廿八都镇志》（中国文史出版社 2007 年版，第 290 页）的统计是 160 余家，笔者现场调查的结果是 140 多家。

9 "板门店"即临街用可拆卸门板的店铺。"墙门店"指的是临街用砖墙，并在砖墙上开大门的店铺。

10 祝姓家庙同时也是相亭寺，算半座祠堂和半座庙宇。

11 蔡龚，祝龙光，金庆康，杨庆山等.廿八都镇志[M].北京：中国文史出版社，2007：374.

第四节　八闽堡居——福建土楼、土堡与庄寨

从世界文明史的角度看，中国的农耕文明最发达，孕育了最丰富多样的乡土建筑。在中国的乡土建筑之中，又有两个省份的丰富多样性是最值得关注的，一个是云南，另一个就是福建。云南的乡土建筑，在民族文化的多样性上有突出表现。而福建的乡土建筑，则体现在同是汉族文化的内部分化上。相比于少数民族地区，汉族地区通常有更深厚的文化积累和更强有力的经济支撑，所以在建筑的规制和艺术上也有更充分的表达。

一、福建的乡土建筑

福建乡土建筑的丰富性，缘于两个因素。

首先是福建的地理，决定了她在历史上扮演了类似于"时光容器"的角色。福建东邻大海，西面和北面有大山将其与中原阻隔。福建与中原王朝统治中心的物理距离，属于不远不近，这就导致福建与中原王朝形成一种时紧时松的关系。相比之下，浙江因为地理位置上更靠北，而且大运河连通了杭州和北京，使得中央王朝对浙江是既重视，也更加容易控制。这个影响的结果是两方面的，一是浙江的经济和文化都得到了充分的发展，二是浙江的文化与中原的主流文化比较接近。同样地，江西因为有赣江、鄱阳湖连通至长江，也较早就跟中原主流文化相融合了。历史上，每当中原地区出现大的动荡，中原人民就会大举南迁，他们进入南方山区，找到适合生存之地，重新安居乐业。这里说的南方山区，福建就是一个重要组成部分。而不同时期的中原文化，也是有所区别的。在不同时期来到福建的人们，携带了不同时期的中原文化，它们都在福建境内得以不同程度的保存。久而久之，福建就成为一个"时光容器"。

其次是福建多"自治社会"。福建境内多山，内部交通不发达。除了福州、泉州等重要的中心城市，中央的政治势力很难渗透到福建山区，也就无法形成完全有效的控制。这些"自治社会"，互相之间也交流不多，所以能保持一定程度的文化独立性，不会被整合成一个一致性的文化。自治社会的存在，也跟"时光容器"发生了耦合作用，使得不同时期从中原地区传来的文化都可以在福建找到落脚地，

它们既能在较长时期内不发生根本性的改变，又可以部分地与当地文化发生融合与再创造，从而形成丰富多样的文化面貌。

时光容器加自治社会，体现在福建的乡土建筑上，其就是类型多样、内涵丰富。2014 年住房城乡建设部组织编写过一部名为《中国传统民居类型全集》的书，其中收集了福建省的传统民居一共 10 大类、35 小类。从乡土建筑的类型上看，福建是居于全国前列的。福建只不过是一个面积 12.4 万平方公里的小省，在全国 34 个省份里排在第 23 位。

自治社会也催生了建筑上的另一个特点，就是注重防御。"明清时期，福建匪寇蜂行，特别是山区的匪寇袭扰事件频发，但有一种现象，各地匪寇一般是不骚扰当地百姓的，都是隔县、隔地，跨界袭扰他县、他地百姓。这些匪寇的成分多样，有正儿八经的匪寇，有地痞流氓的匪寇，有乌合之众的匪寇，有随大流临时聚集的匪寇，有当时危害极大的匪寇，有落草为王的匪寇，有农民起义、官逼民反的匪寇。"[1]

在这些偏远的山区，遍布着土楼、土堡、庄寨等大型防御性居住建筑。这样的大型建筑，在相当程度上模糊了建筑与聚落之间的分界线，一栋建筑几乎就是一个聚落。同样是自治社会，福建山区的村落跟西南山区的村寨很不一样。两者的防御水平，可以说是不同量级的。西南山区也缺少官府势力，安全问题也靠自己解决，但是我们在西南山区很少看到土楼那样的大型防御性建筑。

要解释这个差别，还得回到福建跟中原之间的关系。正是从中原地区传来的、比本土先进的建造技术和组织能力，才让福建山区村落的防御问题发生了升级和迭代。可以想象，没有大型夯土技术来建造城堡，也没有儒家理论来统合思想，仅仅是依靠"纯朴的人民"，战斗力通常是有限的。如果大家都没有这样的"先进武器"，那也可以维持在一个低水平的平衡。但是一旦其中有一家在武器装备上实现了"技术升级"，其他各家也会不得不跟进。

二、土楼

福建土楼是一种防御性很强的大型夯土民居，通常为 3 ～ 5 层高，主要分布在闽西和闽南。一般认为，福建土楼产生于宋元之际，在明代中叶之后大量出现，其建设高潮一直持续到二十世纪五六十年代。现存土楼主要分布在龙岩永定县、漳州南靖县和华安县。土楼的代表案例有振成楼、承启楼、集庆楼、福裕楼等。[2]

根据长期研究福建土楼的学者黄汉民于 2012 年给出的定义，福建土楼主要分布在闽西、闽南和粤东北地区，具有突出防卫性能、采用夯土墙和木梁柱共同承重、居住空间沿外围线性布置、适应大家族平等聚居的巨型楼房住宅。[3]

在上述定义中，特别指出了"居住空间沿外围线性布置、适应大家族平等聚居"的特征。这个特征确实是福建土楼的核心要素，也是让福建土楼区别于全国其他地方的夯土建筑的关键因素。尤其是"大家族平等聚居"这一条，可以说是对福建土楼精神特质的高度凝炼。以往对福建土楼的定义，重点是关注了它的外观形式和防御功能，虽然看上去也描述到了显性特点，但是只要再做一些拓展性的比较分析，就总会发现还有其他地方的夯土建筑也有类似外观和功能。

"大家族平等聚居"包括大家族聚居和平等这两个因素。在现实生活中，这两个因素往往是难以同时具备的。大家族聚居的乡土建筑，虽然不是乡土建筑的主流，但是在中国的分布也相当广泛。从家庭结构上说，一对夫妻为核心的小家庭最为稳固，因为单个个体无法完成养儿育女的人生使命，而越大的家庭维护起来就越有难度，成本也越高。我们在中国各地见到的大型民居，以地主庄园为常见。这些庄园的主人要么是官员，要么是富户，他们掌握较多的资源，为大家庭的维持和运转提供了经济基础。在这样的大家族里，等级地位是很重要的，从家族首领到重要成员，再到一般成员和边缘人员，形成金字塔的小型社会结构。地位不同的家族成员，居住的房间和活动的范围也有差别，所以地主庄园的内部空间就一定存在着差异化和等级化。

平等而居的住宅和村落，也存在于不少地方，尤其是西部山区的少数民族村寨和北方长城沿线的城堡型村落。西部山区的少数民族村寨，经济发展水平大多比较低，村民的财富几乎都维持在同样的低水平，他们的住宅也就不可能产生明显的分化。而北方长城沿线的城堡型村落，其平等性主要体现在早期以防御为主要功能的阶段——在这个时候，堡内居民应该都是军户，每家用地是由上级划定，大小一致，住宅的建造水平也不高。在草原民族和中原民族开展常态化的贸易交流，尤其是满清入关使得草原和中原纳入统一政权之后，这些村堡内的居民由于发展机遇各有不同，财富水平也就出现了分化，从而导致住宅的建造水平和占地规模也有了差别。到这个阶段，居住的平等性无论是在整个聚落的内部还是在较大住宅的内部，也都减弱乃至消失了。另外，这两类村落虽然都属于乡土聚落，但是它们的"聚"和土楼的"聚"，意义是不一样的，前者是村落层面的，后者是住宅层面的。

可见，如果只从经济角度考虑，大家族和平等这两个因素在很大程度上是互相排斥的。要让这两个因素同时出现在一个住宅里，可能只有在安全压力特别大的时候。长城沿线的村堡在早期阶段之所以有平等性，原因就是要应对北方游牧民族的强大威胁。但即使是这样，堡内的住宅仍然保留了小家庭住房的独立性，并没有完全军营化。

福建土楼内的房间，与其说是住房，还不如说是宿舍。而且这种宿舍还不是连排式的，而是对外封闭、对内开敞的多层楼房。住在这里面，几乎每一家都可以轻而易举地了解到其他所有家的情况。所以，仅从建筑形式上看，福建土楼的"军营化"程度之高，超过了长城沿线村堡。导致这个结果，除了土楼所处的社会环境不安全之外，还有政府管辖难以触及的原因。当社区完全依靠自我防御才能获得安全时，就不得不把小家庭的独立性降到最低。

黄汉民将福建土楼分成圆楼、方楼[4]和变异形式土楼三大类。"总数2800多座的福建土楼中，圆楼1300多座，方楼1200多座，变异形式土楼只有200多座。"[5]变异形式的土楼虽然样式很多，但是只占不到10%的比率，而圆楼和方楼的数量又很接近，所以福建土楼的主流其实就是圆楼和方楼这两种。以往经常也被视为土楼类型之一的五凤楼，按"大家族平等聚居"这个标准来衡量，也不能归入福建土楼了，因为它是一种内部空间等级化和差异化很明显的大型住宅。见图 2-4-1。

土楼根据其内部结构，又可以分为通廊式和单元式两类，前者主要是客家人居住，后者主要是闽南人居住。不管是单元式还是通廊式，土楼的房间分配都是每家拥有从底层至顶层的 1 ～ 2 间。不同之处在于，通廊式土楼每层有一圈通廊，整栋楼只设两三部公共楼梯，单元式土楼每层没有通廊，每家自设楼梯。造成这种差别的原因，是闽南人更注重小家庭生活。

图 2-4-1　福建省初溪村土楼群（薛林平　摄）

黄汉民把粤东北地区的土楼，也纳入了福建土楼之内，理由是福建土楼已经成为一个专有名词，它的含义不仅仅指福建这个地区的土楼，还指这一类型的土楼；之所以用"福建"来命名，是因为它们主要分布在福建省。广东省的土楼，"据不完全统计，蕉岭有 2 座，大埔有 15 座，饶平有 200 多座，约占福建土楼总数的 8%"。[6]

按此标准，赣南围屋中的口字形围屋，也应该纳入福建土楼之列。不过赣南的口字形围屋是从闽西延伸过去的，还是当地"自产"的，需要进一步研究。

三、土堡

福建土堡是指主要分布闽中三明地区的大型防御性乡土建筑。本书所说的福建土堡，特指用于临时避难的土堡。有些大型地主庄园建筑，尽管也以"堡"为名，但因为是常住型建筑，在本书将其归入庄寨之列。[7]土堡的代表案例有安良堡、潭城堡、琵琶堡等。

安良堡位于大田县桃源镇湖丘头村，占地面积近 1500 平方米。据《熊氏家谱》记载，清嘉庆十一年（1806 年）由熊坤生倡建，并逐级上报至福建巡抚衙门，批准备案后兴建，历时 5 年建成。安良堡坐北朝南，依山而建。堡平面前方后圆，东西宽 35 米，南北长 40 米。堡墙高 7～9 米，墙厚 3～4 米。堡楼回廊形，两层。跑马道做成大阶梯状，道上内沿建墙上廊屋，绕堡一周，共 48 间，每间 5 平方米左右。堡内建筑分上下堂，均为悬山式屋顶。[8]

潭城堡位于大田县广平镇栋仁村，建于清光绪年间（1875—1908 年），占地面积 2600 平方米。该堡从东朝西，平面呈圆形，内径 65 米，由堡墙、主堡门、辅门、跑马道、碉式角楼、主堂、空坪、天井、墙屋等组成。堡墙高 12 米，跑马道宽 4 米。潭城堡是唯一的圆形土堡。[9]

琵琶堡（图 2-4-2）位于大田县建设镇澄江村，始建于明洪武年间（1368—1398 年），历代均有修葺，占地面积 850 平方米，因土堡平面形似琵琶而得名。该堡耸立在澄江村后大山中一座孤凸的山冈上，从西北向东南，东、南、北三面山势陡峭，只有一条小道可通向西面堡门。堡由堡墙、堡门、三圣祠、主楼（祖堂）、观音楼、跑马道等组成，堡墙高 7 米，墙厚 2.5 米，用大块毛石砌筑。[10]

土堡和土楼，都是用一圈夯土墙（有时候还加上石头墙）围成的大型民居。土堡的规模一般比土楼要小一些，围墙的高度也要低一些。更大的区别是里面的房屋。土楼的房屋是用来永久居住的，而土堡的主要用途是应急避难——有土匪侵袭的时候，全村人都集中到土堡里，每家一个小房间，住上几天。这种临时避难用的房间，自然是成本越低越好，实际上很多土堡里面的房间就只有几平方米大。

图 2-4-2　福建大田县琵琶堡（戴志坚　摄）

所以，土楼和土堡的最大区别，不在它们自己，而是要放到整个聚落来看。土楼村落，整个村是由若干个土楼加上一些小型民居组成的，土楼是主体。而土堡村落，整个村落是由很多院落型民居加上一两个土堡组成的，院落型民居才是主体。这两种聚落形态，对应着两种完全不同的生活方式。土楼村的生活是近似于兵营式的，大家过的是集体化的生活，小家庭的私密性被压缩到了最低。而土堡村的生活则是以小家庭为主的，平时田园牧歌，特殊时刻才过上几天集体化的生活。

土楼和土堡还有一个区别，那就是土楼通常是"空心"的，而土堡大多是"实心"的。所谓"空心"，就是中间为空场，可用于晾晒衣服、粮食和举办公共活动（有的土楼中间是小型祠堂，其周围仍有晾晒与活动功能）。所谓"实心"，就是中间有建筑，土堡的中间通常建有类似于祠堂大厅的建筑。"土堡是外部环楼和内部合院式民居的结合。"[11]

土堡为什么要做成"实心"呢？大概有三个原因。一是大厅也有作用，既可以用来临时居住，也可以在临时避难的时候召开会议。二是有大厅的土堡，给人以更加"正式"的感觉。在平时，它可以让村民们感到踏实，而在土匪入侵的时候，它可以增加土堡给土匪造成的心理震慑。三是与庄寨有关。

四、庄寨

与土楼、土堡一样，庄寨也是一种用夯土墙或石墙围起来的建筑。典型的庄寨，是由一圈围屋加上里面的厅堂、堂屋和横屋组成的；厅堂又分上堂和下堂，有时候还有中堂；堂屋是紧挨厅堂的房屋；横屋是位于围屋和堂屋之间、方向跟堂屋垂直的房屋，有的庄寨的围屋跟横屋是相结合的；围屋的外墙厚 1 米左右，高 2 ~ 3 层，上半部为夯土墙，下半部是石头墙；有的庄寨的围屋在四个角上还建有角楼，也称炮楼；有的庄寨的围墙还布满枪眼，还有的庄寨沿着围墙有一圈走马道。

根据李建军的研究，福建庄寨是一种居住和防御并重的建筑，其分布以永泰县为中心，辐射周边的闽清、福清、永春、德化等地；古时数量数以万计，现存约 150 座，居住人群为各姓家族。在永泰，庄寨几乎分布于全县各区域，其选址主要在相对独立的高山台地上，另外也见于盆地、河边、山脚、田中、村中等。算上遗址，庄寨现存有 200 多座，其中 78.5% 以"庄"冠名。[12]

庄寨是"庄"和"寨"并称。庄寨的内部空间格局强调的是儒家文化所推崇的礼仪和秩序。庄寨文化有浓重的儒理教化，其核心是"礼"，尊卑、上下、亲疏、贵贱、男女、长幼、嫡庶等分别居住于不同方位。如左官房为最大的庄主居住，左厢房为长孙居住，正厅为家族举办大事的空间。[13]

庄寨的外观，主要体现了防御的军事属性。在古代，寨有三层含义，第一层是指驻兵之地，第二层是指民间自发修建的具有避难性质的建筑物，第三层是指强盗聚集之地。庄代表的是向上的文化认同，而寨体现的是向下的威慑和拉拢。永泰距离省城福州只有几十公里，但是又地处山区，所以其既要向省城的大传统靠拢，又要兼顾山区本地的小传统。

对居住的重视，也反映在装饰上，这是庄寨区别于土楼、土堡的一大特征。"永泰工"工匠们，在庄寨的屋面上、梁架上、檩坊间、轩廊上、柱子上、门窗上和天井中，有针对性地使用木雕、石雕、拼石、灰塑、彩绘等手段，创造出精巧华美、对称规矩、端庄典雅、细致入微的庄寨装饰。[14]

有的土堡，虽然名称上有"堡"这个字眼，但它们并不是用来临时避难的建筑，而是永久性的住房。比如著名的永安市安贞堡（图 2-4-3），是一个国家级文物保护单位。它是当地一位姓池的乡绅，于 1885 年开始，耗时 11 年而建成的超大型民居，占地约 1 万平方米，房间 200 多间，堡内大小厅堂、卧室、书房、粮库、厨房、厕所一应俱全，还有水井和完善的下水道系统。这个安贞堡，显然不是临时性的住房，而是按照百年大计来筹划和修建的地主庄园。[15]

这里说的土堡和庄寨的分类法，是基于永久性居住和临时性居住作为划分标准的。如果只看建筑形态，土堡和庄寨之间确实难以划出一道明确的界限。[16]

由住房的永久性和临时性，我们也能推导出土堡和庄寨的另一个可能是更为

图 2-4-3　福建永安市安贞堡（戴志坚　摄）

本质性的差别。土堡通常是全村共建的，而庄寨通常是村内某个家族自建的。庄寨和土堡的占地面积，大多在 2000 ～ 4000 平方米之间。这个规模的庄寨，房间数量一般是几十个，可以满足一个大型家族的居住，再多的人口就容纳不了。而同样规模的土堡，房间可以上百个，可以容下全村人口。

由此往前推，土堡村和庄寨村的聚落形态也是有差别的。土堡村是由很多院落型民居加上一两个土堡组成的，村落的主体不是土堡，而是小型和中型的院落型民居。庄寨村有两种形态。一种是很小的自然村，由一两个庄寨就构成了一个村落。比如白云乡的竹头寨，就是由建于明代（或清初）的上寨和建于晚清的下寨组成的。居住在这两个庄寨里面的人，也都是建造者的后代。竹头寨外面现在有一些小型的传统民居，它们是很晚才出现的。

另一种形态，是一个村落由许多中小型院落和若干个庄寨构成。这种村落的规模比较大，形态也显得比较复杂。庄寨的建造成本不低，应该是先有了少量小型院落型民居，等到某一家出了有能力和号召力的人物，带领着家族成员，在附近择地新建起一座庄寨；再往后发展，随着村内人口的增加，小型院落民居也会逐渐增加，而庄寨则总是要等到有号召者出现，才有可能建造。时间一长，就形成了一个村子有众多民居加上几个庄寨的布局。见图 2-4-4 ～图 2-4-6。

土堡为什么是实心的第三个原因，就是土堡和庄寨的分布范围很靠近，而且有相当程度的重叠，所以难免互相影响。土堡这种建筑，如果只有一圈临时性住房，平时又没人居住，跟附近的庄寨比起来，形象上显得低级。这时候全村人一起努力，把土堡里的厅堂加上，也不是一件难事。

图 2-4-4　永泰县昇平庄（张培奋　摄）

图 2-4-5　永泰县和城寨（张培奋　摄）

图 2-4-6　永泰县竹头寨夜景

五、结语

　　本节所讲的三类大型防御性民居，在空间距离上是相当近的。从庄寨集中分布的永泰县到土楼集中分布的龙岩市，只有 200 多公里。在这么小的地理范围内，居然出现了防御性几乎同样强大，但是建筑形式上的差异又如此明显的三种建筑，这的确是一个值得我们关注的现象。它从一个侧面很好地展示了福建乡土建筑的丰富性。

注释:

1　李建军.福建庄寨[M].合肥：安徽大学出版社，2018（12）：31.

2　福建土楼主要分布在闽西和闽南，本属于民系区。放在本节，是为了便于跟闽中的土堡、庄寨做比较。

3　黄汉民，陈立慕.福建土楼建筑[M].福州：福建科学技术出版社，2012（2）：24-25.

4　这里说的方形土楼，也包括长方形的。

5　黄汉民，陈立慕.福建土楼建筑[M].福州：福建科学技术出版社，2012（2）：28.

6　黄汉民，陈立慕.福建土楼建筑[M].福州：福建科学技术出版社，2012（2）：26.

7　戴志坚在《福建土堡》中指出，土堡是以防御为主、居住为辅的建筑形式，并且认为是这个特点使得福建土堡有别于其他防卫区与生活区合为一体的防御性建筑（中国建筑工业出版社，2014年版，第6页）。本文作者认同该书的这一观点，并在此基础上，将"居住为辅"进一步明确为是临时性居住。

8　戴志坚，陈琦.福建土堡[M].北京：中国建筑工业出版社，2014（3）：64-65.

9　戴志坚，陈琦.福建土堡[M].北京：中国建筑工业出版社，2014（3）：92-93.

10　戴志坚，陈琦.福建土堡[M].北京：中国建筑工业出版社，2014（3）：72-73.

11　戴志坚，陈琦.福建土堡[M].北京：中国建筑工业出版社，2014（3）：21.

12　李建军.福建庄寨[M].合肥：安徽大学出版社，2018（12）：26-27.

13　李建军.福建庄寨[M].合肥：安徽大学出版社，2018（12）：112.

14　李建军.福建庄寨[M].合肥：安徽大学出版社，2018（12）：158-161.

15　李建军认为，安贞堡与永泰庄寨的区别在于以下几个方面：（1）平面及空间形态上，庄寨纵向长方形，安贞堡前方后圆；庄寨前部没有矮围墙合围的外空间，安贞堡有；庄寨一进天井几乎是内隔防火墙相隔成的多个空间，安贞堡是敞开式的一个空间；庄寨二落多为一层设礼仪堂，安贞堡为二层楼，一层为过厅；庄寨三落为正堂（祖堂），安贞堡为二层楼（主楼二层，副楼三层）；一层为家族议事空间，二层明间为祖厅，次间为主人的住房和书房，三层为过楼或主人用的其他空间）；庄寨后楼多为居住、防御空间，安贞堡是粮仓和防御空间；庄寨两侧扶楼多直接与楼房、跑马廊结合构架，安贞堡则是扶楼与跑马廊两套结构体系。（2）使用功能上，安贞堡是池姓官员（盐商）小家族构筑，庄寨是各姓大家族构筑；安贞堡专门辟出火药库、钱库、契约存储空间，庄寨几乎没有钱库、火药库空间。（3）其他区别，安贞堡所有的灰壁、檐口、槛窗、格栅门在木雕、漆彩、灰塑、彩绘等装修装饰都十分精美，庄寨基本上是素面木雕为主，少数雨埂墙、屋脊脊肚有灰塑和彩绘。

16　这种类型与名称不相符的现象，在科学界也是存在的。比如熊猫，实际上是熊，但是名称却叫"猫"。还有鲸鱼，实际上是哺乳动物，但是人们还是习惯性地管它们叫"鱼"。民居建筑的分类，一直是一个难题，出发点不同，分类的标准也不同，得出的结论也就不一样。这里提出的分类方法，适用于本文，还不是学术共识。我们也可以在名称前面加上限定词，比如"临时避难型土堡""家族聚居型庄寨"，但是这样的名称又显得冗长。

第五节 乡土晋商——大周村的民居和庙宇

　　大周古村位于山西省东南部，隶属高平市马村镇。古村格局清晰独特，历史悠久，存有多个时期的大量历史建筑，其中以明清和民国时期建筑为主，是一座典型的晋东南地区古村镇。大周古村所在的高平地区"四面皆山，中有平地"[1]，为"层山环抱，曲水萦流；寨堡皆险阻之区，高平悉耕凿之地"[2]。高平境内北有发鸠山和羊头山。著名的"精卫填海"的故事便起源于发鸠山。如果说高平地区是山西东南部门户的话，那么坐落在马村镇的大周村则是高平地区重要的险关要塞。因高平地区三面环山，只有南部开放，而大周村正好处在这个关口上，同时大周村为群山环抱，其北更是有古寨、张家、沟头等小村落拱卫，其南接大阳镇（古阳阿县）[3]；地理位置的重要性不言而喻。见图 2-5-1。

　　大周村不是单一血缘的村落，而是由多种姓氏组成的。随着经济的繁荣，先后有 60 余种姓氏迁入，构成了古老村落现在的姓氏结构。其中以经商起家的武氏是村中大姓，也是村中唯一有家谱留存的家族。

　　元末明初，山西周边战乱不断，山西却相对安定。为了提供边防军需，明王朝制定了一系列经商的优惠政策。同时，巨大的人口数量使得山西的人均可耕种面积严重不足。在这种双重刺激下，山西的商业蓬勃发展起来。从最初以家族为群体的经营模式到后期的以乡土纽带为特征的帮会体制，晋商不断积累着资本，商业范围大规模扩散。晋商赚到钱后，往往回家乡置地建豪宅，以此光耀家族，是为"荣归故里"。大周村至今尚保存有一些明代建筑，正是因此兴建。大周村武氏家族正是以经商致富发家，逐渐成为村中一大望族，并为村民做了诸多善事，修建高阳堡、巩固堡、落灵庵等公共建筑。

　　大周村古时又称"七十二全神庙村"，村中寺庙、楼阁、观堂密布全村，远近闻名，民间信仰杂糅交织、闲散随性。

图 2-5-1　清雍正《泽州府志》中的"高平县境图"

一、村落格局

　　大周村地属丹河流域[4]，其北依黄花岭，西方较远是香山，南有小山为掘山，东部为平地。诸山环邑，多为太行山支脉。古村境内地貌凹凸不平，其中北寨是村中制高点，四围地势逐渐下降，坡度缓和，至村南河谷一侧突然变化形成沿河峭壁。村南百余米处有前河、沙河两条小河，现水量已不大。河水静静地自西向东折向东南汇为东周河，最后流入丹河。群山对村落起到了保卫的作用，河溪保证了饮用和灌溉，在山环水抱中更容易形成适宜耕种的温度和湿度。正是借助这种依山面水、山环水聚、负阴抱阳、相对闭合的自然环境，大周村千百年来才得以延续发展、几度兴盛。见图 2-5-2。

　　大周村古时是军事要地，也是四方往来的交通重镇，城防的重要性不言而喻。古村旧时的城门按照方位与五行八卦形成了对应，所以被称为"八卦城"。村民口传宋初大周村驻守将领巧妙利用地形，依照五行八卦阵法进行规划建设，形成了村落独特的五行八卦布局：村东、南、西、北四处城门与中央阁楼成五行，分别对应五行中的木、火、金、水、土，东南、东北、西南、西北四个边角再加修四座城门与东、南、西、北城门共同组成八卦，四个边角的"八卦"城门规模和重要性低于"五行"城门。同时每一处城门都结合了庙宇、楼阁等，更使得村子布

图 2-5-2　大周村周边环境

局独特。具体说来，村东的城门楼内有关帝庙；北门外有城隍庙；村西建有七间
阁门楼，上修祖师殿；正南有南城阁，阁中刻"朝阳"二字，旁带观音阁，内连
资圣寺；东北门楼内接三官庙；西北门楼外侧有大王庙；东南角门楼上塑有神像，
离门楼东南百米处还有一座高入云霄的风水古塔，造型独特，名为关帝塔，附近
护城河高崖处建有三皇庙，下为落灵庵；西南门楼外接古道。对于这种独特的村
落布局，民间流传着："周纂镇，八卦城"的说法。见图 2-5-3。

　　村内街巷大体分为四横多纵，南密北疏。现存历史建筑多集中于大周村中南部，
均紧临历史街巷，村北部大片和南堡门西侧为农业用地，另外还有小面积耕地散
布于村中。根据武氏家谱，在清康熙之前，资圣寺的东侧有粮仓、兵器库、官厅
等设施。现在资圣寺以西依然有酒坊院和集贸南街的名称，可推测资圣寺西边就
是古时集市的所在地，加之资圣寺是重要的宗教活动场所，所以古时的南城门内
是村中最繁华的区域，时至今日依旧如此。

　　大周村现存有西城门和西南门。西城门为村中的标志性建筑，高耸的城墙和
城门上沧桑的祖师殿在今日看来依旧宏伟壮丽，旧时通过此门即标志着进入了古
村。除西城门和西南门外，古村其余入口处的门楼都已无存。

　　村内地下建有庞大的地道系统，具体建造年代不详。古时地道作为秘密的藏
匿场所应该是相对保密的，所以才能在敌寇攻入城内后不被发现，从而保全村民
的安全。正因如此，村内现存的碑文、家谱中没有任何关于地道系统的记载。尘
封已久的地道已近百年未得到使用，时至今日地道系统的完整布局仍未被探索完

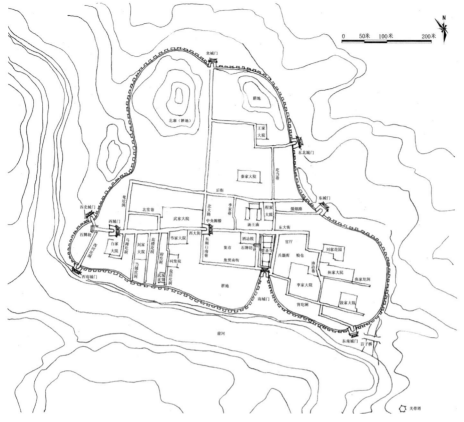

图 2-5-3　清末大周村格局示意图

毕。该地道工程庞大，四通八达贯穿全村，地道结构纷繁错杂，内部有防火、防水构造，有气眼、休息、做饭、粮仓、放灯照明、陷阱等设施，具有较为完整的防御、生存体系。

　　在古村周边旧时还有天坛、神坛、地坛与鬼坛，俗称四坛[5]。其中天坛位于村北黄花岭西侧的一块平地上，现在建筑完全拆毁，只留下一堆黄石头（百姓称其为达将），在黄石头的旁边还有一块大约二尺左右的四方沙石，上刻"天坛"二字，是仅存的标志。神坛位于古村西南，地坛位于南山的一片空地，二坛的建筑现已全部拆除，只有部分地基、瓦块作为其存在的证据。鬼坛位于村前河南岸东侧，又称乱葬坟，是当初埋死人的地方，到处白骨累累，1949 年以后虽开垦为农田，但还是能看见白骨，在夏夜偶尔会有磷火出现。

二、居住建筑

　　大周村现存有约 30 座历史院落，多建于清代，其中较完整的有武家大院、焦家大院、刘家大花园、琚家大院、程家大院等。院落群按照功能的不同展开，彼此紧密联系又相对独立，结合圪洞巷道形成棋盘格局，显得错综复杂。居住建筑的高度以两层为主，两到四层不等，高低错落，创造出一条条变化丰富的天际线。同时街道交汇转角处多有阁楼庙宇建筑，或设置影壁、石碾、水井等，院内四角多设角门，门上砖石雕刻，装饰小巧别致。

庭院是中国传统民居的核心，是内外空间的过渡。大周村众多的古院落正是这种思想的代表。在功能上，庭院是平面组成的中心，在日常生活中扮演了多职能的角色，容纳了日常生活的各项内容，如家务劳作、接客待友、休息聊天、敬神烧纸、日常起居等。见图 2-5-4。

大周村民居建筑主要采用合院形式，庭院多呈方形，尺度较大，使得院内日照较为充足。"四大八小"的院落形式是在山西东南部最为常见的建筑布局形式，也是大周村中主要的居住建筑形式。"四大"指的是正房、厢房、倒座且均为两层。"八小"指在正房、厢房、倒座两端的单体，形式较多，有储藏性质的一层、二层、高度低于正房的小厦；也有三至四层高的"看家楼"，单独出现或者成对出现；有位于二层的过廊，用于连接两侧房屋，也有一定的储藏用途，并且有室外的楼梯上下连通。此种形式也经常有一些变体出现，如某个角落只有一个"小"或没有"小"，以形成院落的入口或院落之间的过渡空间。由此可见，古人也并未死板的套用这种定式，而是根据地形、布局等实际条件灵活变化院落平面，从而创造出各具特色的居住场所。

沁河流域[6]的古堡村落普遍建有"看家楼"，或称"风水楼""豫楼"。此类建筑在大周村多为三层或四层，在其他村落甚至更高。看家楼的作用有三：一是在战乱时观察敌情、防御匪患，二是作为储藏空间，三是具有风水堪舆的功能。这些风水楼若建在正房两侧，则可增加正房的高度，镇住它宅，以接得自然界中的吉祥之气，同时也起到了丰富天际轮廓线的作用。

作为山西传统民居的代表，大周村传统民居由众多合院组成多进深宅大院。这样的布局可以使建筑处于相互遮挡中，夏季屋内温度不致偏高，冬季屋内温度也不致过低。同时可以形成缓冲空间，利用其自然采暖，有利于冬季聚热和夏季气流通畅，从而改善室内热环境。

三、宗教与庙宇

大周村的民间信仰呈现出一种杂糅交织、闲散随性的状态。在这里，来自印度的佛教、本土的儒教、道教以及各种民间原始宗教相互交融，相互渗透，非常和谐地共存着，这在大周村的宗教文化层次上主要体现在两方面：

其一，所信仰的神祇种类繁多。大周村所信仰的神祇大体有以下几类：
（1）佛教神佛，如观音大士（供奉于观音阁）、毗卢佛（供奉于资圣寺毗卢殿）等；
（2）道教神仙，如火神（供奉于火神庙）、水神（供奉于汤王庙）；（3）儒教先圣，
如孔子（供奉于宣圣庙）；（4）民间诸神，如牛王、降雨姑姑、树神等，这类神大多
从民间传说、原始宗教里产生，如姑姑殿，牛王庙，举三庙等庙宇都供奉这这类神祇。

其二，大周村不仅宗教信仰对象的繁多，还有不同种类的神共处一室，共同
享受香火的现象。大周村古时又称"七十二全神庙村"，远近闻名；其实，"七十二"
并不是指庙宇的数量，而是指神龛的数量，因而可能一座殿堂里共列着多个神龛。
大周村民对此不但不反对，还乐于表现这种融合的状态。如《高平县重修三皇五
帝庙记》中所记载，"人根之祖司厥江河，如金口夫王此，又目前切近之口口，尝
追思而崇良也，斯庙一立者，若皇若帝若王，熙然共列于一堂"。"熙然"二字，
足见村民对这种多元化的宗教状态欣然的态度。

在大周村，无论是街头巷尾，还是宅前屋后，或是庙宇之中，都能见到神龛。
对村民来说，神不是高高在上与世隔绝的。相反，他们已融入村民的日常生活，
一块红底黑边的绸布，或是一幅剪纸作品，一个小陶罐，便构成一方神龛，而这
样的神龛，在村内随处可见，它们已成为村民生活中不可或缺的一部分。此外，
除大的祭祀活动外，村民平时的祭祀方式抛却了繁缛的祭祀礼仪，相对随意，祭
祀神祇时更多是表达自己对生活的美好祝愿，而非仅仅对神的膜拜和服从。

大周村古代庙宇建筑数量众多，分布较广，且历史悠久，大多建于宋、元、
金大周村的繁盛时期。这与山西地区在宋元金时期相对安定是分不开的。

村中心处有资圣寺和宣圣庙，规模宏伟，是全村的中心，古时各种里社活动
多在此举行。其周围环绕有观音阁、老鳌驼碑、一步两孔桥，五虎庙、露天舞台、
石牌楼等。观音阁坐落于资圣寺南面，原为大周村正南门城楼，后城墙被毁，观
音阁也被填土至与地平。观音阁、资圣寺与供奉五虎上将的五虎庙共同围合成了
一个小广场。见图 2-5-5 ~图 2-5-8。

其中，资圣寺位于东大街路南，坐北朝南，最为壮观。因宗教谛义，以资感
谢圣灵的恩赐，故名资圣寺，始建年代无考。据寺内清代道光年间的石碑《重修
资圣寺碑》记载，资圣寺在清朝繁盛时，"四围群房，一进数院，内建有雷音、毗卢、
伽蓝、天王、罗汉、十王、六瘟诸殿，及水陆阁、东西禅房，左右钟鼓，靡不毕备；
山门外对面有观音阁。在昔盛时，庙貌威严，金碧炫耀，不诚《西遨》一部足壮
观瞻哉！斯其规模如此，至若焚修香火田有九十余亩"，可见清朝末年资圣寺的大
体布局之壮观繁盛。

图 2-5-4　武家大院院内

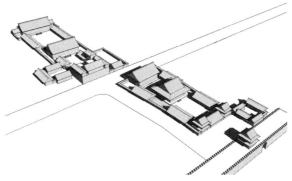

图 2-5-5　大周村村中心宗教建筑
群格局复原图

　　宣圣庙又称文庙、大庙，位于东大街路北。一个村镇中有文庙供奉，这是十分少见的。在宣圣庙进行祭祀活动古已有之，热闹异常。

　　据村民回忆，宣圣庙原有数进院落，坐南朝北。山门内原有四大金刚神像，山门两翼有钟鼓楼，山门西侧主轴线上依次坐落着南天门、大成殿，汤王殿三座大殿，形成两进院落。其中，南天门为建在高台上的一个三合院，高台中间台阶越往上越高，以突出其高耸的气势，恍若直上九霄南天门。南天门对面为大成殿，内塑有孔圣人及七十二弟子之位。大成殿北部为一覆顶戏台。戏台正对着北部的一进三合院。院内正面为汤王殿，两翼看廊，为古时妇女小孩看戏之处，四角耳殿分别为神厨、药王殿、奶奶堂所在之地。主轴线西侧为一进三合院落，由大成殿西侧的月亮门进入，为村中私塾[7]。由此可见，当时宣圣庙规模宏大，秩序井然。现宣圣庙内仅存汤王殿及两翼东西看廊保存尚好。

　　村中还散布着诸如建于明代面阔三间用于供奉廉颇的举三庙、位于村北建于清朝的火神庙、五道将军庙、明代所建供有玄天上帝土地庙、财神庙、明代万历年间所建规模最盛时曾有多进院落的三皇五帝庙、南佛堂、北佛堂、奶奶堂、小关帝庙、油王庙、清代所建用于停放灵柩的落灵庵、建于西城门城墙上的祖师殿等多座小型寺庙和针工阁等众多阁楼以及西城门、顶层供奉着观音娘娘的西南城

图 2-5-6　观音阁外观

图 2-5-7　资圣寺五佛殿

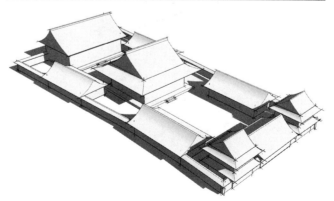

图 2-5-8　宣圣庙复原示意图

乡土聚落研究与探索

图 2-5-9 大周村西城门外侧

图 2-5-10 大周村关帝塔外貌

图 2-5-11 大周村关帝塔内部

门、百子桥及完全用砖砌造的七层关帝塔等公共建筑。此外，村中还曾有天齐庙、全神庙、山神庙、城隍庙、东岳庙、西庵、大王庙等众多庙宇，供奉诸神，惜均已毁。见图 2-5-9 ～图 2-5-11。

四、结语

大周村是沁河中游古村落的典型代表，是泛神崇拜体现于乡土聚落的一个典型案例，具有较高的历史、科学和艺术价值。其村落格局完整、清晰。作为古代军事要地，也是四方往来的交通重镇，大周村的古村格局奉五行八卦而建，旧时的城门按照方位与五行八卦形成了对应，因此以"八卦城"而闻名。保存完好且错综复杂的地下通道系统见证了历史，亦增强了聚落的空间丰富性。

在大周村，印度的佛教、本土的儒教、道教以及各种民间原始宗教相互交融，相互渗透，和谐地共存着，与商贸文化交织融汇，使得村内寺庙楼阁观堂密集，府邸宏伟丰富，绽放出绚丽的光彩。村中更有规模宏大的两进院落文庙——宣圣庙供奉，在村镇级别的聚落中十分少见。寺庙、阁楼、神龛、关帝塔遍布村中，充分体现了大周村的泛神崇拜之深、之盛，并且将这种文化特征完整地落载到聚落空间之上。从该村的选址及聚落格局，可以看到信仰在一个多姓古村落中起到的作用。

本节采编自：

薛林平，刘冬贺，刘思齐，等 . 山西古村镇系列丛书：大周古村 [M]. 北京：中国建筑工业出版社，2010.

注释：

1 （清）朱樟，《泽州府志》中引《方舆胜览》。

2 （清）朱樟 . 泽州府志 [M]. 太原：山西古籍出版社，2001：92.

3 今山西省泽州县大阳镇，位于大周村北部，距其约 3 公里，2008 年被公布为第四批中国历史文化名镇。

4 晋城市境内第二大河，发源于高平市赵庄丹朱岭，入河南省后注入沁河。

5 据村民王九斤、琚贵珠口述，程裕生记录。

6 沁河属于黄河下游的支流，接纳丹河后汇入黄河，从较大的范围划分大周村属沁河流域。

7 有关原宣圣庙规模是由村民回忆记述而成。

第六节　航运之村——闽江上游的观前码头

　　观前村位于福建省浦城县，是闽江上游的一个码头。由观前村逆流北上 23 公里，就到了县城南浦镇。由南浦镇的码头再北上转入旱路，就进入了仙霞古道。仙霞古道全长约 120 公里，是古时沟通浙闽两省的一条交通要道。

　　钱塘江水系和闽江水系都是我国重要的水系，在古代它们分别是浙江省和福建省的交通命脉。钱塘江水系孕育的钱塘江流域，和闽江水系孕育的闽江流域，又是我国两大富庶的农业带，经济发展水平较高，并有相当程度的互补性。

　　由于南浦溪季节性暴涨暴落的山区溪流特征，只在一年当中，闽江船只有部分时段能溯江到达南浦镇。在其他时段，它们只能在观前码头将货物卸下，分批装入载重量较小的竹筏运至南浦镇，再起岸北上仙霞古道。可以说，正是南浦镇和观前码头，共同形成了闽江航运和仙霞古道旱路的转运线。

一、观前村的地理

　　观前村坐落于南浦溪的西北岸，东西向宽约 180 米，南北向长约 650 米，占地面积约 12 公顷，目前人口约 790 户，3300 余人。[1] 村落与东南方的金斗山隔溪相望，金斗山上建有一座金斗观，观前村因此得名。见图 2-6-1、图 2-6-2。

　　当地文献常以"三山秀丽、二水交流"来形容观前村。这八个字既描述了它的地理环境，也概括了它的村落结构。"二水"即南浦溪与临江溪，这是观前村码头转运功能能得以开展的前提。"三山"指的是观前村西面的三座小山，由南至北分别称作金山、银山和龟山。相比于四周的其他山岭，"三山"的海拔较低，坡度较缓，是方圆十里之内可供建房的少数地方之一。

　　观前村所在的地理环境，并不适于农业耕种。村落四周山林较多，耕地较少。粮食产量无法自给自足，所以当地人常说："一年粮食，半年吃完。"观前村能够发展成为一个人烟密集的村落，靠的不是农业，而主要是南浦溪的航运业。在观前村的南面，临江溪汇入南浦溪。二水合流，使南浦溪的水量大增，溪面宽度由 100 米左右增至将近 200 米，更利于行船和放排。在观前村的溪岸设置码头，供船只和竹筏停靠，成为顺理成章的天然之选。

图 2-6-1　同治版《南浦眉山叶氏
宗谱》卷首图

图 2-6-2　观前村

《浦城县志》载，1951 年观前码头上有木帆船 92 艘，竹排 151 张。[2] 据观前村老船工徐保弟（生于 1936 年）回忆，1950 年前后观前村拥有船只的家庭有 100 多户，每户有一艘船。即使在抗日战争和解放战争时期，观前码头的转运业也可能未见衰退。作为闽江北源的一个规模较大的码头，观前是战争后方重要的物资转运地。1939—1947 年，国民党政府在观前村设立"水陆联运站"，这在一定程度上强化了观前村的水陆转运地位。观前码头的兴盛一直持续到 1958 年赛（岐）浦（城）公路修通。在那以后，汽车取代船只和竹筏成为主要交通工具，观前也不复有往日的辉煌。

二、观前村的结构

观前村由上坊（北）、中坊和下坊（南）三个规模相当的小村组成，它们分别倚靠着龟山、银山和金山。三个小村目前的人口各 200 ~ 300 户。从现状看，三个小村已紧密连成一片，没有明显的分界线。但在历史上，它们可能是相互之间有一定距离的三个团块。三个团块之内，分别居住着以周姓、张姓和谢姓为主的

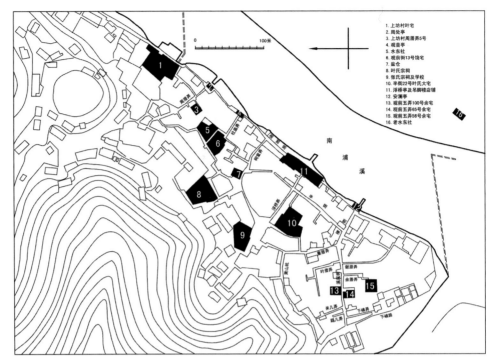

1. 上坊村叶宅
2. 周处亭
3. 上坊村周厝弄5号
4. 观音社
5. 水东社
6. 观前街13号饶宅
7. 盐仓
8. 叶氏宗祠
9. 张氏宗祠及学校
10. 半街22号叶氏大宅
11. 浮桥亭及吊脚楼店铺
12. 安澜亭
13. 观前五弄100号余宅
14. 观前五弄65号余宅
15. 观前五弄58号余宅
16. 老水东社

图 2-6-3　观前村总图（编号为测绘建筑，张琳　绘制）

居民。这三个姓氏的宗祠，也分布在各自的团块之内。后来，随着人口不断增加和外姓居民陆续迁入，尤其是叶姓人自后塘村遭毁而迁居观前村之后，三村之间的边界才变得模糊。叶姓居民主要居住在中坊村内，叶氏宗祠则坐落在上坊村内西南侧的山腰上。见图 2-6-3。

　　因"二水交流"而产生的水旱转运功能，是影响观前村结构布局的一个关键性因素。它决定了观前村码头和商业街道的分布。观前村的码头有八处，六处分布在南浦溪的西岸。最重要的码头，是中坊村内的浮桥西码头。浮桥是观前村居民与外界沟通的重要交通设施。浮桥西码头在充当观前村居民对外交通出入口的基础上，发展成为船只、竹筏装卸货物的主要码头。

　　观前村的商业街市，也正是以浮桥西码头为原点而生长起来的。商铺大部分分布在中坊村的前街两侧，以浮桥亭为中心，沿溪岸向两边各延伸 40 米至 90 米。与前街垂直并交汇于安澜亭的横街，以及横街之后的溪尾弄，也有一些商铺。

　　前街是观前村内最长、最重要的一条街巷，北至龟山脚下的天后宫，南至下坊村南端的饶家水碓，全长约 750 米。在前街上，分布着三座凉亭和一座浮桥亭。它们活泼而开放的建筑形式，与村内其他建筑形成了鲜明对比。浮桥西码头上的浮桥亭，高高耸立，是观前村的标志性建筑。凉亭的高度与建筑形制不及浮桥亭，但亭内设有宽大的坐凳，供村民们乘凉、闲聊，是观前村的社交中心。见图 2-6-4、图 2-6-5。

图 2-6-4　观前村前街现状

图 2-6-5　修复后的观前村浮桥

　　中坊村内，前街的沿溪一侧是吊脚楼店铺，现存有 21 间，总长 60 余米。见图 2-6-6。在码头繁华时期，这些吊脚楼以杂货店、饭店和豆腐酒店为主。吊脚楼的建筑优雅美观，同时也充分利用了溪岸，这样更高处的坡地就可以用来建造住宅、祠堂和庙宇等建筑。在洪水暴涨的时候，吊脚楼的墙板、门板等构件都可以临时拆卸，以便水流通过而不将木结构推到。吊脚楼店铺的"临时性"，既反映了当地居民在建筑技术上的灵巧构思，也说明观前码头的商业发展水平尚未达到一个较高的水平。在同样是坐落于溪边的清湖镇（属浙江省江山市），其店铺就没有采用吊脚楼的建筑形式，而是选择了"板门店"或"墙门店"。"板门店"的质量较低，"墙门店"的质量较高，两者都属于固定的建筑，不同于随时可拆卸的吊脚楼；而且，"墙门店"都分布在距离溪岸较远的上街，它们在防洪上受到的关照已超过一般住宅。

　　从中间贯穿中坊村、并与前街平行的"半街"，是观前村内另一条比较重要的横向街巷。与前街和半街垂直的巷道，主要有五条，由南至北依次是横街（连着溪尾弄）、童厝弄、浮桥弄、祠堂弄和社庙弄。见图 2-6-7。

　　观前村村民的主要构成成分，也不是农民，而是船工、排工、渔户、商人、手工业者、挑夫等"非农业人口"。观前村的"职业分布地图"大致上是这样的：

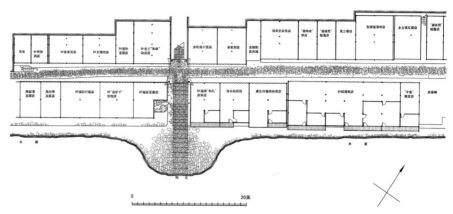

图 2-6-6（a）　观前村吊脚楼店铺及浮桥亭平面（张琳　绘制）

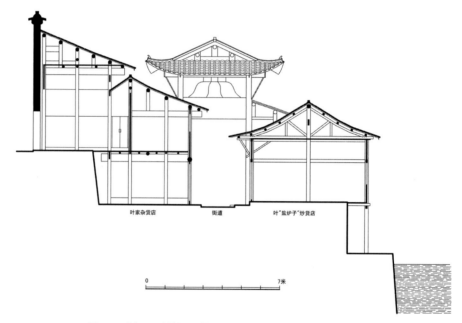

图 2-6-6（b）　观前村吊脚楼店铺剖面及浮桥亭侧立面（张琳　绘制）

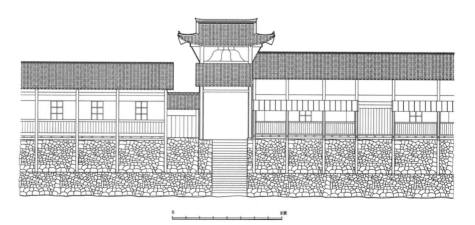

图 2-6-6（c）　观前村浮桥亭正立面及吊脚楼店铺沿河立面（张琳　绘制）

图 2-6-7　雨中的观前村街巷

南面的下坊村，最靠近临江溪与南浦溪交汇处，居民以船工为主；北面的上坊村，距离临江溪与南浦溪交汇处最远，居民以排工为主；商人、手工艺人和挑夫，则主要居住在交通便利的中坊村。渔户和纯农业户的数量较少，前者分散在中坊村和下坊村，后者在三个小村内都有。

三、观前村的建筑

从经济实力来说，商人是最富有的，其次是船工，再次是渔户、排工、手工业者和自耕农，最差的是挑夫和雇工。这种经济上的差异性，在住宅建筑上也得到反映。比如观前村内的四座"大厝"，属于经商的主力叶姓人；家境较好的商人或船工的住宅，在格扇门、格扇窗、厅堂梁架和外墙面青砖数量上，都要强于一般人家；位于交埠岭的几十幢住宅，主人大多是贫穷的肩挑汉，它们的建筑质量也不及其他人家的住宅。

不过，总的说来，观前村的大部分住宅在外观和内部结构上是相似的。它们都用大卵石做墙基，都以装饰很少的木梁柱做承重结构，都用大面积裸露、少部分贴青砖的高夯土墙做围护结构，都用青板瓦覆盖着进深较大的双坡顶。住宅建筑的差别性不大，反映出村民贫富分化的程度还不是很明显。

村民们似乎更愿意将钱财投入到祠堂和庙宇这两类公共建筑。祠堂和庙宇是观前村内质量最好的一批建筑，它们也体现了观前村高于一般农业村落的经济实力。祠堂有四座，即周、张、谢、叶"四大姓"的宗祠。庙宇有关帝庙、妈祖庙、水吉庙和水东社（上坊村）。祠堂和庙宇都位于位置较高的山坡上，远离水患。它们的建筑形制上也大体接近，都是由大门、戏台、正堂和两层厢廊等基本元素构成的四合院。

祠堂的建筑质量远胜于住宅，反映出观前村旧时有较强的宗族力量。为了保证宗族集体活动的正常开展，每个祠堂都有田地、山场或店铺等形式的祀产，称为"清明田"或"清明店"，因为清明节是祭祖的日子。浮桥亭北面的七间吊脚楼店铺，就是叶氏宗祠的清明店，由叶家四个房轮值管理。

观前是一个杂姓聚居的村落。为了公共事务的管理，还需要一个超越于各宗族之上的公权力。"联首"应运而生。顾名思义，"联首"即各宗祠的"联合首领"，由村内最有威望的人担任。清末民国初时，有一位名叫"铃子伯"的联首，为了本村与曹村的田地纠纷，曾经率领几十人聚集在县衙门口，催促县官审理案件。

观前村内的庙宇，其建筑形制和祠堂类似。不同之处在于，祠堂供祖先，庙宇供神灵。部分庙宇供奉的神灵，体现了观前村和"水"之间的密切关系。妈祖庙供奉的是林默娘，她被尊称为"妈祖娘娘"，原先是航海者的保护神，后演化为福建人的保护神。在闽江及其支流上从事航运业的船工和排工们，尤其信仰妈祖神。水吉庙内供奉的是张巡，他在安史之乱中因死守睢阳而殉唐，成为官方祀典中之神，后来又因清王朝加封为"显佑安澜之神"而演化成水神，兼有防疫、禳灾、驱魔等多项职能。

不在观前村内、但与观前村有紧密联系的庙宇，近的有老水东社庙和观音阁，远的有金斗观、轮藏寺和高阳峰庙等形制较高的佛寺和道观。老水东社位于南浦溪东岸，是一幢形式简单的夯土建筑。观音阁位于村西面，今观前小学一带。金斗观在观前村对岸的小武当山上，轮藏寺在村北的"轮藏金山"上，高阳峰庙在村东北方的高阳峰上，这三座庙宇分别由观前的周姓、张姓和叶姓人出资建造。

祠堂和庙宇还有一点是相似的，它们都承载着观前的公共文化功能。这尤其表现在演戏和庙会上。观前村内的八座祠堂和庙宇，无一例外都有戏台，它们不但在节日祭祀活动中上演戏曲节目，平时也经常有"拦路戏"（即将途经观前码头的戏班"拦截"下来，唱三天戏之后才让离开）。庙会是一个地域内的居民共同参与的综合性文化活动，以祭祀为基础，兼有经济、社交、集会、娱乐等功能。观前村民经常参加的庙会，一年里有八次，分别是上坊村水东社庙庙会、金斗观庙会、轮藏寺庙会、太平桥观音庙[3]庙会、妈祖庙庙会、关帝庙庙会、下官亭观音庙[4]庙会和水吉庙庙会。为数众多的祠堂和庙宇，织成了一张覆盖观前村社会生活的网。

四、结语

观前村因特殊的闽江上游水运而生。她的选址和结构很不同于一般的农耕型村落。

在选址上，观前村是利用了闽江上游的季节落差。闽江上游的季节落差太大，使得竹筏运输业有了生存机会。竹筏的运载量只有一吨左右，远小于船；但是竹筏的吃水也比船要浅得多，在冬季浅水期比船要好用。南浦镇到观前村的这段水路，正好适合吃水浅的竹筏在冬季跑运输，所以在观前村就形成了一个船和竹筏转运的码头。

在村落结构上，观前村也是从水运"生长"而来的。上坊村的村民都撑竹筏跑上游，下坊村的村民都撑船跑下游，中坊村的村民则就地经商或从事挑担业，就此形成完整的互相支撑的产业链条。

就全村而言，观前村是一个杂姓聚居的村落，但是进到三个小村的内部，它们又回到了中国古代社会最常见的、以单姓家族为主的村落。这种介于单姓与杂姓的聚落形态，反映了观前村从血缘往业缘过渡的状态。从这个角度看，观前村为我们研究商业机制如何渗透入血缘聚落，提供了一个很好的样本。

本节采编自：

罗德胤.观前码头 [M].上海：上海三联书店，2009 年（8）.

注释：

1 人口与耕地数据得自《浦城县志》（1994 年版，第 123 页）。如果算上四周的山、田，观前村的总占地面积约有 30 平方公里。

2 蒋仁.浦城县志 [M].北京：中华书局出版社，1994：123.

3 太平桥是位于观前村北面约 5 公里的一座廊桥，其内设龛供观音像。

4 下坊村的下官亭内也设龛供观音像。

第七节　开窑创业——仙霞古道上的瓷窑村

　　三卿口窑村是一个规模不大的自然村,位于浙闽赣三省交界地带。从一个较大的地理范围看,这里曾经是我国瓷器生产的中心之一。在窑村的东面,浙江的越窑和龙泉窑都曾辉煌一时。唐朝诗人陆龟蒙有诗曰:"九秋风露越窑开,夺得千峰翠色来",赞的就是越州生产的瓷器。越窑衰落以后,龙泉窑继之而起,借宋室南迁和海外贸易之利,在宋元时期达到鼎盛。在窑村的西北,则有江西景德镇生产的青花瓷,是自明代以来中国瓷器的主流产品。宋应星曾在《天工开物》中说:"若夫中华四裔,驰名猎取者,皆饶郡浮梁景德镇之产也。"[1]

　　窑村坐落在群山环抱的一个狭小盆地内,面积约 6.5 公顷,即使连上四周的山林环境,村落总面积也不过 20 公顷左右,目前常住人口仅 100 余人。窑村现属

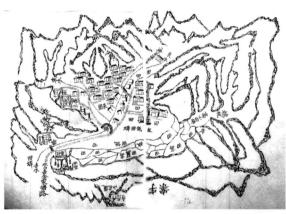

图 2-7-1　《须江黄氏族谱》中的窑村

图 2-7-2　江南山林里的三卿口古窑村

浙江省江山市峡口镇管辖，"三卿口"原是个乡的名称，1992 年实行"撤乡并镇"，三卿口乡和王村乡以及原峡口镇合并成了现在的峡口镇。见图 2-7-1～图 2-7-4。

根据民国年间编的《须江 2 黄氏族谱》，"窑村"作为正式村名始见于清代中叶。1956 年实行合作化之后，窑村成立"江山县三卿口瓷器生产合作社"，当地人称其为"碗厂"。从 20 世纪 90 年代初开始，碗厂生产的粗瓷受到龙泉瓷等精瓷的排挤，并于 1997 年停产。

窑村的特点体现在三处：

第一，窑村是一个手工业村。中国的乡土聚落是一个庞大复杂的社会体系，其中除了农业村庄外，还有数量不多、作用却不可忽略的商业集镇、手工业村等其他类型的聚落。要全面反映中国的乡土社会，就必须考察乡土聚落的不同类型。三卿口窑村，正好为我们研究手工业类型的聚落提供了一个很好的切入点。

第二，窑村的完整性。在窑村内，与居民生活和生产相关的各种资源、建筑和设施，包括瓷土矿、柴山、溪流、住宅、祠堂、社庙、道路、水碓 3、作坊、瓷窑、窑公庙等，大部分保存完好。这些元素对于我们真实而全面地了解传统手工业村的生产生活状况，是必不可少的。而它们能够如此完整地在一个村落内保存下来，也属罕见。

第三，窑村与仙霞古道的关系。仙霞古道是钱塘江水系和闽江水系的旱路连接带，窑村在位置上与之紧靠，可使其陶瓷产品北上运输到江山、衢州和金华各地，

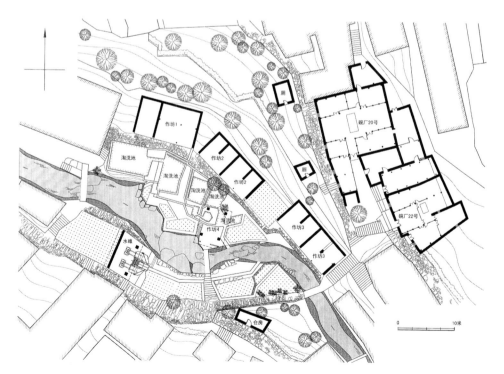

图 2-7-3 窑村局部平面图（尚晋，秦达闻 测绘）

图 2-7-4　溪边是作坊，高处是住宅

南下运输到福建浦城等地，往西则运输到江西邻县，从而形成一个较大范围的销售网络。

一、村史

关于黄姓祖先，《须江窑村黄氏族谱序》中两篇《谱序》均有记载，其中咸丰《谱序》明确提到迁来此地的目的："开窑创业"。

以现今眼光来考量，黄氏选择在此开窑烧瓷，有以下理由：

其一，原料。烧制陶瓷少不了陶瓷原料——高岭土。陶瓷分陶器和瓷器两种。陶器的胎料是普通的赫土，其烧成温度一般在 900 摄氏度左右，表面不上釉或只上低温釉。瓷器胎料则是瓷土，即高岭土，其烧成温度在 1300 摄氏度左右，表面施釉。窑村生产的陶瓷属于粗瓷。在窑村南面山坡上，有采泥（石）场，是窑工世代采集陶瓷原料之处。窑村的石料因高岭土含量较低，杂质较多，只能用来做粗瓷。

其二，动力。北方地区的烧瓷业，常用牛力来磨碎石料。在南方山区，雨量充沛，又有山坡高差，溪流湍急，天然水力利用起来十分方便。窑村内有两条溪流，其中流量较大的一条，就被村民们用来把粗石料粉碎成细泥。其做法是，以水流带动水碓房外的水毂轮，水毂轮再带动木雄臂，木雄臂举着雄头，对雄臼内的石料反复敲打，直至粉碎成"面粉状"。

其三，燃料。烧制陶瓷需耗费大量燃料，窑村所处为丘陵山地，木材充足，可做燃料。据生于 1924 年的老窑工黄地法说，合作化时期修建的位于西面山坡上的大龙窑，一次烧窑需费木柴 2 万多斤，以前用的窑规模小，但一次也要消耗大约 1 万斤木柴。

其四，销售渠道。窑村的销售得益于浙闽交通线上的仙霞古道。

其五，农田。旧时窑村的陶瓷烧制水平较低，市场需求量小，窑村的居民光靠这一行并不足以保证生计，他们还需要自己生产粮食，因此一定面积的农田仍是必不可少的。

据黄地板（生于 1925 年）和黄忠益（生于 1929 年）等老人说，窑村历史上遭受的最大一次破坏是在 1942 年，"日本兵把大部分房子都烧光了"。没烧毁的房子只有黄氏祠堂、社庙等五处。1942 年之后，大部分房屋在原址上重建。这些房屋一直保存到现在。

二、建筑

在以精雕细刻著称的浙江乡土建筑中，这里的建筑可以说是朴实无华的。除了黄氏祠堂有稍微繁复的雕梁画栋之外，别的建筑，包括社庙和住宅，都是夯土墙加木构瓦顶，极少装饰。

很多夯土墙都不刷白，直接外露土黄色。屋顶的板瓦也是红黑相间——瓦本是红色，但或因烟熏，或因气候潮湿而起苔，部分变成了黑色。从山坡高处俯瞰整个村落，只见绿荫丛中错落有致地分布着红、黄色块，这和浙皖地区粉墙黛瓦的素描风格比起来，可谓别有一番气象。

窑村的建筑有祠堂、庙宇、住宅、作坊、瓷窑等类型。它们建造于山坡上或山脚下，以坡地上开辟出的平地作为地基，形成大小不等、参差跌落且朝向不完全一致的建筑群。这其中，祠堂和住宅以三合院或四合院为主，庙宇、作坊和瓷窑则都是不成院的单栋建筑。

住宅有几十座，大多只有一个天井，少数连天井都没有。住宅的建筑层数和高度是介于一层和两层之间，因为卧室上加出的"楼棚"，并不能算作完整的二层，其空间较矮，并不用于居住，而是用来堆放粮食、瓷器、农具等，以及在炎炎夏季充当隔热层和在冬季起保温作用。

住宅中的厨房亦值得注意，它有两个特点：一是面积大，窑村住宅里的厨房，面积大都有 30 ~ 40 平方米，比卧室或厅堂要大多了；二是直接与室外连通，少则一个门，多则两个甚至三个门，这使得厨房成为住宅内部的一个交通枢纽。厨房大而且交通便利，还兼做家庭作坊，这里除了烧饭做菜外，还可以腌咸菜、做豆腐、酿老酒等。

住宅除了居住功能外，还要考虑陶瓷产品的存放。作坊内虽然也有存放空间，但多是临时的，长久放置并不安全。不过，我们目前在窑村内只发现碗厂56号一户住宅带有专门的陶瓷产品库房，其余住宅都是利用二层阁楼，或平时不常用的厅堂、卧室等作为陶瓷产品的存放地。

1. 黄氏祠堂

根据民国年间所编的《须江黄氏族谱》可知黄氏祠堂始建于光绪五年（1879年），次年完工。在旧时的血缘村落，祠堂就是家族的象征。窑村的黄氏祠堂，是整个窑村内规模最大、形式最华丽的建筑。它位于村子东北方水口的溪东岸，坐北朝南，有坐镇水口的作用，其东面是毛竹与大树密布的"袖田山"，即族谱中的"阳龙山"。修建祠堂是重要的家族公共事件。据《须江黄氏族谱》载《祠堂记》，修建祠堂的费用本打算从碗窑产出中抽取一定比例累积而就，但积攒了五六年仍只有"大钱百外之数"，远远不够，最后还是动员了整个家族，集资"五百有余千"，才将祠堂建成。这件事说明，窑村的居民在宗族观念上与农业血缘村落的村民并无差别。

祠堂由两进院落构成。由南至北，分别是大门、戏台、中堂和后堂，其东侧紧靠山坡还有一间厨房。除了南侧开大门和西侧开小门外，祠堂四面均用厚厚的夯土墙封得严严实实。从村口走来，只能看见山坡下临溪而立的白色墙面，和层层叠叠的马头山墙。墙封得严实，有利于防火。和村内住宅一样，祠堂的墙体也用夯土，不同之处是表面全部刷上了白灰，这和住宅大多裸露黄色的夯土墙形成了鲜明对比。祠堂东侧紧靠山坡的厨房为单坡顶，室内面积有20多平方米。祠堂厨房的功能是作为祭祖时"备撰"之用，在每年一度的"迎菩萨"活动中，各家杀猪后都要送15斤猪肉到这里，煮熟供全体黄姓族员享用。

2. 社庙

社庙的正式名称是"陈德公王庙"，位于黄氏祠堂的西南方，坐西朝东。祠堂和社庙隔溪相望，共同起到关锁水口的作用。据黄地法说，袖田山上的窑公庙被毁之后，居民们烧窑前改到社庙来上香。社庙的建筑规模极小，平面尺寸只有约5米见方，屋顶为硬山式。其南、北、西三面为砖墙围合，墙体材料已大部分改换成红砖。社庙内有神台，高1米，台上原先供奉有三座神像，现在神像已无，居民们每年在后墙上贴红纸牌位并虔诚进香。见图2-7-5、图2-7-6。

3. 碗厂56号住宅

碗厂56号住宅位于东面山坡的一个陡坎上，坐东朝西，由主屋、厨房和库房

图 2-7-5 关锁水口的祠堂（左）和
社庙（右）

图 2-7-6 社庙（尚晋 摄）

三部分构成。主屋为三合院形式，天井东面是厅堂和堂屋。原为窑村唯一富农黄
乐吉的住宅，土改后分给了几家人，如今属于六家人所有，其中包括黄乐吉的儿
子黄洪寿。1942 年，日本侵略军攻打仙霞关失败，撤回江山县城时路过此地，一
把火将当时村里的大部分建筑都烧光，该住宅是少数幸存者之一。

4. 窑

据黄地法和黄忠益等老人说，黄氏居民在 1949 年以前修建的窑，总共有 3 处。
最老的窑位于黄氏祠堂东侧的袖田山上，这在民国年间编族谱的地形图上可见。"碗
窑"本是全村黄姓公用，后来因为两兄弟不和，各自修了一座窑，老窑从此废弃。
两个新窑，一个在村落的东南，属于上房派的，叫"上房窑"[4]；另一个在村中心
的溪东北岸，属于下房派的，叫"下房窑"。

1956 年开始合作化，两年之后一座新龙窑建成。据黄地广说，相比于新窑，

老窑生产出的陶瓷"质量差，太粗糙"，所以被淘汰了。合作化之后修建的新龙窑，位于村中心的溪西南岸。这个龙窑一次出窑能有 1 万件陶瓷，大部分是碗，也有少量的瓶和酒杯。不过，它"没用几年，还常坏常修"，并且随着碗厂规模的进一步扩大，也越来越不能满足生产需要。1962 年，又一座新的龙窑于村落西面山腰上建成。这座新的龙窑是专门请了邻县著名的中国瓷"龙泉瓷"产地龙泉县的师傅来帮忙修建的，规模很大，沿山坡依次跌落，总长度达 35 米，一次出窑有 2 万多件陶瓷。主要是碗、瓶、酒杯等种类，偶尔还包括一些请工艺师傅专门设计的动物、菩萨像等艺术品。"龙泉师傅"不仅指导碗厂工人修大龙窑，还教会他们如何装窑和烧窑。在修建大龙窑的同时，紧挨着其南面还修建了大约 300 平方米的作坊，专供上釉、画花等工序的操作，以及陶坯送入炉前的晾干。大龙窑一直用到 1997 年碗厂停产之前，其建筑被保存至今。

5. 作坊

作坊有大作坊和小作坊两类。大作坊出现在合作化之后，其典型实例就是大龙窑南面的作坊。小作坊包括合作化之前的家庭式作坊和合作化之后的小型作坊，其典型实例如碗厂 20 号住宅西面桥边的作坊，此作坊的主要功能是"拉坯""上釉"和"画花"。建筑使用双坡瓦顶（旧时为草顶），三面围合，西面敞开，按承重墙来分是两间，但按工作单元分则是四间（如果是在合作化之前，最多可供四家人同时工作）。见图 2-7-7。

6. 水碓

水碓在水碓作坊内，是窑村景观环境的一个重要因素。大溪两侧的卵石路径，是村内最重要的两条道路。在每条道路的两侧，分别是矗立在卵石墙基上高高的住宅黄土墙，和沿溪点缀着的、距离或近或远、一座接一座的作坊和水碓。水轮一般靠近水碓房，或一部分在水碓房内。水碓房即"碎泥"作坊，从采泥场采集来的碎石料就被送到这里，加工成面粉状的"碎泥"。水碓房为双坡顶的木构简易房，它至少有一面开敞，以便水毂轮局部放在其屋檐内。水碓的主要构件有 6 项：石碓臼、石碓头、碓臂、碓刹（拨杆）、碓轴和水毂轮。见图 2-7-8。

7. 泥塘

泥塘位于拉坯作坊附近，经过水碓粉碎后的熟泥，被运到这里，经过"洗泥"的工序，成为"精泥"，就可以转移到拉坯作坊内用来制作陶坯了。泥塘由粗洗池、细洗池和沉淀池三部分组成，中间用砖壁隔开，粗、细洗池各 1 米见方，沉淀池约 2 米见方，合起来是个宽 2 米、长 3 米的矩形。粗洗池和沉淀池的深度约 60 厘米，细洗池的深度约 1 米。合作化以前的泥塘和作坊都是小型的、散落的，反映了陶瓷生产的家庭特征，一般一个家庭拥有一组泥塘。泥塘和作坊分布于水碓的就近之处，是最靠近溪流的低地。

三、结语

中国古代村落，大多具有两个基本特征：一是血缘性；二是农耕性。三卿口窑村在血缘性这一点上是与它们一致的。从清代前期开基祖入住到今天，黄姓在窑村已传至第十一代。在其鼎盛时期的二十世纪六七十年代，村落人口一度达到300人。

三卿口窑村与其他血缘村落的区别在于，它以手工业为主的特征取代了农耕特征。农业耕作一般以家庭为组织单位，烧窑尽管也以家庭为单位进行陶坯加工、制作和陶瓷成品的销售，但在装窑和烧窑这两个关键环节上却必须采用全村合作、所有村民共用一两个瓷窑的集体生产方式，因为独立承担烧窑所需的大量燃料对于每一个家庭而言成本都太高，而一个家庭的陶坯制作能力也远不足以充分发挥一次烧窑的容量。

图 2-7-7 建于 1962 的大龙窑和大作坊

图 2-7-8 水碓

窑村在选址、布局以及房屋建造上，都是结合烧窑手工艺来考虑的。选址上，和一般村落着眼于农业耕地不同，窑村更注重于为烧窑提供自然条件，比如瓷土矿、燃料（柴山）、水利等；在布局上，瓷窑、作坊、水碓等都是普通农业村落所没有的生产设施，它们的位置分布需符合生产的需要。在房屋建设上，村内的各类建筑，包括祠堂、庙宇、住宅以及满足生产需要的不同构筑物，都在不同程度上围绕着瓷窑生产这一"中心任务"而展开。

在这些条件都满足之后，窑村的窑工们还必须解决一个手工业生产不得不面临的关键问题——销售。农业村落的农耕生产旨在满足自家日常需要，因此村民们最关心当地的气候好坏，较少考虑村落以外的世界。而以手工业生产为生的窑村则与此不同，窑工们生产的大量商品陶瓷，如果不能销售给其他村落或城镇的人们，就不能转化为用以购买粮食与日用品的货币，他们也就无法生存。

总而言之，三卿口窑村已不再属于自给自足的自然村落。她亦工亦农的生产性质，早已将自己的命运交给了因连接浙闽赣三地而形成的"仙霞古道经济带"。

本节采编自：

罗德胤. 三卿口古窑村 [J]. 建筑史，2009（1）.

注释：

1 （明）宋应星. 天工开物 [M]. 钟广言注释. 广州：广东人民出版社，1976：196.
2 须江即今浙江省江山市。
3 水碓即临溪而设的以水为动力舂制瓷粉的工具。
4 关于上房和下房之分，被采访的村民们均表示不知道起于何时，而家谱中也未提及。就"兄弟不和"事件来看，房派之分当在民国初年以前就已形成。而从旧时"五代分房"的习俗来推测房派之分在"永"字辈，即黄乐朝的父亲一辈。

第八节 "古典中国"在松阳

在乡土建筑和传统村落领域，浙江省松阳县可以说是这几年最大的发现。她被《中国国家地理》称为"最后的江南秘境"。

江南的地理范围，有狭义和广义之分。狭义的江南指长江以南的太湖流域，广义的江南则包括了上海、江苏、浙江、安徽、江西、湖北、湖南这六省一市。在中国人的观念里，江南确实是一个饱含文化，甚至是富有诗意的名称。中唐以来，中国的文化中心和经济中心就转移到了江南地区。大诗人白居易就有诗句说："江南好，风景旧曾谙。日出江花红胜火，春来江水绿如蓝。能不忆江南？"

毫无疑问，江南是最能代表"古典中国"的地理区域。只可惜，江南的诗意在最近几十年的城镇化进程中，一多半都消失了，只还留下了西湖和一些零散分布的古村、古镇。

一、"古典中国"的空间单元

陈志华在《中国乡土建筑的世界意义》中指出，宗法制度、科举制度和实用主义的泛神崇拜所造就的乡土建筑，是中国所独有而为世界其他国家所无的。[1] 这三大类"辉煌的乡土建筑"，在江南留存得最多，也最集中。北方的某些地区，寺庙建筑比较发达，但是宗族力量远远比不上南方，所以北方的祠堂比较少见，建筑规模和等级也要逊色得多。南方除江南之外的一些地方，比如岭南、闽南等，宗族势力不亚于江南，但是在科举和文教事业上就要差个档次。就地区而言，江南是最能代表传统时代的中国的。

想让整个江南地区都完整保留下来，已经不可能。退而求其次，是否存在一个比江南地区小的空间单元，足以当得起"古典中国"之名呢？

如果有的话，这个空间单元最小也得是县。秦始皇确立的郡县制，一直是中国的基本体制。在传统社会，它以低成本的方式实现了一个农业超级大国的统治管理。皇帝派官员分赴全国各地，代表他行使治理之权。这些官员里，通常品级最低的是知县。知县以下，尽管还有八品和九品，但是权力就小多了。

在建筑配置上，县城内设有县衙，其地位相当于京城里的皇宫。县城内设文庙、学宫，是全国最高教育部门——国子监分设到地方的机构；城隍庙是掌管阴间的地方"衙门"（城隍的最高长官不在都城，而是在泰山）。县城内或城门外设有集市、商铺进行物资交易，还会有鼓楼、关帝庙、真武庙、社稷坛等公共建筑。这些大大小小的公共建筑，加起来有几十上百个，它们是传统社会里公共生活的载体和见证。

在县城之外、县域之内，还有若干集镇和几十至几百个村落。在前工业化时代，村落是中国基本的社会生产和生活单元。大部分生活生产资料在一村之内即可解决，大多数人在这个基本单元里度过人生中的大部分时间。少数人——主要是商人和官宦——会在外地生活较长时期，但他们通过经商或其他途径得来的财富，大多又流回家乡，为家乡建设做出了巨大贡献。在年老退休之后，他们也大都返回故里，成为主导地方建设、掌握地方舆论的乡绅精英。见图 2-8-1 ～图 2-8-3。

有一部分生活生产物资，比如铁制农具、食盐、瓷器等，是要到集镇或县城购买的。农民生产的富余农产品，也要拿到集市上去卖。

一个县，是中国传统社会里一个完整的生产生活的地理空间。所以，"古典中国"至少要以县为单位，县城要保存得相对完整，县域内要有数量较多的保留完整的传统村落。用这个条件一框，全国范围内符合条件的地方就不多了。

二、为什么是松阳

松阳是符合"古典中国"条件的。

第一个理由，松阳的传统村落数量多，类型也多。从大类上分，有平地、山区和客家这三类。平地的村子，分布在瓯江上游松荫溪两侧的松古盆地内，交通便利，经商者多，高质量的地主大宅和祠堂寺庙也多。松古盆地是浙西南山区最大的盆地，面积约 285 平方公里，地势平坦，农业条件优越，以县域 20% 的土地面积出产了全县 90% 的水稻。平地村以界首、吴弄和山下阳为代表，其建筑质量在浙江省内亦属上乘。不过，由于交通便利，松阳的平地村在过去的一段时间遭到了比较严重的破坏。

山地村的保存程度要远远好于平地村，松阳入选中国传统村落的村子大部分属于山地村。能有如此大量的村落得以保留，除了交通相对不便的因素外，松阳县领导的及时觉悟是最主要原因。山地村的经济水平和建造水平总体上不及平地村，但是它们借助山形地势和溪流林石的复杂多变，形成了多姿多彩的面貌。山坡高差所造就的可视性又使得这些村落呈现出丰富的立体景观。诸如呈回、横坑、官岭、球坑等规模较大的山地村，其层层叠叠如多级瀑布的壮观景象，令人叹为观止。

图 2-8-1 松阳县三都乡酉田村
（朱永春 摄）

图 2-8-2 松阳县黄家大院天井
（李君洁 摄）

图 2-8-3 松阳县叶村乡横坑村
（任明龙 摄）

客家村落，一方面延续了客家人聚族而居的传统，多大型组合式院落，另一方面又接受了浙江建筑的影响，把马头墙、粉墙黛瓦、雕梁画栋等因素引入了乡村，从而形成了独特的浙南客家建筑风格。客家村落主要分布在大东坝镇的石仓片区。

松阳的传统村落大多有祠堂和庙宇，还有一个园林式的水口（即村口）。祠堂、庙宇和水口，堪称松阳村落的"标配"（实际上这也是江南地区村落常有的配置）。祠堂是宗族组织和儒家观念的体现，是连接上层政治的桥梁。庙宇则是地方信仰的载体，对底层民众来说是不可或缺的精神寄托。松阳所在的瓯江流域，历史上属于百越之地，盛行巫神崇拜。在接受中原传来的儒家观念之后，这里的巫神崇拜在逐渐规范化和正统化的同时，依然保留了底层信仰的特色，神灵繁多，祭祀庞杂。

水口园林则是文人和乡野的结合。几棵参天老树，一条蜿蜒小溪，再配上奇形怪状的大石头，可能再加上一两个规模或大或小的庙宇、祠堂，一切看似浑然天成，实则经过精心布置，还各不一样。如果不是受过长期的古典文化浸润，同时又对家乡山水发自内心地喜爱，是不可能"设计"出这些美妙的艺术品的。

第二个理由，松阳有一新一老两个县城。新县城即现在的县城——西屏镇，保存得相当完整。见图 2-8-4。西屏镇的规模不大，没有城墙，从县城的典型性来说略有缺憾。不过，西屏镇内，以南直街为核心的历史街区，面积超过了 1 平方公里。除大片传统民居和商铺之外，街上保留有 12 座宗祠和文庙、武庙（即汤兰公所）、城隍庙、天后宫、药王庙、瑞洗夫人庙等建筑。城外还有一座建于北宋的延庆寺塔。松阳县建置始于公元 199 年，西屏镇是唐贞元年间才成为县治所在地的。在此之前，松阳县城位于现在的古市镇。古市至今仍是一处重要的交通枢纽和商贸中心，镇内以横街、三角坛为中心，300 米长的街道上聚集了一百多家店铺，商业规模只比县城稍逊。

第三个理由，松阳的古镇和古村里不乏装饰水平很高的民居和公共建筑。建筑装饰主要表现为木雕（图 2-8-5）、砖雕和石雕，是建造工艺水平的体现，也是文化艺术水平和经济发展水平的体现。松荫溪流域与瓯江下游的温州之间，自古就有贸易往来。在 19 世纪中叶"五口通商"之后，沿海进口的工业产品和内陆的土特产之间形成了更为强烈的经济互补关系。在商业的带动下，松古盆地的村落经济发达，建造水平相当高，与浙中、浙西的村落相比也毫不逊色。松阳的山地村，虽然水稻产量不高，但是盛产木材、竹材、蔬菜等物产，有的地方还曾经出产过银矿。这些物资和松古盆地的水稻形成了经济上的互补，同时也是瓯江物流贸易的重要组成部分。

第四个理由是松阳的文教事业。在传统时代的中国，判断一个地方的文化教育水平，最直接的指标是科举成绩。在长达 1300 年的科举历史中，松阳一共诞生了 96 名进士，其中包括宋代著名词人叶梦得和明代"一门双进士"詹雨、詹宝。这份成绩，放在江南地区不算突出，远远比不上苏州、杭州这些"状元盛地"，但就全国来看，无疑又是先进的。

除进士之外，松阳还出过一些在历史上有影响力的文化人，比如唐代被称为"国师"的道家叶法善，宋代四大女词人之一的张玉娘。清末科举取消，松阳又是较早出现留学生的地方之一。界首村的刘德怀于 1903 年留学日本，是松阳第一个留洋学生，在日本期间还加入了同盟会。他 1905 年在家乡倡办震东女子学堂，是丽水地区第一所女子学校。

第五个理由是松阳的民俗文化。松阳有国家级"非遗"1 项，省级"非遗"9 项，县级"非遗"63 项。这些"非遗"项目反映了古代松阳丰富多样的文化生活。

图 2-8-4 松阳县西屏镇老街
（李君洁 摄）

图 2-8-5 黄家大院内的木雕
"牛腿"（李君洁 摄）

比如国家级"非遗"是松阳高腔，作为浙江省"戏曲界的活化石"，它是浙江省现存最古老的戏曲剧种之一，也是浙江省目前唯一尚能演出的高腔剧种。又如小竹溪村的排祭，是为祭祀地方神"徐侯大王"，于每年正月十四至月底择一黄道吉日而举行的仪式，类似于哈尼族的长街宴，由每家或每两家人出一桌祭品，前后相接，摆到村内主街上，绵延数百米，蔚为壮观。

总体说来，松阳在"古典中国"的代表性上虽然比不上江南核心地区的县域，但要素和空间是齐备的。假如时光倒流十几年，"古典中国"的桂冠一定轮不到松阳来戴。但是现在，江南核心地区的传统村镇大多消失，松阳反倒成了最具代表性的县。见图 2-8-6。

三、松阳之外

除松阳之外，还有哪些地方有可能称得上"古典中国"的呢？

贵州的黎平、雷山、台江、从江和剑河这几个县，都有数量较多的中国传统村落。从村落保存的完整度来看，它们很可能是优于松阳的。但是，这些村庄地处西南大山里，儒家文化未能完全渗透、浸润到这些地方，而较低的经济水平也无法支撑起类型较多且质量较高的建筑。除了民居之外，这里的村落少有祠堂、庙宇、书院之类的公共建筑，说明聚落的发育程度较低。

云南的腾冲、建水和玉龙，也有较多的传统村落。玉龙是纳西族自治县，2003 年由老丽江县分出，另一半就是现在的古城区。所以，应该拿 2003 年之前的丽江县来做比较样本。丽江县有丽江古城，保存完整，还入选了世界文化遗产；县境之内，也有几十上百个完好的传统村落；历史上，丽江的统治者早就主动接受了汉族文化。不过，丽江毕竟地处边陲，远离中国的文化中心，汉文化的影响终究有限。即便是在保存完整、规模较大的传统村落里，也几乎没有留下任何可供研究的文字材料。

建水和腾冲，都是汉族为主的县。腾冲在历史上是著名的"玉城"，是缅甸玉进入中国的第一站和主要加工地。依靠着玉器贸易、加工以及由此带来的其他物资交流，腾冲也曾经是一个富庶之地。不过，腾冲县城在抗日战争期间饱受战火摧残，几近无存，所以在"古典中国"的要素上有较大缺憾。在村落的发育程度上，腾冲比起松阳来也是有明显差距的。

建水靠近"锡都"个旧，历史上有很多靠挖矿而致富的人家，从而造就了为数众多、分布于城市和乡间的优质四合院。建水县城也保存有比较好的老街。建水文庙规模仅次于山东曲阜孔庙和北京孔庙。可以说，建水和松阳是水平最接近的两个县。住房城乡建设部将它们同时列为第一批传统村落保护发展示范县，是有道理的。从要素齐备性上看，建水可能是最接近松阳的。建水和松阳之间的差距在于，一是县城保留的历史街区和历史建筑要少一些，二是传统村落的数量也少一些。见图2-8-7。

除了贵州和云南，还有河北的蔚县、安徽的黟县、歙县和江西的婺源。河北蔚县，在北京以西约200公里，位于内外两道长城之间。因为经常受北方游牧民族侵扰，蔚县的城市和乡村都是以防御性为首要考虑的城堡型聚落，有"八百村堡"之称。县城是大城堡，村落是小城堡。集镇由若干个临近的城堡组合而成，城堡之间有贸易市场和街道。进入清代之后，游牧民族和农耕民族之间的对抗大大减弱，聚落的防御性让位于生产生活需要。随着交通贸易的发展，蔚县城乡的公共建筑，尤其是庙宇大大增加。蔚县县城保留有一定规模的历史街区和数量不少的历史建筑，城墙的局部也幸存至今。"八百村堡"尽管大多面临荒废，但并未消失。从历史遗存的独特性和丰富度而言，蔚县不亚于松阳。蔚县的短板，一是祠堂太少，二是城市和村落周边的自然环境不如南方的优美（从而在文化意境上有缺憾）。见图2-8-8。

图 2-8-6　樟溪乡黄田村
　　　　　（夏晓芳　摄）

图 2-8-7　建水县团山村

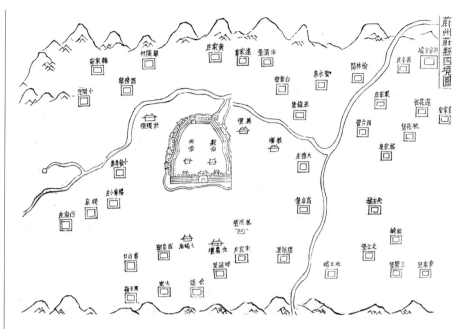

图 2-8-8　蔚州城及周边村堡图（取自清光绪版《蔚州志》）

　　安徽的黟县、歙县和江西的婺源，都是古徽州的地盘。黟县的宏村、西递，还是世界文化遗产。徽商是中国第一大商帮，徽州的村落在建设质量上也是全国一流的，明显胜过了松阳的村落。不过，黟县、歙县和婺源有两个弱点，降低了它们在"古典中国"上的代表性。一是它们的县城保留状况都不好，二是徽州的理学力量过于强盛，导致这里的泛神崇拜受到压制，庙宇建筑不发达。

四、结语

　　本文之所以探讨"古典中国"的话题，目的是为松阳的文化遗产尤其是传统村落，找到一个有足够高度的文化定位。有了这个文化定位，地方政府和当地群众可以为保护工作配备相应的资金与人力资源，并且树立起强大的信念、一致的共识和足够的耐心。

本节采编自：

罗德胤. 在松阳感悟"古典中国"[J]. 瞭望, 2015（43）: 57-59.

注释:

1　陈志华. 中国乡土建筑的世界意义 // 文物建筑保护文集 [C]. 南昌：江西教育出版社, 2008（11）：98-103.

第三章

少数民族区乡土聚落

少数民族区主要是在西部（还包括内蒙古），这是以少数民族的文化特征为文化重要性的片区。西部中的四川、重庆、陕西、甘肃这几个省份，仍有汉族人口为主的地区，因此只能部分划入少数民族片区。而中部的两个地方——湖南的湘西土家族苗族自治州和湖北的恩施土家族苗族自治州，各以土家族、苗族为主，故应划入少数民族片区。

尽管少数民族杂处的情况也存在，但就单个聚落尤其是自然村而言，常见的是以一个民族为主体。少数民族片区里有一些乡土聚落是以汉族人口为主的，而汉族区和民系区的内部也零散地分布有少数民族的聚落，这些聚落的研究应根据具体情况而采用不同方法。

第一节　概　述

在认识少数民族区的乡土聚落之前，有必要先了解我国是如何进行民族划分的。

民族划分有四个标准：共同地域、共同经济生活、共同心理特征和共同语言[1]。中国现有 56 个民族，是由中华人民共和国成立之初的 400 多个民族名称，经过长期、大量的科学调查和甄别而最终认定下来的。民族识别的工作，大致经历了三个阶段。1949 年到 1954 年为第一阶段，期间除已公认的蒙古、回、藏、维吾尔、苗、瑶、彝、朝鲜、满等民族外，又确认了壮、布依、侗、白、哈萨克、哈尼、傣、黎、傈僳、佤、高山、东乡、纳西、拉祜、水、景颇、柯尔克孜、土、塔吉克、乌孜别克、塔塔尔、鄂温克、保安、羌、撒拉、俄罗斯、锡伯、裕固、鄂伦春等共 38 个少数民族。1954 年到 1964 年为第二阶段，确认了土家、畲、达斡尔、仫佬、布朗、仡佬、阿昌、普米、怒、崩龙（后改为德昂族）、京、独龙、赫哲、门巴、毛难（后改为毛南族）等 15 个少数民族。1965 年到 1979 年为第三阶段，1965 年确认了珞巴族，1979 年最后确认了基诺族。至此，我国已被确认的少数民族共有 55 个。[2]

在划分民族的四条标准中，并不包含聚落和建筑。聚落和建筑之所以没有成为民族划分的标准之一，大概有两个原因。一是聚落和建筑一般被理解为有形而表象的文化，而民族的划分更需要参考的是内在的文化，因为内在的文化更为根本和持久。二是有的民族因为长期生活在同一个地理区域，导致他们的聚落和建筑在形式上有趋同的现象，以至于没法从这个角度加以明显区分。

各民族之间，聚落是否都存在差别呢？我们回到本书第一章对聚落的定义：聚落不但包括有形的房屋建筑、生活设施和生产设施，还包括隐藏在背后的社会结构与文化观念。完整的聚落概念，实际上是包含了无形的、内在的文化的。从这个角度看，各民族之间的聚落一定是有差别的，只不过有的差别是既体现在有形上，也体现在无形上，有的差别可能在有形上体现得较少，而更多地体现在无形的文化上。见图 3-1-1 ～图 3-1-3。

少数民族区多山、少平原，农业生产条件和交通便利程度在总体上是不如汉族区的。这导致少数民族区的大部分乡土聚落在发育程度上都不充分。在这些聚落里，往往看不到高质量的公共建筑，只看见清一色的住宅，而住宅本身也表现出明显的匀质性，看不出阶级和财富的分化。在建造材料上，这里的建筑也以节省成本的木、土或石等原材料为主，少用需要烧制的砖。

在少数民族区的某些地方，由于特定的原因获得了较好的农业生产或者较多的工商业支撑，从而出现了规模较大和建造质量较好的乡土聚落。比如云南大理和丽江的城区附近，依托于农业条件较优越的"坝子"[3]，以及茶马古道带来的商业机会，发展出一批规模较大、质量也比较高的村镇。大理白族和丽江纳西族在历史上曾积极引进中原汉族地区的生产技术和文化教育，使得这里的乡土聚落和乡土建筑表现出一些汉族文化的特征，比如民居建筑都已经采用了合院式，有科名牌坊等。

大理云龙县的诺邓村，位于滇西北海拔 1900 ～ 2100 米的深山区，是一个农业条件相当不利的白族村落。但是，依靠着优质的盐井和茶马古道，诺邓村在其鼎盛期曾经发展成 400 多户、近 3000 人的大型聚落。村里除了大量民居，还有龙王庙[4]、万寿宫、玉皇阁等公共建筑。其中玉皇阁是一组规模很大、建造质量很高的道教建筑。这些公共建筑既反映了诺邓村的商业水平，也体现了汉族文化的影响。

侗族的村寨，既没有祠堂，也没有寺庙，但是有高耸的鼓楼和华丽的风雨桥，它们成为侗族的文化标志。侗族的鼓楼，是以家族为单位而建造的，象征着家族的生命力。从这一点看，侗族鼓楼的作用类似于汉族的祠堂。

部分民族拥有较强的宗教文化，这体现在聚落内的公共建筑和村民的生活习俗上。这一点也是在汉族区的乡土聚落里很难见到的现象。比如藏族，通常是某个区域内的若干个乡土聚落依托于一个藏传佛寺，形成以佛寺为中心的宗教文化

图 3-1-1 黄岗村的侗族村民
（李青儒 摄）

图 3-1-2 黄岗村（李青儒 摄）

图 3-1-3 西江千户苗寨
（李君洁 摄）

圈。傣族的村寨跟南传佛教的寺庙关系很密切，过去是每个村寨都有佛寺。村民供养了佛寺，而佛寺则为村民提供了精神寄托。傣族男子从七八岁起一般都要过一段脱离家庭的寺院生活，成年后多数还俗为民，少数成为终身僧侣。我国有十个信奉伊斯兰教的民族（维吾尔族、哈萨克族、回族、柯尔克孜族、塔塔尔族、乌孜别克族、塔吉克族、东乡族、撒拉族、保安族），他们的乡土聚落里也建有清真寺。

相比于汉族区乡土聚落，少数民族区乡土聚落在文化上的一致性也没那么明显。在汉族区乡土聚落，由于儒家思想的普及、科举制度的渗透和泛神崇拜的存在，通过寻找祠堂、庙宇、文昌宫等公共建筑，就大致可以了解它的社会结构和运行机制。在少数民族区的大部分乡土聚落，是看不到此类高质量的公共建筑的，聚落内部的社会结构与运行机制通过其他方式承载和表现，这需要采用不同于汉族区的研究方法去了解。

不少学者认为，研究乡土建筑最好的方法是以文化人类学为主，再辅以地理学、历史学的知识。这个方法用在少数民族区的乡土聚落上，在很多时候是特别合适的。

本书的第六章讲到哈尼族的民居改造，其中一个考虑是卧室太小，而且没有门，让进城务工回来的年轻人难以适应。以今天的标准来评判过去的事物，总是很容易发现不足的，但是它们之所以能在历史上长期存在，必定有其道理。赫利维尔（Helliwell）在研究婆罗洲的达雅克长屋时就指出："这种可以穿透光线、传递声音的薄弱分隔，真切地形成了一种集体性和集体化的氛围，把个体的倾向社会化，或是疏解了类似夫妻争执这样的矛盾冲突，或是标示着相互间的援助。"[5] 哈尼族民居虽然跟达雅克长屋有区别，但是在用"薄弱分隔"来获得家庭集体强化这一点上是类似的。用文化人类学的眼光看待乡土建筑和乡土聚落，有助于我们发现藏在背后的道理，也让我们对传统和历史有更多的理解和包容。

注释：

1　中共中央马克思恩格斯列宁斯大林著作编译局.斯大林全集：第 11 卷 [M].北京：人民出版社，1955：286.

2　卢炳瑞.民政管理执法全书：民族事务管理 [M].北京：中国言实出版社，2004：25.

3　"坝子"是我国云贵高原上的局部平原的地方名称，主要分布于山间盆地、河谷沿岸和山麓地带。

4　和一般的用来求雨的龙王庙不同，诺邓村的龙王庙是用来"求旱"的，因为天旱时从地下采来的卤水，浓度才比较高，便于煮盐。

5　维克托·布克利.建筑人类学 [M].潘曦，李耕.北京：中国建筑工业出版社，2015（5）：57.

第二节 雕刻大山——元阳哈尼梯田与聚落社会

哈尼族是一个跨境民族，主要分布于中国云南元江和澜沧江之间，聚居于红河、江城、墨江及新平、镇沅等县，和泰国、缅甸、老挝、越南的北部山区。根据 2010 年第六次全国人口普查统计，中国境内的哈尼族总人口数为 166 万人，其中云南省有 163 万，红河州的哈尼族人口为 79 万人。[1]

哈尼族与彝族、拉祜族等同源于古羌族。古代的羌族原游牧于青藏高原，后来流散迁徙，出现若干羌人演变的名号。"和夷"是古羌人南迁部族的一个分支，定居于大渡河畔，开始了农耕生活。其中的一部分因战争等原因被迫再度迁徙，进入云南亚热带哀牢山中，成为后来的哈尼族。[2]

元阳县是云南省红河州下辖县之一，位于云南省南部。元阳县土地全为山地，最低海拔 144 米，最高海拔 2940 米。截至 2010 年末，元阳县总人口 424284 人，世居哈尼、彝、汉、傣、苗、瑶、壮七种民族，少数民族 376018 人，占比约 89%，其中哈尼族 243437 人，占比约 55%。[3]

元阳哈尼梯田位于元阳县哀牢山南部，是红河哈尼梯田的核心区。红河哈尼梯田是指遍布于红河州元阳、红河、金平、绿春四县，总面积约 100 万亩的梯田，其中元阳县境内有 17 万亩。2013 年 6 月 22 日的第 37 届世界遗产大会上，以元阳县内梯田为代表的红河哈尼梯田被列入世界遗产名录。见图 3-2-1。

世界遗产的评判规则，是看申报项目的杰出而普遍的价值（Outstanding Universal Value，简称"OUV"）。2002 年国家文物局关于哈尼梯田的价值评估文件

图 3-2-1　哈尼梯田

就已经指出，森林、村寨、梯田和水系形成的"四素同构"是哈尼梯田的核心价值所在。梯田是由人开垦的，开垦梯田的人生活在村寨里。村民们利用森林里涵养的水分，解决了生活所需，也通过兴修水利来灌溉梯田。而梯田所产出的水稻，则养活了勤劳的农民。这整套系统，体现了"四素同构"的生态意义。

一、比较研究

世界上有很多地方都有梯田，它们大多存在着由森林、村寨、梯田和水系形成的"四素同构"现象。这其中，尤其值得注意的是 1995 年列入世界遗产名录的菲律宾伊富高梯田。伊富高梯田是第一个以梯田名义来申请并列入世界遗产名录的项目。在第 37 届世界遗产大会召开之前，中国的遗产专家面临着一个难题：要证明哈尼梯田和伊富高梯田有足够的文化差异性，否则可能无法通过世界遗产组织的评审。

比较研究是一种有效的认识方法。通过对比，我们发现了哈尼梯田和伊富高梯田的一些不同之处。比如，哈尼梯田的田埂是土质的，伊富高梯田的田埂是石头垒砌的。再如，哈尼梯田的坡度总地说来比伊富高梯田要缓一些。又如，哈尼梯田的田埂长度普遍比伊富高梯田更长，这使得哈尼梯田看上去要更为壮观——在海拔约 600～2000 米之间，满眼都是梯田，树林很少；而伊富高梯田更多地呈现为分散的垂直条带状——沿着一条溪水，由上至下，田埂的宽度大致相等；在条带状梯田之间有大面积的树林。

为什么哈尼梯田没有形成条带状呢？答案是条件允许的所有山坡，都被哈尼族（以及附近的彝族、傣族、壮族和汉族等）开成了梯田。不是梯田的地方，要么是低海拔的干热地带，太过干旱，没法种水稻；要么是高海拔的湿冷地带，温度太低，积温不够，也没法种水稻；中间也有一些坡度太陡的地方，没法开辟成梯田，但是一定要种上有利于固土护坡的树木。

如此大面积开发的梯田，代表了人类对自然的一种可持续的"极致利用"。"不极致利用"的梯田，规模也可能是庞大的——就比如伊富高梯田，但是这些梯田里的人口密度相对较小，村寨的分布也比较分散，发育程度也较低。生活在哈尼梯田的人们，通过高强度的劳动和高智慧的安排，将土地承载力发挥到了极限，所以这里的村寨在数量、层级和类型上都超过了其他梯田环境里的聚落。

二、精耕细作与耕牛

要实现"极致利用",首先是农业上的精耕细作。哈尼梯田水稻种植的工序大致为:农历一月底撒秧;二月份第二次犁田和第一次耙土;三月底插秧,插秧前十天左右第三次犁田,并再一次耙土;四月份插秧并开始田间管理;八月下旬开始收割稻谷;十月份稻谷收割完毕,修整梯田打田埂,犁第一遍并放田水;其中插秧、收割这两个工序要在短时间内完成,需邻里、亲戚帮工。哈尼梯田的劳作强度是相当大的,以至于不少男人在四十岁的时候就已经满脸皱纹,看上去有五十多岁。

在农业社会,耕牛是很重要的。依靠精耕细作而开展农业的哈尼人,耕牛对于他们而言就更具有特殊意义。精耕细作,就是要对土地进行极致利用。在元阳县,水牛广泛分布于海拔 2000 米以下的区域。这里的水牛属沼泽地型水牛,外形粗壮,体重可达 1 吨,颈细腰平,胸宽腹圆;蹄大坚硬,耐浸泡,膝关节和球节运动灵活,能在泥浆中行走自如,所以比较适于梯田耕作[4]。

哈尼人的传统作物是高杆红米稻。为提高产量,他们要对土地进行"三犁三耙"。犁即犁田,是将下面的土翻到上面来,以便养分均匀。犁田时,水牛在前架着犁铧,人在后面扶犁并驱赶牛向前走。耙即耙土,旨在碎土、平地和消灭杂草。经过"三犁三耙",能将土壤踩松,也使稻秆充分而均匀地揉到田地里,给土壤足够的养分,提高水稻的产量[5]。见图 3-2-2。

由于对耕牛的高度依赖,哈尼人不只把牛当作生产工具,还视其为共同劳动、共同生活的伙伴。他们不忍心将耕牛置于户外,而让它和自己一起"住"进了家里。哈尼族民居,俗称蘑菇房,一层养牛,二层住人。也正是因为哈尼人与耕牛之间的亲密关系,使得他们不仅今生今世与耕牛相依,还将耕牛视为下辈子也不可或缺的伙伴。在去往另一个世界的时候,他们也不忘带上这位"朋友",尽管是以今

图 3-2-2　哈尼梯田的收获季节

天看来比较残忍的一种方式——按照哈尼人的规矩，葬礼上要宰杀几头牛，"陪伴"死者去往另一个世界。

三、内部凝聚力

对梯田的极致开发，还离不开强大的集体凝聚力。哈尼人是如何造就他们的凝聚力的？

先看哈尼人的"家谱"。生活在元江南岸的哈尼族，因为长期与中原文化隔绝，而且几乎所有人都一辈子从事农业，所以学习成本很高的文字对他们来说是没用的。没有文字，何来家谱？哈尼人的办法是把这个任务交给摩匹。摩匹，通俗而言即巫师，他们掌握着哈尼族各种祭祀仪式的知识。摩匹都是世袭的，成为摩匹有一个重要条件，就是记性好，从小就由父亲训练背诵许多在祭祀仪式上要用到的长歌。除此之外，摩匹还有一项责任，那就是背诵村里几十户人家的祖先谱系。家谱是祖先崇拜的体现，汉族人的祖先崇拜发达，因而派生出宗祠、族谱、族田等事物。哈尼族人背诵家谱的行为，是否受到了汉族人的影响不得而知，但是可以确定的是，它是强化村寨内部集体凝聚力的一种表现，也是一个途径。记录家谱对有文字的民族而言可谓轻而易举，但对没有文字的民族来说就很不容易。摩匹背诵家谱这种特殊的现象，究其根源，是哈尼村寨内部凝聚力的需要，而内部凝聚力又是哈尼人深度开发梯田的需要。

再看苦扎扎和昂玛突，这是哈尼族的两大节日。它们可以说是让哈尼族人获得高度集体凝聚力的精神机制。申遗地的哈尼族寨子，多选址于海拔 1000 多米的山腰上，寨子上方有森林，下方有梯田。在村寨与森林之间，哈尼人会选择一处小树林，作为护卫整座寨子的寨神林，并在神林中选择一棵健康、笔直而且多籽的树作寨神树。村民们对寨神林和寨神树不仅要精心维护，还每年在神林里举办一次昂玛突节（也称二月节）。而在村寨子和梯田之间，哈尼人会选择一块相对平坦的场地，作为每年举办苦扎扎节（也称六月节）的磨秋场。二月节和六月节，是哈尼族人最隆重的两个节日。

寨神林和磨秋场，正是哈尼族寨子里最重要的两个空间节点，它们一个指向上方的森林，一个指向下方的梯田，在空间上、精神上将村民与其生存环境联系起来。

寨神林和磨秋场都算不上建筑，但是它们都在聚落结构中扮演了重要角色。从汉族地区已经形成的经验来看，这种情况似乎是"不太正常"的。汉族地区的乡土聚落，重要元素常是大型的祠堂或庙宇。它们在建筑规模和装饰水平上，都要远胜过普通民宅，这样才能凸显出重要地位。在元阳县的哈尼族聚落里，最重要的元素居然是连建筑都算不上的寨神林和磨秋场（图 3-2-3）。他们靠什么来凸显并维持寨神林和磨秋场的特殊地位呢？

答案是祭祀。信仰万物有灵的哈尼族人，有着丰富繁杂的节日祭祀活动，他们一年之中有四分之一的时间都在过节。哈尼有一句谚语："汉人读书不止，哈尼打卦不停。"打卦，是祭祀活动中的一个环节。

节日在形成文化认同感的重要性上是毋庸置疑的。比如，春节是每个中国人都要过的节日。每当春节临近，在各大交通枢纽都能见到回家心切的拥挤人群。为什么一定要赶在春节的时候回家？因为只有在这个时间回家，我们才能见到最多的亲人；更因为如果不回家，我们将不得不忍受被排除在节日氛围之外的孤独。昂玛突和苦扎扎，就是哈尼族人的"春节"。哈尼族原先也有自己的新年，很早以前，当哈尼人还在采用自己的历法的时候，他们的岁首是在汉族人的十月份。后来哈尼人的历法被汉族历法取代，这个节日就被称为十月节或十月年。如今在很多哈尼族居住的地方，十月节依然是重要的，他们会摆起长街宴。不过，在申遗地范围内，十月节已经退化，远不及昂玛突和苦扎扎重要了。

昂玛突、苦扎扎又是和春节不一样的。春节有很强的时间性——每年都必须是固定的那天，但空间性较弱。或者换个说法，春节的空间性是泛指的，而不指具体的地点，它可以是每个家庭，无论在何处。而昂玛突和苦扎扎，不但时间性

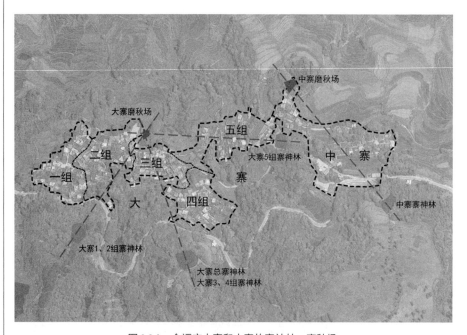

图 3-2-3　全福庄大寨和中寨的寨神林、磨秋场

很强，其空间性也很强——一定是在哈尼族寨子的寨神林和磨秋场。

对应着昂玛突和苦扎扎的二元祭祀，哈尼族村寨形成了一个空间节点的系统。最重要的两个空间节点——寨神林和磨秋场，分别位于村寨的上方和下方（图3-2-4）。哈尼族村寨的范围，上不超出寨神林，下不越过磨秋场。这两个节点界定了村寨的上、下边界。此外，哈尼族村寨没有实体的寨墙，但有树林作为"自然的"边界，同时以树寨门作为村口标志。在哈尼人的观念中，寨门以内是人的世界，寨门以外就是鬼魂的世界。许多村寨最初的水井，也是在寨子边上的。所以，通过定时而且反复地对寨神林、磨秋场、寨门、水井等大小节点的祭祀，就等于在人们的头脑中建立起一个空间节点系统。这是用一种非建筑的手段，在人们的思想意识上建构起寨子的空间结构。

昂玛突（图3-2-5）、苦扎扎（图3-2-6）和春节还有一点不一样，那就是它们在祭祀仪式上的繁琐性。繁琐的仪式，除了构建起意识形态上的聚落空间结构外，还说明了人们对它的重视和严肃态度。而人们之所以要重视和严肃，是因为在共同应对艰苦环境时，需要形成一种集体凝聚力，以完成个体无法实现的任务。这种集体凝聚力，不仅让个体联合起来形成了合力，还以互相激励、互相模仿的方式提高了个体的耐受力。昂玛突和苦扎扎的祭祀仪式上的每一步，几乎都是围绕本村寨的安全与兴旺而展开的。这里头强调的是集体，而不是个人。村民们一丝不苟地执行前人传下的祭祀礼仪的过程，也是个人融于集体的过程。

图3-2-4　哈尼村寨位于森林和
　　　　梯田之间，其上方有寨神林，
　　　　下方有磨秋场

图3-2-5　昂玛突节，在寨神林
　　　　中分肉（张洪康　摄）

图 3-2-6　全福庄中寨的磨秋场，
图中建筑为苦扎扎期间杀牛专用

图 3-2-7　葬礼的主家在村口迎接
代表娘家的舅舅（摄于元阳县上
主鲁老寨）

四、外部联结力

哈尼梯田不是某一个或几个村寨的劳动成果，它是很多村寨的村民共同努力的产物。所以，光有村寨的内部凝聚力不够，村寨之间还要有联结力。葬礼，在联结哈尼村寨中发挥了重大作用。见图 3-2-7。

哈尼人的葬礼上宰杀的牛，除了一头是自家的外，其余均来自和主家有姻亲关系的家庭。而且这些家庭派人"牵牛"来吊唁时，不能单枪匹马地来，而是以村为单位"成建制"地来。葬礼上的"牵牛"，姻亲涉及三代人，所以牵扯到的家庭和村寨是相当多的。在传统社会，由于交通工具和条件所限，通婚半径远不如现在那么大。这意味着，每次葬礼都是附近一些村寨的"联谊会"。以哈尼梯田申遗范围内的 100 个村寨为例，做一个简单的估算：假设每个村寨平均有 100 户、500 人，人均寿命 70 岁，那么一个村寨一年大概要办 7 次葬礼；如果每次葬礼有其余 5 个村寨来参加，那么一年下来参加"葬礼联谊会"的就有 35 寨次；这 35 寨次，以随机概率分布，将会涉及其余 99 个村寨中的大约 20 个；也就是说，每个村寨在每一年都会和 20 个村寨举行"葬礼联谊会"。可以想象，这样的活动几百年延续下来，这 100 个村寨就被打造成了一个紧密联结的大团体。

成为一个大团体，村寨之间的争端就减少了。田地、水源，是农业社会里的宝贵生产资源。对这些事关生存的生产资源，村寨之间有冲突是难免的。遇到冲突，如果没有合适的沟通渠道，那就只有靠武力解决。诉诸武力的结果往往是两败俱伤的，对哈尼族的整体实力也会造成损耗。哈尼梯田里的村寨，因为平日里经常开"葬礼联谊会"，预先积攒了感情与信任，当矛盾出现时就可以坐下来商量，寻找双方都认可的解决方案。

跨越村寨范围的大集体协作，对于梯田具有非凡的意义，因为大规模的梯田开垦和灌溉，离不开大范围的集体合作。

五、聚落与建筑

元阳哈尼梯田里的村寨，在聚落形式上有两个特点。一是内部分化不明显，建筑绝大多数是住宅，没有或极少有公共建筑，各住宅的形式与规模也相差不大。二是形成组团式结构。村寨初建时，居民以第一户（或寨心石）为中心向四周发展。村寨的发展受到两股力量的推动：先到者的繁衍和后来者的加入。在内部构成上，居民常根据血缘关系，形成血缘聚居的组团。组团之间常有水塘、小树林等做分隔。当村寨发展到一定规模时，会有一批居民迁出，形成新的聚落。这些外迁的居民，就可能包括两三个姓氏的村民了。此时新聚落的地缘属性，会超过血缘属性。

比如，全福庄大寨分为四个组团：一二组以李姓为主，是第一个组团；三四组各是一个组团，都以卢姓为主，少量姓李；五组由三四组分出，也是以卢姓为主，是第四个组团。而全福庄中寨，是在 1963 年由三四组的六户人家迁来而形成的。这六户人家里，有四户姓卢，两户姓李。全福庄中寨现在的姓氏比例，也差不多是卢姓占三分之二，李姓占三分之一。再如，麻栗寨大致可分为五个组团，其中李、张、卢和杨姓各占一个组团，而位于寨子东部的组团，是由以上四个组团的各姓人组成的杂居组团。

从元阳哈尼族的传统民居来看，是既有固定模式，同时又有变化的。见图3-2-8 ～图 3-2-10。固定模式体现在：

第一，下畜上人。这种功能安排，与梯田的农业生产以及当地的潮湿气候是相适应的。哈尼梯田离不开耕牛，所以住宅里要为耕牛提供"住房"。而元阳中高山区的气候潮湿，底层居住不利于人的健康，正好空出来饲养牛，人则住在二楼。

第二，木构土墙。哈尼传统住宅的梁、柱、楼板、楼梯和隔墙等，都是用木材制作的。木材取自山林。作为围护体系的墙，则主要是生土材料，夯土或土坯垒砌。土取自梯田。土墙最怕雨淋或渗水，所以墙基常用石头砌筑。石头通常取自村寨

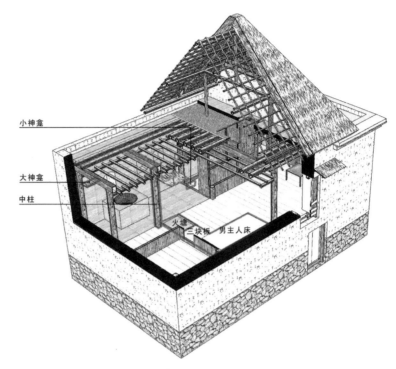

小神龛
大神龛
中柱
火塘 三块板 男主人床

图 3-2-8　全福庄中寨 1 号住宅剖视图

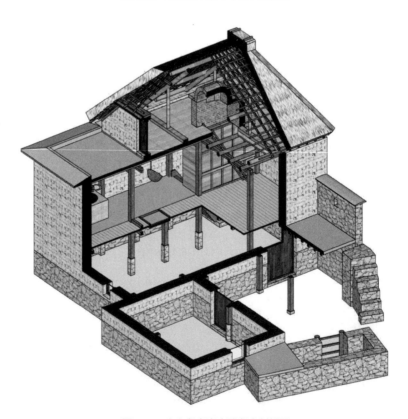

图 3-2-9　上主鲁老寨李建华宅剖视图

附近的小溪。

第三，四坡草顶。元阳中高山区的雨水是比较多的，年降雨量超过 1000 毫米。平顶不利于排放雨水，所以要用四坡顶（两坡顶也能排雨，但其侧面仍会进雨）。采用坡顶后，阁楼空间自然形成，正好可以用来堆放粮食或杂物。至于屋顶的材料，则是就地取材，或者是梯田里的稻秆，或者是山上的茅草。20 世纪 90 年代，当地政府推行"铲茅工程"后，大部分草顶都改成了石棉瓦顶。因为石棉瓦不便于建成四坡形式，所以都改为双坡顶。

第四，火塘中心。火塘的实际作用有三个。一是驱寒。尽管位于低纬度地区，元阳的中高山区在冬季时气温仍是比较低的，人们需要火塘生火来取暖。二是烘干。生活在潮湿气候里的人容易患风湿病。但是在哈尼族的蘑菇房里，火塘出来的热气和烟气却保证了住宅室内小气候的干燥，大大减少了患风湿病的概率。三是当炊具。哈尼族的日常饮食是比较简单的，火塘基本上就能满足做饭煮菜的要求。火塘的这几项功能，对人们的生活都是基本而重要的，所以哈尼人除了睡觉和晒太阳之外，在家的大部分时间是在火塘边度过的（老人睡觉也在火塘边）。火塘周围也成为哈尼住宅里的起居室。不算耳房，这个起居室的面积通常要占住宅二层的一半甚至更多。哈尼人的家居生活，可以说是以火塘为中心的。

第五，三代之家。传统的哈尼家庭，多是由三代人组成的复合家庭。兄弟长大要分家，父母一般和小儿子住。小儿子结婚并生小孩之后，家庭总人口可能达到 5～7 人。也就是说，通常情况下哈尼住宅里应该为两对夫妻和若干小孩提供住房。这是哈尼住宅的主体内有两个小卧室的原因。小孩年幼时，和长辈同住；长大但没结婚时，要有单独的住房。这是哈尼住宅在主体之外要搭建耳房的原因。

哈尼民居的变化体现在：

第一，走檐。大多数哈尼住宅都有走檐，它既是入口的标志，也是起居功能的延伸。只要条件允许，主人一般会选择在住宅的前面开门、搭走檐和建耳房。这是因为，相比于在侧墙上开门，正面开门的采光效率更高，室内交通路线也更短，在条件不具备时，哈尼人也会选择在侧墙开门、搭走檐和建耳房。入口位置的变化，提高了哈尼民居体形和外观上的丰富性。阿者科村将走檐改造为门廊的做法，则进一步强化了入口"灰空间"的舒适性。

第二，耳房。耳房是入口外侧的一个小房间，给家里的年轻人使用。耳房原本是很小的，只容下一张单人床。随着外出打工的年轻人越来越多，有的耳房开始变大，成了 8 平方米左右的房间。耳房变大，使得哈尼住宅的体形组合更加多样。

第三，石墙。正常情况下，石材只用在哈尼民居的墙基上，起防渗水、保护土

图 3-2-10　上鲁老寨李松荣宅，
三层的平顶建筑，土坯建造

墙的作用。但是在阿者科村（以及牛倮普村），传统民居的墙体上大量使用了石材。这并没有对哈尼聚落的传统形象造成破坏，反而是进一步丰富了哈尼民居的多样性。

第四，特例。上主鲁老寨的李松荣宅是哈尼民居中的一个特例。户主李松荣，是一个勇敢的哈尼工匠，他大胆地把彝族传统、哈尼族传统以及现代元素融合到自家住房里，创造出一个全新的，又不失传统的建筑。

六、结语

生活在哀牢山区的哈尼人，虽然远离了文明中心，但他们依靠着发达的集体凝聚力和超常的个体耐受力，把有限的劳动工具发挥到了极致，将大山"雕刻"成了梯田，也创造了与自然融为一体的聚落和建筑。

本节采编自：

罗德胤，孙娜，霍晓卫，高翔.哈尼梯田村寨 [M].北京.中国建筑工业出版社，2013（10）.

注释：

1　哈尼族介绍，云南省人民政府。

2　《哈尼族简史》编写组.哈尼族简史 [M].北京：民族出版社，2008：19.

3　元阳县情介绍，元阳县人民政府，2017 年 3 月。

4　由于元阳县志中对牛的品种无介绍，水牛、黄牛品种参照临近的红河县，详见由云南省红河县志编纂委员会编纂的《红河县志》第 163 页（云南人民出版社，1991 年版）。

5　据有的村民反映，现在很多人也做不到三犁三耙了，因为那样耗时长，劳动量大，"不如打工划算"。

第三节　远古遗风——龙脊壮族梯田与聚落社会

　　壮族是中国人口最多的一个少数民族，根据 2010 年的人口普查有 1692.64 万人，其中分布在广西壮族自治区的有 1444.84 万人，在云南省的有 121.5 万人。壮族的先民是居住在岭南地区的"西瓯""骆越"等，为"百越"族群的一部分。公元前 221 年秦统一六国之后，派 50 万大军进军岭南，将其纳入帝国版图，并在岭南设桂林、南海、象三郡，同时将大量汉族人口迁居岭南，与越人杂居。今天广西壮族自治区的大部分地区，属于当时的桂林和象郡。由于岭南地处边塞，远离中原，其间山重水复，交通闭塞，经济落后，民情复杂，因而历代中央王朝采取有别于中原内地的羁縻统治政策，"以其故俗治"，任用当地少数民族酋首为官，政治上听命于中央，地方民族内部事务则由其酋首自领其地，自治其民。这个制度一直延续到明清时期实行"改土归流"，才宣告终结。[1]

　　在桂东北部山区，有一个以梯田景观闻名于世的少数民族聚落群——龙脊十三寨。龙脊十三寨位于广西壮族自治区桂林市龙胜各族自治县和平乡东部，由 12 个壮族村寨和一个瑶寨，外加十来个规模较小的壮族和瑶族村寨组成。见图 3-3-1、图 3-3-2。

一、龙脊梯田

　　龙脊距龙胜县城 27 公里，景区面积共 66 平方公里，梯田分布在海拔 300～1100 米之间。这里的地形可概括为"两山夹峙、一水中分"。"一水"指的

图 3-3-1　从平安寨远望龙脊村

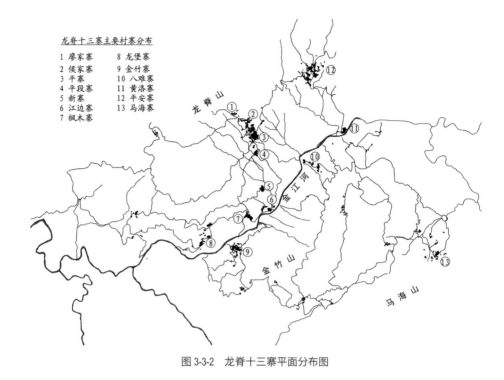

图 3-3-2　龙脊十三寨平面分布图

是源自大虎山东麓，从东北向西南流淌的金江河。河两岸的高山是金竹山和龙脊山，海拔都在 1000 米以上。相传龙脊梯田的开垦始于元代，清代时形成现在的规模。从流水湍急的河谷到白云缭绕的山巅，从万木葱茏的林边到石壁崖前，凡有泥土的地方都开辟了梯田。

龙脊的地形山峦起伏，冬春季节寒冷多雾，原本并不适合发展稻作农业生产。当地的壮族、瑶族人民，充分发挥智慧和拼搏精神，创造了完整的梯田稻作农业生态系统，也发展出一整套适合当地环境的耕作习俗。

龙脊梯田的山势较陡，坡度在 26°～ 35°之间。除了在靠近河谷的较平坦地带，梯田大部分很窄，宽度只有 1 ～ 2 米，仅够种几莞禾。梯田沿着山的走势，宛如长蛇般一条条蜿蜒盘在山腰。

开挖梯田的最佳时节，是冬季至阳春三月。这段时间是农闲期，且土质干燥。开挖时哪里渗水能看得清楚，可即时补漏加固。梯田越高越陡峻，田埂就要越厚。厚实宽大的高埂，可供二人并行，其上常铺砌石板。龙脊梯田的田埂坚固耐用，不仅开挖时要打好基础，每年还要彻底铲修一次，不让野草滋生，也不让老鼠打洞。

龙脊梯田还形成了较完善的灌溉系统。水田灌溉的水源，来自山顶和山腰的山涧水，而山顶的林场起到涵养水源的作用。在朴素的自然生态观的指导下，龙脊壮族人民把水和森林资源看成了命根子，保护水源和森林成为自觉的意识和习惯。灌溉条件的好坏，对梯田产量有很大影响。水量分配采取"先开先得、后开后得"

的原则，即使后开发的梯田更靠近水源，也不能先行灌溉。这是为了保护先开梯田者的利益。为了合理分流田水，采用特制的石制分水槽，按照事先约定来控制水的流量。

　　龙脊十三寨四季分明，冬春季节气温低，常出现雾雪天气，因此只能种一季水稻。同禾稻是这里的传统水稻品种，这是一种高杆水稻，生长期为五至八月。随海拔高度降低，耕作时间也缩短。其他月份种植薯类等粗粮。龙脊的民谣"吃正月，玩二月，不三不四过三月"。四月份开始三犁三耙、耘田、下种，一直要忙到九月稻穗收割。龙脊的梯田景象壮观，耕种起来却有很多限制，不要说大型机械，甚至牛耕也只能在少数河边面积较大的田块里才能使用，大部分梯田只能采用人

图 3-3-3　在水渠分流的地方设置有分水器。分水器是平整的石条，根据下游梯田用水量多少凿刻有宽度不同的凹槽

图 3-3-4　龙脊梯田的田块很窄，牛在田中无法回转，还会践踏田埂，造成破坏，因此这里用的是古老的"耦耕"来犁田（引自《四季龙脊》，张力平　摄）

图 3-3-5　平安寨梯田

工祸耕的方式。所谓祸耕，是指夫妻两人共同操作，妻子在前面拉犁，丈夫在后面扶犁。

几百年来，当地壮族、瑶族人民在这片田地上繁衍生息，分支落叶。他们就地取材，在梯田中修出一条条石板路，在周围建造起一座座干栏木楼，逐渐形成独具特色的民族聚落。见图 3-3-3 ～图 3-3-5。

二、龙脊十三寨

龙脊十三寨中的 12 个壮族村寨，是廖家、侯家、平寨、平段、平安、龙堡、金竹、金江、江边、新寨、枫木和马海，一个瑶寨是黄洛。

龙脊所在龙胜县，古称桑江，历代都是壮、瑶、侗等多民族混居。最早定居龙脊并进行开发的是瑶族人。壮族先民是由南丹、庆远等地陆续进入龙脊地区的，最早迁入的是廖家寨的廖姓、侯家寨的侯姓及平寨、平段的潘姓。这四个寨子组成了现在龙脊规模最大的一个组团——龙脊村。随着人口增长，各姓壮族人又向周边迁移，形成了其他寨子。黄洛红瑶则是在壮族定居后由金坑的大寨迁移来的。

不同于桂南壮族聚居区由土司统治，龙脊在历史上曾长期隶属于东南义宁县的桑江司。也就是说，龙脊名义上应该是由流官治理的，但实际上政府管辖又难以进入。清雍正年间，中央政府为加强对边疆地方的控制，在滇桂边远地区进行大规模"改土归流"，即在条件成熟的地方取消土司世袭制度，设立府、厅、州、县，派遣流官进行管理。这为内地移民边远地区，从事垦殖、采矿和经商活动创造了条件。清乾隆六年（1750 年）设置"龙胜理苗分府"，直属于桂林府，试图强化对龙胜的管辖。由于交通不便，而壮民和汉人的习惯又多有不同，所以除了完纳税款及审理刑事案件外，在龙脊十三寨内起管理作用的依旧是地方自治系统，即龙脊十三寨的头人组织。

龙脊十三寨大多数是单姓的血缘聚落，头人组织以姓氏为单位建立。有的多姓寨，会有几个基层头人并存，如马海寨有韦、蒙、侯三姓的头人，新寨有廖、潘两姓的头人。十三寨各寨同姓且有传承关系的，例如平安寨、金竹寨等廖姓为主的寨子是由廖家寨分化而来，就再共建一个联寨性的头人组织。最终出现了地缘性的组织——龙脊十三寨头人会议，其主要职责是制定乡规民俗、调解各寨之间的矛盾和处理十三寨对外事宜。龙脊十三寨头人组织的范围并不固定。起初仅包括十三寨内的壮寨，随着黄洛瑶寨在地区事务中的作用逐渐增强，瑶寨也被接纳为十三寨的成员。

龙脊山和金竹山呈西南—东北走向，所围合的龙脊十三寨区域略呈纺锤形。

在白石河口到龙脊凉亭这一段和双河口处空间骤然缩小，形成天然关卡。金江河是典型的季节性山区河流，丰枯水期水位相差大，流急滩险，仅能在春夏之交的丰水期时放竹木排到和平乡，没有航运功能。地理条件的限制，使得龙脊十三寨与外界的交流较少，从而形成一个紧密团体，共同抵御土匪或者官府的威胁。

由于山地限制，能开垦的梯田也有限，粮食产量不高，这就限制了人口和村寨的发展。龙脊每个村寨的人口都不多，少则十来户，最多也不过一百户。寨子与寨子之间相距几公里，由田间石板路联系。在梯田比较集中的地方，如廖家、侯家、平寨和平段这四个寨子，由高到低紧密相接，构成一个大型组团。

沿金江河南岸的和（平）大（寨）线公路，前身是 20 世纪 60 年代由金竹寨民修建的石板路。在这之前，十三寨之间的交通和对外交通都依靠金江河北岸龙脊山山腰的一条石板路。这条路西南方自官衙（今和平乡）起，向东北经过龙堡、枫木、新寨，到龙脊村的廖家、平安、中六，至瑶族的大寨，中途有岔路至其余的寨子。金江河南岸的金竹、八难等寨子，都要渡河上山经过对岸的龙堡，才能到达和平。龙脊村的四个寨子形成时间最早，成为十三寨的中心。十三寨的公共事件，如十三寨头人会议，都在平段寨的村口举行。

以梯田稻作农业为主要经济模式的龙脊，村寨选址的首要条件是要适应农业生产，所以周边是否有条件开辟足够的梯田是第一考虑因素。先有田，后有寨。开辟梯田需要充足的水源、适宜的土壤和坡度较缓且不易发生泥石流的地形。农业生产还需要充足的阳光，适宜的温度。因此造成金江河北岸的寨子多而且海拔较高，南侧的寨子则少而且海拔较低。

在自然经济条件下，十三寨靠天吃饭。大自然的征兆、天灾人祸都被认为和村寨选址、住宅布局有着内在的联系。如果村寨中发生祸事，村人就会请地理先生看是否村落选址或者布局出了问题。

单个寨子依地形而建，布局无一定之规。人们在合适的地方开辟梯田，在梯田附近盖房，繁衍生息。随人口增多，不断建造住宅，形成村寨。梯田分布在村落的一侧或者两侧，住宅离耕地较近，便于耕种和灌溉。也有分散在梯田间的住宅，离中心道路较远。为了方便同其他村寨联系，街道成为村寨的主干。整个村寨的建筑沿主干道分布，辅以从主路分出的通往各户的巷道，呈"鱼骨式"结构。这种布局反映了村寨的有机生长方式。

由于气候多雨，又少有大块平地，所以公共空间比较少，多数活动在住宅中进行。建筑依山地高低错落而建，布局紧凑而又能保证每户的日照。当高高低低、形式相同的坡屋顶层叠地组合在一起时，就产生了一种韵律美。见图 3-3-6、图3-3-7。

图 3-3-6　龙脊十三寨气候潮湿，早晚易生云雾。雾中的龙脊村

图 3-3-7　平段寨村口，会期时在溪流上方铺木板形成舞台

　　龙脊多水，村寨和道路之间有溪流穿插，上面架桥，多为石板桥。在村口等重要位置的桥，大多加顶，成为风雨桥。有的寨子在边界处设有寨门，在泉水、路边或隘口设有凉亭。每个寨子都有社，一个组团会有共同的庙，它们大多在村口或者主路沿线。社、庙都是当地村民自发捐资修建的，也是构成聚落景观的重要组成部分。见图 3-3-8、图 3-3-9。

　　龙脊的山路四通八达，不管是村中还是田间的道路，一律用青石板铺就，从外观上并无明显区别。道路基本上是平行或垂直于等高线铺设。在道路分岔的地方，当地人在路边草丛中放置"将军箭"，以标明前路所指。在容易出危险的路段，路边塑一尊雷公像，提示过往行人"危险路段，小心行走"。石板路狭窄之处，仅容两人侧身而过。骡马等牲畜也很少用，因此当地运输只能依靠人挑肩扛。这大大限制

图 3-3-8 平安寨蒙桥，
重修于 1984 年

图 3-3-9 马海老寨庙外观

了龙脊人的生活范围和经济模式。虽然龙脊十三寨的辣椒、茶叶和马海寨竹纸等产品有一定的外销，盐铁等需由外界提供，但由于交通限制，贸易无法获得发展。

三、道巫信仰与社、庙

龙脊壮族在自然崇拜和祖先崇拜的基础上，混合汉族的佛教和道教理念，形成了具有民族特色的信仰体系。壮族人自古就崇拜大树、巨石。壮族巫教的经文《布洛陀经诗》歌颂了壮族祖先布洛陀和姆六甲开天辟地、创造万物、安排秩序、制定伦理的故事。传说在壮族人渡海遇难时，得莫一大王搭救，因此莫一大王是龙脊壮族人心目中最重要的神灵。人们常说的庙王，就是指莫一大王。

道巫信仰影响着龙脊人社会生活的方方面面。壮族人在人生的每一个重要节点都要举行特定的仪式。新生儿出生后要办三朝酒；满五岁前要请师公算命，叫看"小运"或"半堂运"，五岁以后每五年都要算命，叫查"大运"或"全堂运"[2]；男人结婚时要请道师来念经；妇女生头胎时要请道师去"架桥"；人生病时也要找鬼师来"架桥"解难；举办葬礼时要请道师来打道场。

龙胜厅建立前后，汉族宗教文化开始影响龙脊。先是道教从湖南梅山地区传入龙脊，后来在民国廿二年（1933 年），桂林佛教堂的教徒石幌亮到本地宣传佛教，培养了一批教徒，并在平安寨附近建立佛寺。[3]

社和庙是龙脊十三寨内分布很广的崇祀类建筑，尽管在形制、规模和用料上都很不起眼，但是它们在聚落生活中扮演着重要角色。各路神灵被壮族人一起供奉在社和庙内，逢年过节都要烧香祭拜。社、庙中所供奉的神灵，以马海寨老庙为例，神牌上包括：广福大王[4]、神农黄帝、五谷尊神、社主天子、莫一大王、三将太子[5]、八洞鬼王[6]、祠清土地等。其中广福大王、莫一大王是当地壮族传说中的人物，神农黄帝、五谷尊神、社主天子都是保佑农业丰收的神仙，三将太子和祠清土地都是道教人物。

社是土地神，是古代农业社会里最重要的神祇之一，体现了古人对土地的自然崇拜。《说文》云："社，地主也。"《礼记·郊特牲》说："社，祭土。"祭祀土地神的仪式是为社祭。春秋社祭古已有之，《周礼·地官·州长》中说："春祭社以祈膏雨，望五谷丰熟；秋祭社以百谷丰稔，所以报功。"社祭在早期汉族社会曾经很普遍，还在很长时期与祭祀祖先合一（因为庶民祭祀祖先受限制），后来随着其他神灵崇拜的兴起和祠堂的普及，很多地方的社祭就式微了。

龙脊壮寨普遍有社和社祭，应该是受了汉族早期文化的影响。社祭在二月、八月各有一次，是为春、秋二祭，由师公来推算具体日期。由于壮寨的血缘聚落性质，社又成为祖先崇拜的场所，具有家族祠堂的作用。源自同一祖先的平寨、平段寨，共用一社；龙堡寨的潘姓人家源分两支，所以有两社并存。廖姓自廖家寨迁往平安寨后，又分成田寨、上寨、下寨三个部分各自发展，也各自建起了独立的社，类似于汉族村落的房派小祠堂。

社祭活动以同一个太公（祖先）的后代为单位来组织。社日时，每家派一个成年代表携带家中男孩来参加，各家自带自酿的水酒、五色饭等。春秋两社祭祀要各杀一头 100 多斤的猪，买猪钱由各户平分，各家代表要把猪肉平分吃掉。社日除了祭祀社神外，还要商议寨里的大小事情，以及组织寨民修缮石板路等公益活动。除社日外，家中有人去世时要去社内祭拜。每月初一、十五，村民可以到社里解煞和还愿[7]。

社日也是公益活动日——修路日。头人组织寨民建桥修路。不仅要修主路，分岔路和各家房前屋后的小道也要修。不仅要修寨内道路，田间路也要修。两寨间的道路，由各寨分段负责。有这样的长效维护机制，龙脊十三寨内的山路才能长年保持通畅。

龙脊十三寨每寨都有庙，以寨名命名，供奉庙王莫一大王。这类庙的布局和社类似，有时和社合为一体。另一类庙是供奉佛教神灵的，通常规模较大，并有和尚或尼姑住持，其影响范围超出龙脊，可达金坑和泗水等地。从地缘联结的角度看，社是最基层的，莫一大王庙比社要高一层，佛教庙又更高一层。

龙脊十三寨以莫一大王的生辰——阴历六月初二为庙日。庙日时，由各寨头人主持，祭祀庙王，祈求来年风调雨顺。每家派代表参加，自带三柱香和纸钱，凑份子买牛和鸡、鸭各一，在庙堂内杀牛供奉庙王，并当场煮熟，连同鸡鸭一起，由鬼师念经后，分而食之（或在庙堂，或者带回家）。

除庙日外，家人生病或牲畜得病时，村民随时可去祭拜、烧香。在主路进出村寨处，由于人流密集，常留有小块平地，配上古树、巨石、凉亭、桥、社、庙、寨门等，形成美丽的村口。若有意义重大的石碑，也置于此处。这些公共设施，或者由村寨人共同捐资修建，或者由有钱人独资修建。由于村寨规模大小不一，发展时间长短不同，更重要的是地理位置有区别，各寨的村口也有所差别。大的村口如平段寨，占地面积上千平方米，是四月初八会期的举办地。小的村口如枫木寨，仅有一座风雨桥和一块巨石。黄洛寨的村口，没有桥，也没有大树，只在路边有一块图腾石。

四、干栏民居

我国西南少数民族地区多山高水险，气候又潮湿多雨，当地民众常用干栏式民居。干栏民居底层架空，不用开挖基础，减少对场地环境的干扰，还能满足居所防潮、通风、防盗、防兽的要求。因具体地形和环境不同，干栏民居也有变化。龙脊十三寨的住宅多依山而建，沿等高线分布。建筑适应山地的复杂地形，并与山体有机结合，形成有特色的建筑景观。

龙脊十三寨实行一夫一妻制。除继承者外，其余子女在成家后要另立小家庭，因此每户住宅的规模不大。通常为三层，其纵向布局的原则是"下畜上人"。一层不住人，用于圈养牲口、堆积粪肥、存放农具等，是农业生产空间，因此比较低矮，层高 2 米，也不加隔断，形成开敞的内部空间。由于建筑在坡地上，故背面靠崖或者垒筑石墙，其他三面则用木板或截面为半圆形的木头围合。有的厕所也设在底层的边角。二层是人居住和从事生产、生活活动的场所，层高约 2.2 米，用木板墙(当地称作屏风墙)围合和分隔空间。三层为阁楼，一般用爬梯上下，是储存粮食、杂物的空间。

二层的布局按照功能，可分为交通空间（门楼）、礼仪中心（堂屋）、生活中心（火塘间）、休憩空间（卧室）和晒台、谷仓及碓房，有的还有横屋和配楼。见图 3-3-10。

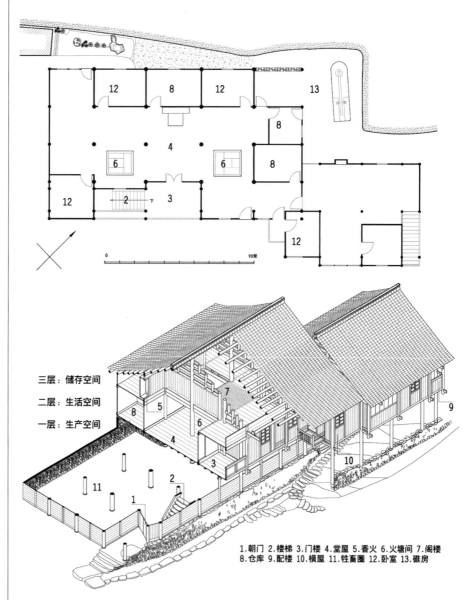

1.朝门 2.楼梯 3.门楼 4.堂屋 5.香火 6.火塘间 7.阁楼
8.仓库 9.配楼 10.横屋 11.牲畜圈 12.卧室 13.碓房

图 3-3-10　侯家寨侯平生宅二层平面图、轴测图。壮族干栏住宅的布局遵从"下畜上人"的原则，二层以堂屋为中心形成有序的居住空间

1. 交通空间——门楼

上了楼梯正对的空间称作"门楼"。门楼位于明间的前部，正对堂屋，由"屏风门"（即正门）与堂屋相隔。除了承担交通功能外，它还是进入室内前的缓冲地带。在传统的干栏住宅中，门楼一般不设门扇，是不封闭的半室外空间，室内外空间在这里互相渗透融合。这里光线充足，空气流通，靠墙摆放着"懒人凳"，壮族人可以在这里做活计、聊天，和经过的村民打声招呼，远观梯田、流云。

2. 礼仪中心——堂屋

堂屋位于明间中部，是壮族住宅的重心所在，其他功能空间都以堂屋为中心布置。堂屋两层通高，屋顶露明，后壁三层高度设一凹龛，高约 1.6 米，宽约 1.8 米，深约 0.4 米，是"香火"所在。堂屋正中靠后墙摆放神桌、八仙桌，神桌上摆放香炉、贡品。神桌做工讲究，雕饰华丽，体现了堂屋的神圣意义。见图 3-3-11。

堂屋还起到交通枢纽的作用，是通向室内外和内部上下左右的联系空间。在水平方向，由堂屋可以到达各个房间，也可借由门楼连通内外。在垂直方向上，去阁楼层多利用爬梯上下。堂屋是举行重要礼仪的场所。壮族的葬礼习俗，在堂屋搭"灵屋"停尸，停放时间要师公掐算，短则三天，多则 2 ~ 3 个月；出殡时各项仪式也在堂屋内举行。

堂屋还是家庭对外社交的主要活动场所。逢年过节、嫁娶丧葬、喜迁新居、宴请宾客时需要开间大，层高高的大空间。龙脊壮宅的堂屋、火塘间、厨灶之间没有分隔，连通成为大的公共空间，正好满足要求。

3. 生活中心——火塘间

堂屋是壮族家庭的礼仪中心，火塘间就是生活中心。吃饭时，一家人围坐在火塘边，边吃边聊。冬季，可在火塘边取暖御寒。婚礼之夜，男女方的宾客在火塘边"坐夜"对歌。淋湿的衣服、鞋挂在火塘边，可很快烘干。杀猪后切成一条条的猪肉挂在火塘上方，可熏制成腊肉。在收获季节，将禾把放入禾炕，悬于火塘上方，烘干之后好脱壳……火塘出现在壮族人生活的方方面面，由于其功能多样，火塘间成为壮族人主要的起居生活空间。见图 3-3-12。

壮族人围绕火塘生活的习俗，也产生了与火塘的低生活平面相适应的用具和家具。火塘内放铁制圆形三脚架，当地人称之为"铁三角"，用于置锅烧煮。为了提高燃烧效率，用铁皮围拢在铁三角周围聚拢热量，即为"老虎灶"。

壮族人在堂屋两侧设置两个火塘，这种"双火塘"的形式也体现了壮族人的社会伦理观念。这两个火塘有主有次（堂屋左边的火塘是主火塘，右边的火塘是次火塘），分家的兄弟两家各用一个火塘，或儿子用主火塘，父母用次火塘。

图 3-3-11　比较标准的堂屋，后墙上部是香火堂，下面摆神桌和八仙桌等

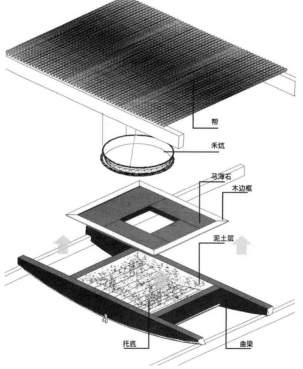

图 3-3-12　火塘构造。火塘由下部的火塘本体、上部用来烘干禾把的"帮"和中间吊挂的用来盛放腊肉等食物的禾炕组成

4. 休憩空间——卧室

龙脊壮族住宅中，除了堂屋、火塘间、楼梯间、门楼外，其他位置都可以按需要用屏风墙隔成小房间，作为卧室、仓库等功能房间。龙脊壮宅大体可算作"前堂后室"的布局。坐北朝南的住宅，卧室多位于住宅北部，堂屋东西侧的房间是给父母居住的；壮族老年夫妇一般分房住，父亲住堂屋西侧，母亲住堂屋东侧。住宅前部也有卧室，称为"妹崽房"，是为未出嫁的女儿准备的。干栏住宅的卧室面积仅七八平方米，内置床榻和少量家具，仅作夜间休息之用。龙脊壮宅后部的卧室开窗小，有的甚至不开窗（如廖仕龙住宅），采光通风很差；而前部的卧室好一些。

5. 粮食晾晒、存储和加工空间——晒台、谷仓及碓房

龙脊十三寨主要作物为同禾稻，是一种高杆水稻。收获后将 20 ～ 30 根水稻捆扎起来成一把禾把。未经脱粒、带壳的稻粒不易发霉、生虫，因此稻谷多以禾把的形式储存。因为龙脊十三寨常云雾缭绕，日照不足，天气潮湿，稻谷须经充分干燥后方能入仓。龙脊内很少平地，室外晒场有限，于是龙脊人充分发挥干栏住宅搭建灵活的优势，在日照最好的方向紧贴建筑外墙，用木头搭个大致与建筑二层等高的架子，上面平铺一层竹篾，成为晒排，专门用来晾晒禾把和辣椒、干菜等。除了晾晒粮食，平时人们还可以在晒台上面纳凉、放杂物、养花，这让住宅外观也多了一些点缀。

粮食的储存主要有三种方式：一是将禾把储存在三层阁楼上；二是储存在二层的仓房中；三是储存于专门的谷仓。出于对神灵和祖先的敬畏，堂屋后的房间是不住人的，而是作为储存粮食、用具等的仓库。二层的其他房间，除了采光比较好的前排房间，都可依需要变成仓房。

谷仓在龙脊壮宅中并不多见。只有一些较富裕家庭，如龙脊村的廖仕龙宅、侯会庭宅和侯会全宅中，才建有谷仓。谷仓也是用板壁间隔出来的房间，六面都用厚实的木板围得严严实实，只在一面侧墙上居中开个约 1 米见方的开口，平时用四块上下咬合的木板封口，装、取粮食时才开启。

以前粮食都是以禾把的形式储存，食用前先要将其脱壳成米，所以壮族人的住宅后部一般会设一间谷物加工间。脱粒的工具是石碓，所以这里又叫"碓房"。龙脊十三寨在二十世纪七八十年代还在使用石碓舂米。每到晚饭时间，寨子里就响起此起彼伏的舂米声。

6. 横屋和配楼

有的人口较多的住宅，会在一侧建横屋来增加使用面积。潘纯昆住宅中的横屋，

为两间卧室。横屋的规模可能很大，甚至超过了住宅主体，如侯会庭住宅的横屋，不仅面积比主体略大，层数也为四层。配楼是为特定用途而修建的，一般在主体建筑之后建造，较为独立，有的单独入口。廖仕龙住宅中的配楼，就是用于粮食储藏、加工和供长工居住的。侯平生住宅中的配楼，主要是给当木工的大儿子做工作室。横屋和配楼的存在，丰富了建筑的形象，活跃了村落空间。见图3-3-13。

五、结语

龙脊十三寨是一个相当封闭的小社会。在这里，以壮族为主的人民通过辛勤劳动开垦出了壮美的梯田。在山地稻作的艰苦性和生态原理上，龙脊十三寨和元阳哈尼梯田村寨是类似的。在民居建造和如何形成聚落的集体凝聚力上，两者表现出很大的差别。元阳哈尼民居是夯土或土坯房，保暖性好，适合当地秋冬季节的湿冷天气；龙脊十三寨的壮族民居是架空的全木构干栏建筑，通风性好，适合当地夏季湿热的天气。哈尼梯田里的村寨，依靠寨神林、磨秋场的二元祭祀来形成内部凝聚力，又通过葬礼上的"联欢"来获得外部联结力。而龙脊十三寨，依靠早期从汉族文化中引入的社祭，来巩固最基层的血缘组织，又通过将本民族的

图 3-3-13　侯家寨侯平生住宅的横屋架空在石板路的上方

神灵信仰与汉族引入的道教、佛教等信仰的结合——即"庙祭",来形成更大范围的地缘认同。

本节主要采编自:

孙娜,罗德胤.龙脊十三寨 [M].北京:清华大学出版社,2013(06).

注释:

1 覃彩銮.壮族简史 [M].桂林:漓江出版社,2018(10):3, 6.

2 作半堂运时只需要两个人做法,一个人唱经,一个人吹笛子。而全堂运时需要五个人做法,包括一人打鼓,两人吹笛子,一个人唱,一个人跳舞。

3 见于全国人民代表大会民族委员会办公室所编《龙脊乡壮族社会历史情况调查》(初稿),1958年4月版,第60页。

4 广福大王即广福侯王,一说是南宋末年的忠臣和国舅杨亮节。宋末元兵追杀宋帝时他仍勇敢护驾,传说最后与皇帝一同殉难。生前封侯,死后封王;另一说,广福王是路口人,本名社保,因为他为人民造福,所以大家称他做广福王,这是在桂林地区流传的传说。

5 疑为哪吒。佛经中称哪吒为毗沙门天王之第三太子。在民间故事里,哪吒割肉剔骨还父,世尊(如来佛祖)使其复生之后变得神通广大,在灵山会上成为通天太师,威灵显赫大将军。

6 道教谓神仙所居住的洞府有上八洞、中八洞、下八洞诸称。后因以"八洞"泛指神仙或修道者的住所。

7 解煞指家中遇到不好的事情时,壮族人认为是有"煞气",要到社里祭拜,请求神仙来帮忙解决,通过杀鸡等仪式冲走煞气。还愿是指从前拜过社王的事情办成后,要到社王那里去"告诉"并感谢他。

第四节　族群建构——南部侗族聚落空间的社会表征

聚落空间是族群文化的表征，特别表现于精神信仰与社会组织方式之上。[1] 相比拥有成熟宗教的藏、傣等民族，西南少数民族大多以祖先崇拜为主。这种祖先信仰与自然崇拜相混杂，对应的社会结构较为灵活、多变。侗族为其中典型。

一、南部侗族的群落与祖先信仰

侗族为我国西南少数民族之一，人口约有 288 万，分布于贵州、湖南、广西交界地区。侗族有自己的民族语言，侗语属汉藏语系、壮侗语族、侗水语支。侗语分为南部方言与北部方言，也因此划分出南、北两个文化亚区。侗族有佬侗、佼侗与但侗三大支系，同源于岭南越人，其中佬侗与佼侗源于骆越与僚人，但侗源于西瓯与蛋人。伴随着联姻与人口繁衍，三个支系的人口逐渐融合。总体来说，南部侗族以佬侗支系为主，北部族以佼侗支系为主，但侗支系融合入两大地区之间。见图 3-4-1、图 3-4-2。

南部侗族文化区藏于深山之中，由于自然环境的隔绝，民族文化特色鲜明。然而，即使是在同一文化亚区内，不同群落的信仰也是不同的，因此形成不同的聚落空间组织方式。总体来说，贵州境内的侗族群群落信仰"萨岁"，而广西、湖南地区的侗族聚落信仰飞山公。

"萨岁"即侗语中的大祖母，她是侗族的女性祖先。根据民间记载，萨岁原名仙奴，耕织歌舞，武艺高强，她带领侗族人民联合反抗地主欺压，借助神力，将官军打败，但其夫石道在抗争中牺牲，仙奴为夫君与亲友在萨岁山殉难[2]。

飞山公名为杨再思，他是唐末、五代时期的少数民族领袖，领导今湖南靖州一带苗、瑶、侗等民众。飞山神并非侗族专有的信仰，而是湘黔界邻地区常见的地方神明，并且在宋代得到了官方认可[3]。在广西、湖南的大部分侗寨中，祭奉杨再思的飞山庙在聚落中拥有很高的地位，村寨的祭祖仪式在庙中举行，因此也具有类似于祖先朝拜的功能。相比融合了母系祖先与土地崇拜的萨岁信仰，飞山信仰经历了地方保护神的正统化过程，也表达了多个民族之间的文化交流。

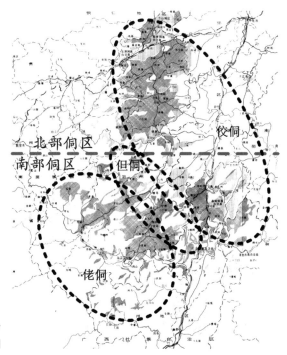

图 3-4-1　侗族支系与文化亚区分
　　　　　布示意图

图 3-4-2　典型南部侗族聚落——
　　　　　大利侗寨

二、聚落空间表征的社会结构

　　萨岁信仰表明侗族曾经历过母系社会，留存至今的社会结构却是父系的，与汉族的宗族制度类似，但不甚严格。这种父系宗亲组织可以分为家庭、房族、宗族等层级，聚落的空间形态与空间结构均是对社会结构与组织方式的表征，具有宗亲联系的居民住宅以组团的方式分布于聚落之中。

　　家庭是侗族血缘联系的最小单位，侗语称"然"，指共用一个炉灶的人群。西南少数民族多以火塘为炉灶，每个核心家庭有自己的火塘，住宅中火塘的数量即然的数量。侗族称房族为"岱农"或"补腊"，这是社会结构中最重要、最活跃的层级。最初的房族可能是生活在同一长屋中的扩大家庭，随着家庭模式向核心家庭或主干家庭转变，住房规模与形式也随之变化，原先聚族而居的长屋住宅逐渐消失或被改造[4]。侗族的日常活动如财产分配、遗产继承、婚丧嫁娶、竖柱上梁及诉讼等，均由房族共同出资操办。见图 3-4-3。

房族之上为"斗"，即宗族，为具有同一血缘关系、可以追溯至同一祖公的一伙人。聚落中的斗有各自的空间划分，每个斗聚居于聚落一片区域。宗族内不能通婚，青年男女的社交活动以斗为团体开展，斗内男女不能互访。每个斗基本均会设置各自的公共空间，也可能多个斗共用一个公共空间，作为斗内商议重大事件、社交以及祭祀之地。

在杂姓聚落中，人口少的姓氏可能仅为一个斗，而大的姓氏往往有多个斗。即便同一姓氏拥有共同想象的祖先，节庆习俗大致相同，然而由于祖公不同，他们在节日庆典的日期选择上有所差异，因此交错使用聚落中的公共空间。由于信仰文化的差异，不同地区侗族群落的公共空间在类型上也有所不同。

三、作为聚落中心的鼓楼

不论从空间分析的角度，还是从文化研究的视角，公共空间都是乡土聚落中最重要的空间类型。在南部侗族聚落中，鼓楼以其巨大的体量与精巧的设计，成为村寨的标志，也是最重要的公共空间。在不同群落中，鼓楼所表征的社会结构层级有所不同，还需要联系其他公共空间才能更好地认识到鼓楼在聚落之中的社会文化涵义。

鼓楼即悬鼓之楼，因上层设皮鼓而得此称呼。南部侗族聚居区几乎每个村寨都至少有一座楼阁样式的鼓楼，鼓楼可以说是侗族聚落的地标性建筑。这种鼓楼类似汉地佛塔，建筑原型可能为侗族人民崇拜的杉树。这种鼓楼最初采用"独柱"构造，后来逐渐扩展为四根金柱，形成"回"形双套筒结构[5]。

在广西、湖南地区的侗族聚落中，除了楼阁样式的大鼓楼外，还有一种低矮的"小鼓楼"。在很多村寨中，大、小两种鼓楼并存。据村民描述，小鼓楼建造年代一般早于大鼓楼，在未建大鼓楼前，小鼓楼就是聚落的中心，主要用于寨老们商议大事，使用的人群以中老年男性为主，女性很少踏入鼓楼。修建大鼓楼之后，寨老们移师大鼓楼，小鼓楼就留给女性使用了，成为村内妇女们一起刺绣、聊天、烤火的地方。大、小鼓楼内均有火塘，除了烤火的实用功能外，火塘也表达了特定人群的团聚与附属关系。见图 3-4-4、图 3-4-5。

无论大、小鼓楼，均位于聚落较为中心的位置，附属于该鼓楼的居民围绕鼓

图 3-4-3　贵州肇兴寨侗族长屋

图 3-4-4　贵州堂安寨楼阁式大鼓楼

图 3-4-5　广西壮族自治区高秀寨
　　　　　　小鼓楼

楼建造住宅。大鼓楼之前有鼓楼坪，与鼓楼共同作为聚落公共活动的空间，如祭祀、会议或游憩，同时这里也是村民日常休息、交流的空间。一般每个自然寨都会建造一座大鼓楼；在几个自然寨联合形成的大型聚落中，可能有一座中心大鼓楼，为全聚落所共有。在个别地区，一个斗就会建造一座鼓楼，聚落中的鼓楼数量因此显著提高。由此我们看到，鼓楼所表征的社会结构层级有斗、自然寨与聚落（多自然寨）等不同的可能。

四、祖先信仰与聚落空间组织

除鼓楼外，贵州地区的萨坛与湖南、广西的飞山庙也是重要的聚落公共空间。与鼓楼相比，萨坛与飞山庙的建筑外观并不显著，而且不少选址于聚落外围。但由于它们是聚落中重要的信仰空间，其地位并不低于鼓楼，在公共活动组织中往往与鼓楼相联系，尤其是在祭祀仪式之中。这种相互融合的空间使用方式将不同层级的宗亲关系组织在一起，将真实的宗亲与想象的祖先编织在一起，增强了族群的认同。

贵州地区的侗族聚落以萨坛为供奉祖先的神圣空间，不同群落的萨坛在选址与形式上有较大的差异。有的萨坛位于鼓楼背面，有的萨坛位于聚落边缘，总体来说都是较为安静、隐蔽的所在。萨坛的形式有露天、半露天或室内坛等[6]，而核心的圣坛均为一个土丘或土石丘，丘上插一把伞，称"祖母伞"。坛内埋的是婆娘做活路、纺纱、煮饭用的东西，象征着祖母的日常生活。萨坛由专人管理，一般为世袭人家[7]，负责平时打扫、守护遗迹节庆的祭祀活动。见图3-4-6。

萨坛由具有较为密切的宗亲联系的人群共同祭祀，这一人群规模往往超过一个斗，甚至一个自然寨。当一个自然寨人口超过周边土地供养规模、人口外迁的时候，迁出的子寨可以跟母寨共同"做活路"[8]。祭祀萨坛。如若子寨新设萨坛，需要从母寨萨坛中取土[9]。萨岁山是萨岁信仰的中心，当某个寨子出现大的灾难，该萨坛所属的人群会在祭司的带领下前往萨岁山取土，重新安坛。

祭祀萨岁即祭祀共同的祖先。在祭祀活动中，萨坛所属人群的鼓楼是娱神的重要场所，寨老带领民众围绕鼓楼多耶[10]，而萨坛仅作为萨岁居住地，由寨老将萨岁从萨坛请到鼓楼中。如果几个鼓楼的居民共同祭祀一座萨坛，那么他们要一起依次到这几个鼓楼多耶。见图3-4-7。

相对来说，广西、湖南地区的飞山庙虽然承载着祭祀祖先的功能，但实质上飞山公更多扮演着地方保护神的角色。大多为一个寨子建一座飞山庙，有的大寨为某个姓氏共同供奉。飞山庙从选址到建筑形式都有很强的外来色彩。飞山庙一般位于寨头或寨尾，建筑多呈现为马头山墙的院落建筑，这在以山地为主要自然环境、住宅尚未形成院落的侗族地区较为罕见。见图3-4-8。

分析湖广地区与贵州地区产生这种信仰差异的缘由，除支系方面的人口、文化不同外，也与聚落的社会构成及人文环境有关。一方面湖广地区侗族村寨多为

图 3-4-6　贵州肇兴寨萨坛

图 3-4-7　厦格寨鼓楼多耶
　　　　（贾玥　摄）

图 3-4-8　广西壮族自治区
　　　　高友寨飞山庙

杂姓聚落，居民之间的宗亲关系不似贵州地区那般密切；另一方面，贵州侗族仅与苗族聚落相互交错，而湖广地区杂居民族更为繁多，文化交流密切。

五、结语

聚落空间是对社会结构的空间表征。对侗族聚落来说，其社会结构是较为单纯的宗亲关系，因此又与祖先崇拜建立起密切的联系。聚落不仅是"聚""族"而居的空间架构，重要的公共空间与信仰空间还对应着一定的宗亲组织层级。然而，由于侗族的父系社会组织并不像汉族宗族制度那般严密，具有很强的灵活性，因此空间与社会结构的对应关系也有很强的变通性。

同时，我们也注意到，由于侗族支系起源的差异以及文化交融或环境隔绝的作用，不同地区在信仰与社会组织方面形成较大的差异，尤其是贵州与湖广地区。由于侗族没有书写文字，我们难以断定在产生这些差异的诸多原因中，孰轻孰重，也难以再现它们具体作用影响下的真实历史演变过程。然而，族群本身就是相对的概念，呈现为不断变化发展的动态过程，即使官方认定的"民族"也未必具有必然的、真实的共同起源。祖先信仰在一定程度上反映着并影响着人们的文化认同，这种自发的认同是否能够强于权威话语下的民族识别的作用力，颇值得我们反思。

本节采编自：

赵晓梅．族群与祖先——南部侗族聚落空间的社会表征 // 筑苑：乡土聚落 [M]．范霄鹏，赵之枫．北京：中国建材工业出版社，2017（09）．

图片除说明外，均为本节作者拍摄。

注释：

1　张楠．作为社会结构表征的中国传统聚落形态研究 [D]．天津：天津大学，2010.

2　黄才贵．女神与泛神：侗族"萨玛"文化研究 [M]．贵阳：贵州人民出版社，2006.

3　张应强．湘黔界邻地区飞山公信仰的形成与流播 [J]．思想战线，2010，36（06）：117-121.

4　赵晓梅．侗族居住建筑演变研究 // 繁荣建筑文化，建设美丽中国——2013 年中国建筑学会年会论文集 [C]．北京：中国建筑工业出版社，2013：385-391.

5　蔡凌，邓毅．侗族鼓楼的结构技术类型及其地理分布格局 [J]．建筑科学，2009（04）：20-25.

6　赵晓梅．中国活态乡土聚落的空间文化表达：以黔东南地区侗寨为例 [M]．南京：东南大学出版社，2014.

7　蔡凌．侗族聚居区的传统村落与建筑 [M]．北京：中国建筑工业出版社，2007：062.

8　"做活路"是侗语对干活谋生的统称，一般指农耕。

9　黄才贵．女神与泛神：侗族"萨玛"文化研究 [M]．贵阳：贵州人民出版社，2006.

10　多耶，即侗族传统歌舞形式之一。

第五节　信仰引领——萨迦地区的藏族乡土聚落与建筑

西藏自治区有着多样化的地貌类型和高原的多种气候条件，形成了丰富且严酷的自然环境；更有着多种宗教、多个民族和多样的生产生活方式，相互融合并构成了独特的人文环境。独特的宗教信仰以及精神生活构成了西藏地区人文环境的核心，对人们的生活方式、文化习俗、心理素质、思维方式、行为规范等各个方面都有着深刻且长久的影响。

作为西藏地区的本土宗教，苯教以及其后的雍仲苯教有着极为久远的发展历史，对应于西藏地区独特且尺度宏大的自然地理环境，其崇拜的对象包括天地日月、雪山湖泊、山石草兽和雷电风雨等各种要素以及相应的神灵。苯教的传播有其相应的理论和方法，深入到信众生活习俗的方方面面，如藏医药、天文历算、地理占卜、婚丧嫁娶和装饰雕刻等；也形成了特有的祈福方式，如转山转湖、风马经幡、叠玛尼堆等。苯教构成了西藏地区人们认知自然环境的基础，也构成了民族传统文化的基础，并深刻地影响着建筑的空间建造形态和方式。

作为全民信教的地区，藏传佛教有着悠久的历史，并且在藏、门巴和珞巴等民族中有着广泛的信众。印度佛教自公元七世纪起开始传入西藏，至公元八世纪的晚期逐渐兴盛而建设起第一座寺院桑耶寺，即开始了与苯教的融合过程。经过了达摩灭佛崇苯的阶段，至公元十世纪后期开始恢复并逐渐兴盛，形成了佛教在西藏地区的再次传播，在这个藏传佛教的后弘期，佛教的发展及其与苯教的深度融合，使得藏传佛教在前弘期宁玛派的基础上有了极大的发展，先后产生了噶丹、萨迦、噶玛噶举和格鲁等教派，并在不同地区和不同时期有着广泛的传播，对人们的生活方式、行为方式和空间建造等都产生了极其重要的影响。

西藏地区人们的信仰脉络，源于宗教的发展与传播，佛教与苯教之间的融合，使得所形成的藏传佛教具有独特的仪轨和鲜明的特点，既带有浓厚的苯教特征，也具有浓厚的地区特征。见图 3-5-1、图 3-5-2。

一、地区的环境脉络

萨迦盆地处在东西走向的冈底斯山脉和喜马拉雅山脉之间，平均海拔 4400 米，

图 3-5-1 西 藏 地 区 第 一 座 佛 寺——桑耶寺

图 3-5-2 作为祈福对象的塔状风马旗

区内南部为高山、北部为雅鲁藏布江河谷平原，有冲曲河、夏布曲河等河流贯连其间。整个地区的地形环境由山岳、丘陵和平原三种地貌类型组成，山岳地貌中的石质山体普遍被流水侵蚀和风化而导致岩层剥落，生长着高山冻土沼泽类植被，呈现出荒漠苔原景观；丘陵地貌中侵蚀剥蚀情况较重，导致丘陵破碎、山体坡度较缓、植被稀疏；平原地貌由山前洪积和河谷平原组成，山前洪积平原呈现平缓倾斜状态；河谷平原呈沿河带状分布，呈宽约 1～2 公里的狭长状，由冲积洪积砂砾卵石构成。由于地处高原半干旱气候带，年降雨量为 150～300 毫米，山体之上的植被多为草甸和灌木，乔木多生长在河谷平原地带，也使得大小聚落集中于河流两岸，加之河谷两岸因土壤条件较好而被开垦为油菜与青稞混种的农田，从而形成了萨迦地区对应自然环境脉络的半农半牧生产方式。

　　藏传佛教萨迦派创始人衮乔杰波幼年修行前弘期莲花生和寂护一脉的教法，后转学卓弥的"道果教授"新密法，于公元十一世纪后期创建萨迦寺（北寺），从而正式创立藏传佛教萨迦派。萨迦城北山腰处的整体灰色岩石中，因风化而呈现出一大片白色光泽的土坡，被称为"萨迦"（灰白土），由于被视为瑞象而成为萨迦寺建立的基址所在。萨迦派的传承以衮乔杰波之子萨钦（萨迦五祖之第一祖）开始，呈现昆氏家族的代代延续，其发展因元朝时八思巴（萨迦第五祖）被尊为"国师"以及萨迦派被尊为"国教"而兴盛。

萨迦派因以象征文殊菩萨的红色、象征观音菩萨的白色和象征金刚手菩萨的深青色涂抹寺院墙壁，而得到"花教"的俗称。在萨迦派的修法中主张显密双修，以"时轮金刚法"和"金刚持法"为基本教义，即金刚手菩萨统摄一切护法，勇猛狰狞能制服诸魔、消灭一切灾难，所求无不如愿，逝去直达西方净土。因此作为大势至菩萨外显忿怒相的金刚手菩萨，是诸佛不坏之金刚本体，为佛教"智、悲、勇"三尊中"勇"的代表，而在萨迦派教法中处于特别强调的位置，由此其象征色彩也在物质空间建造中得以凸显。

萨迦地区的自然地理环境和宗教人文环境，造就了地区独特的环境脉络，尤其是在地区宗教信仰下所形成的建造规则，引领着城镇和乡村聚落空间结构的生成，引领着寺院建筑和民居建筑的形态，也强化了整个地区空间建造的特征。见图3-5-3、图3-5-4。

二、聚落的结构脉络

西藏地区的乡土聚落从生长到成形，有两条聚落结构的建造脉络。一条脉络为先有人群的集聚而建造聚落，之后对应于供养关系而建造起寺院；另一条脉络

图3-5-3 河谷阶地农田旁的萨迦聚落

图3-5-4 萨迦地区自然环境和人文环境脉络

为先有寺院的选址建设，后因信众的集聚居住而逐渐建设出聚落。萨迦镇的聚落建设与发展为后一条脉络所主导，生长出其整个聚落的结构与形态，即聚落结构以山体为整个聚落的构成中心、以寺院为聚落结构的组织次中心。见图3-5-5。

萨迦派创始人衮乔杰波，因仲曲河谷北部灰色山体上出露的大片白色"瑞象"而定地址建萨迦寺院（北寺），即以白色山岩为倚靠建造寺院建筑群和白塔构筑群，并随着家族和信众的聚集、萨迦三院的传播，逐渐由寺院建造扩大到聚居院落和民居的建设，形成以山体为构成中心、寺院为组织中心的聚落建造脉络。这样的建造规则在萨迦北寺持续扩建过程中为历代法王所遵守，形成了喇让、护法神殿、塑像殿、藏书室和佛塔群组成的"古绒"建筑群，萨迦北寺在长期的历史发展过程中已毁，现仅存部分遗址和已做修复的寺院建筑。萨迦北寺及周边的民居建筑沿山麓地形而建，高度方向上层叠、水平方向上绵延，街巷狭窄并与地形环境紧密对应融合，将基地的形状肌理纳入聚落建造的结构形态之中。见图3-5-6。

随着萨迦派在元代被尊为国教，信众、宗教和管理活动增多，由八思巴委托

图3-5-5　萨迦聚落空间结构

图3-5-6　萨迦北寺及周边聚落层叠建造

建造的萨迦南寺，定址于仲曲河南岸的玛永扎玛平坝上，与北部山体上的白色"瑞象"岩石正面相对，为规模最大的寺院并成为萨迦镇聚落结构的组织中心。

萨迦南寺平面呈方形，东西长 214 米、南北宽 210 米，为内外两层土石砌筑高墙所围绕，外侧城墙四角建 4 座角楼、墙体中部突出 4 座敌楼，城墙仅在东面设一城门，内外两层的高墙嵌套和对称的布局构成状若坛城形态。萨迦南寺高大城墙内建有雄伟的殿堂和成排的僧舍，寺院主殿"拉康钦莫"高达 10 米，殿内供奉有释迦三世佛像与萨迦五祖，尤其是寺内藏有多个朝代丰富的唐卡、古籍等宗教文物以及元代壁画等，因而有着"第二敦煌"之称。见图 3-5-7。

萨迦南寺与北寺及山体白色岩石构成了聚落的结构中轴，与北寺夹仲曲河构成了萨迦聚落的组织中心，在空间上强化了萨迦寺院和聚落发生的自然环境及其宗教特征，在形态上突出了寺院作为聚落结构组织中心的建造规则。见图 3-5-8。

三、建造的形态脉络

乡土聚落汇聚着大量的民居建筑且分布广泛，代表着所在地区的物质空间建

图 3-5-7　有着"第二敦煌"之称的萨迦南寺

图 3-5-8　萨迦南寺与北寺构成隔仲曲河的聚落组织中心

造，受到自然环境和人文环境的影响，其建造的形态既应对自然环境，也应用地区材料，更对应人文环境。萨迦地区因其独特的宗教信仰，而深刻地影响到地区物质空间的建造形态。转过县道205的16公里路碑进入萨迦县境内，乡土聚落和民居建筑随即呈现出与宗教信仰相对应的形态，也是其区别于邻接地区乡土建造的独特样貌。见图3-5-9。

萨迦地区与西藏其他的半干旱河谷地区相似，半农半牧的生产方式使得乡土聚落坐落在青稞与油菜混种的农田周边，民居建筑或成簇或独立地依据地形环境集聚建设。萨迦地区的民居建造类型以家庭为基本单元，与西藏其他地区的建造相同，在单体上呈现出一层或两层的规整建筑形态；同样应对高原温差大的气候条件，萨迦地区的民居建筑也为北向封闭、南向开门窗的建造，以接受阳光保持室内温度和居住舒适度。萨迦地区的自然环境导致其缺乏高大的乔木，而多采用生土和石块作为地区的建造材料，作为民居建筑支撑结构主要材料的木材，受到牲畜长途驮运条件的制约，所用木质梁柱长度大多在2米左右，使得萨迦民居建筑在层高上普遍较低，与周边地区的民居在建造用料和建筑空间上相似。见图3-5-10。

萨迦地区乡土聚落和民居建筑在建造形态上的脉络，来源于群体聚居和单体

图3-5-9　萨迦乡土聚落与民居建筑形态

图3-5-10　萨迦民居建筑的基本形态

家庭的生产生活方式、应对自然环境条件的建造模式及木材少土石多的材料使用方式，从而构成了乡土聚落和民居建筑形态的基本建造脉络，而最为特别的形态是宗教信仰影响下的建造方式。色彩是物质空间形态的一种基本造型要素，尤其在信奉藏传佛教的地区有着重要的象征意义，由此成为地区乡土聚落和民居建筑的重要组成部分，并深刻影响着地区建造环境的整体氛围，萨迦地区聚落与民居的色彩独特并与信仰象征紧密关联。

正是因为萨迦派以"时轮金刚法""金刚持法"为其基本教义，金刚手菩萨在其宗教信仰中有着极其重要的地位，其象征由修行场所的建造延伸至日常生活空间的建造。萨迦民居以红、白和深青三色涂抹墙面，其中红白两色在墙体上呈现出纵向条状的色带，而象征金刚手菩萨的深青色占有极大的墙面面积，凸显金刚手菩萨在信教民众中的地位，更进一步强化了萨迦地区的宗教环境气氛。萨迦民居建筑围绕着萨迦南寺与北寺而建，墙体色彩与寺院墙体色彩相同，而檐下的边玛墙红色则是寺院建筑所独有，构成了突出中心建构且又连贯的聚落物质空间形态建造。西藏其他地区的乡土聚落和民居建筑的建造，则是宗教信仰的象征转换成吉祥图案、色彩装饰、祈福装置等，作为建筑的附件而建设，如民居建筑的大门处建有门檐，设有彩绘、图案或白石等装饰，通常在整个民居建筑的墙体中所占比重不大。相较之下，萨迦地区的宗教信仰象征尤其是色彩的运用，则在乡土聚落和民居建筑中占有很大的比重，由此也标示出其地区建造在形态上的独特脉络。

四、结语

萨迦地区的宗教信仰建构脉络和萨迦派宗教信仰的独特表达方式，使得萨迦地区乡土聚落和民居建筑的建设，在应对当地自然环境和对应生产生活方式的基础上，建立起了一套由宗教信仰引领的建造规则，并由此形成了后世建造所遵守并延续的建造脉络。这套由宗教信仰引领的建造规则，既源于地区的人文环境，又通过物质空间载体的建设而强化了人文环境的特征。在萨迦派宗教信仰的建造规则引领下，乡土聚落的结构、寺院建筑和民居建筑的形态，无一不体现出物质空间的建造与人群精神生活之间的紧密对应，形成了精神世界在现实建造中的投影。

萨迦地区的宗教信仰引领物质空间建造的规则：乡土聚落以瑞象山岩为整体的指向建构中心，以南北寺院为街区的组织中心，以宗教象征为民居建筑的形态表现。由此架构起地区宗教信仰的发生传播、自然环境的因借、人文环境的演进、人群的集聚发展、寺院建筑的发展、民居建筑的建造等多个方面相互紧密关联的桥梁纽带，并以信仰的力量持续引领着后世的物质空间建设。

本节采编自：

范霄鹏.信仰引领——萨迦地区的藏族乡土聚落与建筑//筑苑：乡土聚落[M].范霄鹏，赵之枫.北京：中国建材工业出版社，2017（09）.

第六节　家住苗岭——以郎德上寨为代表的黔东南苗族聚落

　　苗族是个历史悠久、人口众多、迁徙频繁、居住分散的民族。历史上，苗族居无定所，颠沛流离，长期过着"老鸦无树桩，苗家无地方""喝千个水井，住万个屋基"的生活，居住地域非常分散。后来，相对集中于湖南、贵州、重庆、湖北毗连的武陵山区，贵州东南的苗岭山区，贵州、广西毗连的月亮山区，贵州中部的云雾山区，贵州北部的大娄山区，以及贵州、云南、四川毗连的乌蒙山区。彼此往来不便，形成许多支系。就其语言，即有三大方言、七个次方言、十八种土语。如按服饰的款式和颜色划分支系，多达一百多个不同的名称。

一、居住分散、依山而存的苗族

　　不同地区的苗族聚落虽然大体上都依山而栖，但差异很大。民谚说："客家住街头、侗家住水头、苗家住山头。"苗族村寨的选址既有共同之处，又有各自特点。它们大体上可以分为四种类型：河谷苗寨、山麓苗寨、山腰苗寨、山顶苗寨。

　　在苗族人口较多的丘陵地带，苗族村民大多选择河谷、阶地安家落户。比如位于武陵山区的苗族村寨大多位于河谷阶地，因为阶地上的土地便于开垦，溪流方便灌溉。

　　由于溪流长年累月冲积，两岸多有大大小小的平地，小的叫"沱""凼"，大的叫"坝子"。住在"坝子"上的苗族村民，一般都不在平地上建房，而是将房子修建在山麓地带，即山坡与平地的结合部，比如喀斯特山区的多山地区。这样，既不占用肥田沃土，又可避免水冲沙压，还方便上山砍柴放牧，种植旱地作物。山麓地带的苗族聚落很少建于水边，因为深山区的溪流在雨季时水量变化大，容易形成山洪，如不避开，有被山洪淹没、冲走的危险。这一点与大多地处水流相对稳定、便于依水而建的汉族、侗族聚落不同。

　　更多的苗族村寨、聚落位于半山上，在山腰择地而居，给人留下"苗家住山头"的印象。山地苗族村民，扶老携幼，披荆斩棘，在山坡上开垦梯田，靠天吃饭，躬耕自食。山坡上林木茂盛，出产丰富，便于苗族村民"靠山吃山"，农林并举，也能就地取材，修建房屋。

还有一些苗族村民，迫于生计，逐步往上，住到云雾缭绕的山顶上，被人称为"高坡苗"。比如黔桂交界月亮山区的苗族村寨，大多建于山顶上。住在高处虽生活条件较其他地区艰辛一些，但便于眺望，方便村落防卫外敌。

山区苗寨，垂直分布，从山脚、山腰一直修到山顶。山对于苗族聚落而言尤为重要，一是因为有山方便人们种植、养殖、耕作，在满足最基本的生存需要的同时还有利于经济的发展；二是因为聚落周围有大片保存完好的原生山林，对保护山体脆弱的土壤、涵养水源、调蓄径流、调节小气候都起着至关重要的作用。

苗族选择崇山峻岭安村扎寨，也是出于防卫意识。由于苗族在生存竞争中长期处于劣势，不得不退让，逐渐形成了注重防卫的心理，他们借助自然环境的优势来增强村寨的自卫能力。

二、苗岭山区的苗族聚落

苗岭山脉，横贯黔西、黔中、黔南、黔东南，绵延近千公里，其主峰雷公山，海拔2178米。苗岭主峰多雷电，苗族村民以为是雷公栖息的地方，因此称为"雷公山"。山上雨量充沛，森林茂密，动植物品种繁多，是苗族最大的聚居区。苗族经过世代的迁徙，为了躲避战乱，也为了寻找生存的自然资源，迁移到了今贵州境内，进而散布于苗岭山区。千百年来，苗族先民在这里开辟苗岭梯田，创建山区家园，逐渐形成富有特色的苗族村寨。其中，最为典型且保存最好的是雷山县郎德寨、西江寨，台江县九摆寨、方白寨，剑河县久吉寨、温泉寨，从江县岜沙寨等。

黔东南是苗族的聚居地和大本营。中国大陆的苗族人口近900万人，其中有近200万人居住在此地。黔东南的苗寨中，郎德上寨是典型的代表之一。位于雷山县的郎德上寨现居100余户，共约500人，以陈、吴两姓为主。村寨南靠报吉山，北对干育山，东面养干山，西侧是干容炸当山。寨前有望丰河。沿望丰河河边道路，自东至西设有上、中、后三个寨门，和一个未设寨门的村寨入口。经这四个入口沿山体而上，为四条阶梯或斜坡形式的村内道路，串联起中心的铜鼓坪和向四周紧密蔓延的村内建筑。

据郎德上寨内的老人描述，寨内居民一开始住在山梁上，主要为抵御官兵和土匪的侵扰。后来社会趋于安定，苗寨人也从山梁搬到山坳来住，靠近水滩，利于耕种稻田及其他农作物。根据郎德上寨父子连名制推算，郎德上寨距今已有五六百年的历史，大约相当于元末明初。清末咸丰年间村民起义失败后，村寨遭到血洗，仅幸存 15 人，后与外来吴姓家族一起重新建寨。村寨的农田主要分布在上寨门入口的道路两侧，以及村寨北面望丰河河滩一线，河两岸遗留下的水车、水碾、水渠有很多至今仍在使用。见图 3-6-1、图 3-6-2。

三、聚落的自然环境与农业生态体系

苗族村落的外部生态空间，可分为自然生态和农业生态两大体系。郎德上寨位于雷公山麓的丹江河畔，具有"一山一河一村落"的分布特点，村落周边，层层梯田，河流贯穿，寨前渔，寨后猎。森林、耕地和河流是整个村落自然生态、农业格局的基础，是村民赖以生存的条件。

苗岭地区的苗寨，大多位于森林茂盛、杉木参天的山腰上。在山腰建寨，易守难攻，便于退防。森林是农业聚落的生态屏障，在苗族生态系统中占有重要地位。它不单提供了各种生产和生活材料，而且还具有水的保护和调节气候的功能。

在物质匮乏、工具缺乏、生产力不高的年代，苗民对森林、对树就有一种天然的崇仰心理，认为树是他们的"命根子"。苗族村民热爱杉树，因其作为优质建筑材料，在村民心中地位崇高，热爱整治。同时，苗族村民对枫香树崇拜有加，叫枫树为"祖母树"，逢年过节必隆重"祭树"。

苗族种植水稻历史悠久，至宋代末期，黔东南的稻田已开成今日之格局。元末明初，苗族人民对水稻种植的土壤性能、农田水利灌溉方面的知识，已具一定水平。山林中流下来的雨水携带着枯叶、腐殖质、人蓄粪便、生活污水一起流进稻田里，常年自动为稻田施肥。收获的稻谷除了能满足村民家里日常的饮食，多余的用来酿造米酒，从不用来销售。相对富足的稻作生计是整个苗族社会正常运作的根本基础，正因如此，苗族对自然信仰而依附，供奉祖先和掌管谷物收成的神明。

为了祈求风调雨顺和预祝每年都有个好收成，每年的"吃新节"（六月的第一个卯日举行），村民下到自家田里摘采秧苞串好，连同糯米饭、米酒、蒜以及鸡、鸭、鱼供奉祖先，同时祈求五谷大王保佑不发生虫灾、风灾、病灾、兽灾，预祝丰收和祭祀祖宗。

要想水稻丰收，水是必不可少的条件。除了充分利用天然水利条件，苗民自己有一套完善的水利灌溉系统。为了方便取水，苗民修建人工水渠，主要用于灌溉、防火、洗涤和牲畜引水。而生活用水一般都取自于井里，黔东南苗族自古就有"无井不成村，无田难立寨"的古训。井多分布于村落的中央、两旁和山麓，无论天干还是下雨，泉水充盈，清澈可口，冬暖夏凉。

图 3-6-1 朗德上寨全貌

图 3-6-2 水车

四、苗族聚落的建构

在以郎德上寨为代表的黔东南苗族聚落中，寨门划定了聚落的生活边界，道路与桥梁、铜鼓坪等构成了村落内部主要的公共空间，而吊脚楼则是家庭和个人的日常空间。

苗族聚落的公共空间与节庆习俗有着密切关系。苗族是一个浪漫且开朗的民族，以能歌善舞著称。他们在节日时举行集会，一起吹芦笙、跳芦笙舞、斗牛、赛马、斗鸡和对歌，青年男女也趁此机会来"游方"。这些活动经常在铜鼓坪或者芦笙坪举行，是维护与加强集体凝聚力的重要方式。

苗族长期保留宗族社会制度，只要条件允许，必定"聚族而居"。以铜鼓坪为中心向外，是成簇成片的苗族民居，一栋挨着一栋，十分拥挤。民居密布，可以节省用地，也方便彼此之间往来与照应。方便用火，就是其中之一。在火柴普及前，苗族村民需要保存火种。为防止火灾，白天出去耕种时要把家里的火熄灭，等晚上回来再彼此借火做饭。

大部分的苗寨里，是找不到其他民族的，甚至整个村寨都是一个姓氏。非本姓的人就算是亲戚，死后也不能葬在大姓人家的墓地中。居住相近的苗寨，会结为兄弟寨，经常开展活动以拉近关系。这其中，牯藏节是最为重要的一项。

牯藏节是苗族、尤其是黔东南苗族最大的祭祀活动，一般是七年一小祭，十三年一大祭，在关系较密切的村寨间进行，由各村寨轮流做东道主，主要内容是杀牛祭祖。此类节日所形成的共同仪式与信仰，是联结苗族聚落的重要方式。

由粮仓（图 3-6-3）、水塘、水井、铜鼓坪等构成的公共空间，是郎德上寨的村寨中心。一条道路，自山下村口直接通向此地。铜鼓坪是举行祭祀活动和集会、娱乐的主要场地（图 3-6-4）。村内有新旧两个铜鼓坪，旧铜鼓坪规模较小，新铜鼓坪是村寨扩建后修建的，名为芦笙广场。但凡大的节日活动，村民仍从老铜鼓坪中心出发到新铜鼓坪再举行仪式，身着节日盛装，跳铜鼓舞和芦笙舞。朗德上寨轮办的牯藏节，就是在这里进行。

除了牯藏节，"游方"也有利于加强村寨之间的联系。游方是黔东南苗族青年

图 3-6-3 围绕池塘修建粮仓

图 3-6-4 铜鼓坪

男女谈情说爱的一种方式，一般在村寨附近的游方坡（场）或村中铜鼓坪、风雨桥上进行，只限本寨女子与外寨男子参加，通常是两男两女对歌，双方属意则分别相邀谈唱，有意成婚则互赠信物。

苗族村寨的桥梁也富有民族特色。黔东南苗族每年农历二月二都会过"祭桥节"。郎德上寨的桥文化更是发达，有"苗岭桥乡"之称。山环水绕的郎德上寨，拥有各式各样的桥梁上百座，包括独木桥、汀步桥、马凳桥、板凳桥、石板桥、石拱桥、风雨桥、楼梯桥、禾仓桥、求子桥、祈寿桥、保爷桥、赎魂桥、扫寨桥等。其中，风雨桥修建在交通要道和村头寨口的溪河上，既方便群众交通、避风挡雨、歇息乘凉，还是苗族青年男女游方交友的活动场所。

五、苗族聚落的建筑形态——吊脚楼

郎德上寨的住宅，围绕村寨中心所在的台地向两侧延伸拓展。这些民居建筑，几乎都是木结构、穿斗式的吊脚楼。它们因地制宜，建成不同的体量和形制，从三开间到五开间不等。楼的底层后半部分坐落在山坡的台地上，前半部分伸出，以柱子支撑。吊脚楼全系榫卯衔接。这样的建构不仅保障了结构上的稳定，在艺术感觉上也显得端庄稳重。苗寨吊脚楼在地形利用、环境处置、空间组合、虚实对比等方面，呈现出顺应自然、和谐统一的艺术效果。见图 3-6-5、图 3-6-6。

吊脚楼底层多用于圈养牲畜和家禽，或安装碓磨、堆放柴草、搁置农具和贮存肥料等。第二层为全家人活动的中心，靠山一侧为实地，外侧是楼板，人称"半边楼"。地平部分，砌炉灶，挖火塘；楼板部分，安床睡觉，建廊小憩。二楼正中既是堂屋，又是客厅，佳宾亲朋到来，常在此间摆上长桌，设宴款待。第三层一般存放粮食、杂物，大户人家也用一两间作客房或女儿的卧室。有的在吊脚楼外搭架木板作晒台，白天既可晾晒谷物，夜间又可观赏星月，热天还可休息纳凉。二楼堂屋外廊上常安有"美人靠"，苗语称为"豆安息"，就是装在建筑物上当靠背用的弯曲形栏杆，为的是便于家人在此小憩纳凉和向外眺望。

苗岭山区苗族民居的建筑装修，充分体现其社会功能，具有丰富的文化内涵。吊脚楼一楼明间大门上的木质连楹，全都制成牛角形。苗俗认为，水牛威力最大，老虎斗不过它，有了水牛把门，可保一家平安。牛角形连楹的作用，类似汉族地区的门神。二楼明间大门，门槛一般高达 0.8 米。苗俗认为，门槛高象征财富多，且有利于护住家中财富不外溢。门框上宽下窄，呈倒梯形。苗俗认为，此作利于柴火进屋，即"财喜"入室。二楼两次间通常为新婚夫妇卧室，其房门上窄下宽，呈梯形。苗俗认为，此作利于孕妇平产。许多人家在吊脚楼二楼明间东侧中柱旁，

图 3-6-5　三开间带一迭落的苗族吊
　　　　　　脚楼民居

图 3-6-6　屋基保坎

或东次司中柱旁，放置数砣采自山中的奇石，或从河中精选的卵石，以为如此，可保幼儿健康、六畜兴旺。

六、结语

朗德上寨充分体现了苗族聚落的三点特征。

其一是自然地和谐共处。散落于中国各地的苗族聚落依山而栖，一方面躲避侵袭，另一方面受山水养育。苗族作为自然多神崇拜的民族，在村落选址上充分利用大自然的有利条件。森林、水源与耕田是苗族聚落依托的自然要素，也承载了苗族的信仰与文化。

其二是聚落的有机生长。朗德上寨以寨门为界，村落内依山而建的吊脚楼以铜鼓坪及其附近公共建筑为中心，逐步向外蔓延。

　　其三是苗族的集体凝聚力。聚族而居的传统，体现了苗族村落血缘上的紧密联结。关系较为亲密的苗族村寨轮流举办牯藏节，则实现了超越单个社区的凝聚力。

本节采编自：

1　吴正光.屋里屋外话苗家 [M]. 北京：清华大学出版社，2012.

2　吴正光，罗德胤，等 . 西南民居 [M]. 北京：清华大学出版社，2010.

本节图片均由吴正光拍摄。

第四章

民系区乡土聚落

民系区是指华南为主的区域。具体说来,包括广东、广西壮族自治区东南部、香港、澳门和闽西、闽南、赣南(不包括海南)。这是以民系特征为文化重要性的区域。

民系区的人口虽然都属于汉族,但他们之间的差别很明显。华南地区的民系可以分为五个:客家、广府、闽南、潮汕和雷州。笼统地说,闽南、潮汕和雷州也都属于"鹤佬人",他们原本是一个民系,语言也大致相通,但由于分隔的时间较长,互相之间已经不认同。

造成华南地区民系现象突出的原因,大致有两个。

第一是古代中原汉族在不同的历史时期迁徙到了这里。他们在带来先进技术与文化的同时,也与当地原住民交流融合,从而形成了与中原、江南等地的汉族并行发展的人群。这些人群跟现在中原、江南等地的汉族是不一样的,而他们之间的差异也是显著的,所以学界只好用民系,而不是民族来加以称呼。

第二个原因,华南沿海各地,由于出海方便,很早就开始了与海外交流。华侨在海外经商,不但带回了大量资金,极大程度地提高了家乡的建设水平,同时也带回了海外的建筑风格,在相当程度上改变了家乡的建筑风貌。比如泉州与晋江一带的英国式别墅、开平地区的西班牙式碉楼和深圳宝安地区的客家碉楼。在一些传统民居里,也有融入西方建筑元素的现象。

第一节 概　述

民系区的乡土聚落大多表现出明显的宗族主导性。浙江、江西等地的乡土聚落,宗族力量也是比较强的,但是在主导作用的程度上与华南地区相比还是要略逊一筹。其中一个表现是:浙江、江西等地村落在初建阶段,几乎是没有什么规划的,等村落发展到一定规模时才由宗族出面做统筹调整;而华南地区的村落,经常是在初建之时就已经由宗族来规划设计了。

民系区的很多乡土聚落,还具有围合性。这种围合性表现在单个建筑上,就是围屋和围楼，表现在整个聚落上就是围村和围寨。陆琦等学者将其统称为"围居"。围楼的外围围墙都为多层，围屋多为单层；一般直接将防御性墙体与居住外墙结合。围村与围寨则主要通过建筑单体的排列形成线性环绕的防御工事，层层连接构成整个聚落的防御体系。从居住人员看，生活在围屋和围楼的多为一族一姓之人组成的血缘大家庭，他们有共同的宗族信仰，彼此之间熟悉而且互相信任，这样才能在比较封闭的居住环境下保持正常有序的生活，遇到不利因素时能一致对外。围村与围寨虽然在营建初期也是由大家族发展而来，但在流变过程中也不乏有亲缘关系的多姓氏成员共同居住的情况，在一些围寨中甚至也有因地缘关系而相互交好同化，共同修建防御工事的情况。[1]

陆琦还认为这些围居的源头是汉代的坞堡。"由于战乱促成中原移民的数次大规模南迁，加上中央政权对地域控制的强弱不一，给予了以坞堡为主要类型的围居在岭南地区继续存在和发展的土壤。在这期间，不同的环境使围居更具有适应性的自由度，在空间布局、单体形制、细部处理和装饰工艺等有各不相同的变化。又由于修建围居的族群长期以来比较封闭内向，相互之间的交流不多，各自的特征也就越发突出。"[2]

广府民系的很多乡土聚落有一个特征，学术界称之为"梳式布局"，即村落的形状像一把梳子一样。"梳子"的每根"齿"都是一排房屋，其前端通常是祠堂或书院；跟在祠堂或书院后面的，是一个个小天井住宅，像糖葫芦串一样前后相接。在祠堂前面有宽宽的禾坪，禾坪前面有大型池塘。尽管"齿"的长度不统一，但是它们排列起来的规则感是相当强的。要实现这种规则感，在初建阶段就需要宗族出面做统一规划。

客家民系的乡土聚落，在华南五个民系之中可以说是最为多样的。它们经常表现为大型围屋的建筑形式，整个村落是由若干个甚至一个围屋组成。围屋前有水塘、内有祠堂、后有树林，围屋之间是农田，呈现出"大散居、小聚居"的聚落形态。

在古代，华南客家的聚居地是"四州"——赣州、汀州、梅州和惠州，分别对应着现在的赣南、闽西、粤东北和粤东南四个地区。这四个地区的客家围屋，在建筑形式上也有明显区别。

赣南围屋有"口"字形和"国"字形两种，集家、祠、堡于一体。"口"字形围屋与闽西客家的方形土楼很相似。"国"字形围屋，尽管在外观上与"口"字形围屋相似，但其内部的功能组织则大为不同：沿外墙的房屋通常是仓库、牲口房，中间部分才是主要的居住房间。如果把围墙及其相连的房屋去掉，剩下的部分其实和江西其他地方的大院民居很相似。见图 4-1-1、图 4-1-2。

闽西的客家土楼，其形状以方形或圆形为主，以厚厚的夯土墙为围护结构，形成防御性极强、内部为空场（有时也有祠堂）、房屋三至五层且沿墙分布的建筑形式。

粤东北的梅州地区，地处客家民系的腹地。或许是因为这一点，使得梅州客家人不需要与非客家民系斗争，所以其围屋的防御性不如赣南围屋或闽西土楼明显。它转而关注一些形而上学的东西，比如生殖崇拜和风水观念。梅州客家典型的围屋叫"围龙屋"，是一种平面近似椭圆形的建筑（图 4-1-3）。它由中间堂屋、两侧横屋、前方禾坪与半月形池塘、后部弧形房屋组成。其中有一个特殊的部位，叫"化胎"，是一个形状像孕妇肚子、平面近似半圆形的场地，位于后部弧形房屋与后厅堂之间。"化胎"的前端有"五方龙神"，是整座围屋的"穴位"，也是风水上龙脉的结点。

粤东南的惠州地区，与广府、潮汕两大民系相邻，所以这里的围屋村落与建筑也受到了这两个民系的影响，出现了样式上的融合。在深圳的龙岗（旧属惠州管辖），至今保存有数量庞大的客家围屋，其中"鹤湖新居"就是一个融合了客家与广府的典型案例。从外观上看，鹤湖新居与赣南围屋或梅州的"四角楼"[3] 类似，只是规模更大。进到里头，房间的配置就与梅州围屋大相径庭：后者是宿舍式的，一间间房屋并列；前者是天井小院式的，每个天井院自成一体。也就是说，鹤湖新居把梅州围龙屋的大家族聚居和广府梳式村落的小天井宅院给融合到一起了。这也是它占地面积大的一个原因——进深只有几米的一排宿舍，变成了进深十米左右的一排院子。

对比客家民系和广府民系的乡土聚落，大致可以总结为：前者家族聚居，住祠合一；后者家庭独居，住祠分离。潮汕民系的乡土聚落，在住宅与祠堂的关系上是介于客家和广府之间的。潮汕民居，小型的有竹竿厝、单佩剑、双佩剑、爬狮、四点金等式样，它们都属于单幢建筑或单进小院，这与广府民居类似；中型的有三落四从厝、驷马拖车、八厅相向等式样，属于多进院；大型的有围寨和围楼，这就和客家围屋接近了。另外，潮汕的建筑讲究装饰，在华南地区首屈一指。

闽南民系的乡土聚落，大概有两种：一种是泉州、晋江一带靠海的，建筑形式上与潮汕类似，但是建筑外墙材料改以红砖为主，不像潮汕用青砖；另一种是漳州、龙岩一带的，与客家毗邻，其建筑形式也变成了土楼。客家土楼与闽南土楼从外观上看几乎一样，但其内部有明显区别：前者是通廊式，所有住户共用几

图 4-1-1　位于江西省赣州市龙南
县杨村的燕翼围（叶立　摄）

图 4-1-2　铁石口镇芫甫村大坝高
围屋（叶立　摄）

图 4-1-3　适合大家庭居住的围龙
屋，广东省梅州市雁洋镇松坪村
围龙屋（孙娜　摄）

部楼梯；后者是单元式，每家有自己的楼梯。也就是说，在闽南土楼的内部，各
家是过着小家庭生活的，而在客家土楼的内部，居民们过的是大家族生活。

注释：

1　陆琦，陈家欢 . 筑苑：广东围居 [M]. 北京：中国建材工业出版社，2017（7）：5.
2　陆琦，陈家欢 . 筑苑：广东围居 [M]. 北京：中国建材工业出版社，2017（7）：12.
3　"四角楼"是梅州地区除围龙屋之外的另一种围屋形式，数量可能不如围龙屋多，但也不少；
形状类似赣南的"国"字形围屋，四角有了望楼。

第二节 客侨之乡——韩江上游的客家传统村落

梅州是一个纯客家地区，同时又是个侨乡。这两个因素对梅州的传统村落和乡土建筑产生了重要影响。闽、赣、粤三省交界一带是客家人聚居的大本营，然而由于五岭的阻隔，在各地定居的客家人并无频繁往来，这也使得福建、江西和广东的客家乡土建筑形成了各自的风格。见图4-2-1。

晚清以来，耕地不足使得越来越多的梅州客家人下南洋寻找生活出路。从梅州下南洋，一般从松口镇坐船沿梅潭河顺流而下，在三河坝汇入韩江，到达汕头。梅州盛产的各种山货和木材，也通过韩江运到下游的潮汕地区进行交换，潮汕地区的食盐和一些外来物产则逆流而上，到梅州地区销售。这种人和物的交流使得梅州与潮汕地区建立起了密切的联系，对两地文化的相互渗透提供了有利条件。

梅州地区的客家乡土建筑以围龙屋最为典型。围龙屋的占地规模很大，有几十个至上百个房间组成，它是大家族集体聚居的集合型住宅。中轴线上布置有堂屋，是祭祖的地方，两侧布置横屋，是居住用房。围龙屋前面有半月形水塘，堂屋后有半圆形、隆起的"化胎"，化胎后面有马蹄形的围屋，围屋后有风水林。围龙屋的个体完整性很强，彼此之间是农田，没有街巷空间。这种松散的格局形成了开阔的村落景观特点。

大规模的下南洋活动和与潮汕地区频繁的物资交换，对梅州地区的村落格局和建筑风格产生了影响。这种影响的深度，视村落与水运码头的区位远近不同而有所差异。紧邻水运码头的村落受到商业文明的影响较大，村民除了从事传统的农业劳动外，也有较多人经商和下南洋。这些人的思想开放度高，带回了外来的建筑风格。同时，由于土地资源有限，这些村落空间也逐渐从松散向密集化发展。离水运码头有一定距离，且地势平坦的村落，大多仍然保持着传统的农耕生活。这些地方具有得天独厚的耕作优势，是客家传统村落格局发育最完整的片区。梅州地区还分布着大量山区客家村落，这些村落受地形所限，大多沿等高线布局，分布十分狭长，乡土建筑的质量也不高。见图4-2-2。

一、水运码头周边的传统村落

梅江、梅潭河和汀江这三条河流是韩江上游主要的支流，它们在大埔县三河

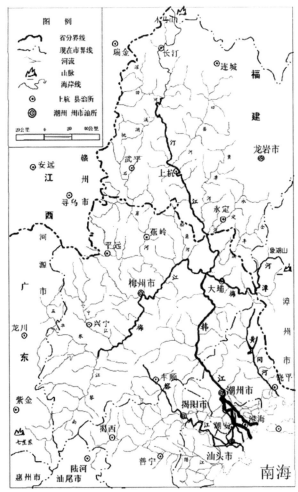

图 4-2-1　韩江全流域图

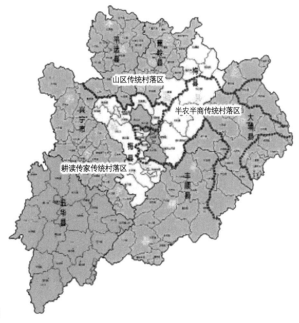

图 4-2-2　梅州传统村落分类

镇汇合后称为韩江。沿着这三条主要的支流和韩江干流，曾经分布着一些客家人下南洋的大码头，如松口镇的火船码头、三河镇汇城码头和大麻码头。繁忙的贸易商品往来影响了码头周边的村落，这些村落的村民除了从事传统的农业外，也有不少从事商业活动。它们大多分布在河道沿岸的滩涂平地上，具有多姓氏杂居的族群特点。受商业影响，这些村庄在保留客家人重视家族传承的同时，又对外来人口和外来文化具有较高的接纳度。反映在村落物质空间的聚居形式上，常常是一个不大的村落有着七八个，乃至十几个姓氏。不同家族混居在一起，在物质空间上没有明确的家族划分，以家族聚居的特点在这里体现得并不明显。见图4-2-3。

在建筑单体上，这些半农半商村落的传统建筑逐渐向小而精致发展。这也体现出在商业文化的影响下，从传统客家的大家族聚居向小家族独立生活的转变。建筑遗存主要以清朝晚期至民国时期的堂横屋和围龙屋为主。堂横屋一般是三堂两横的形式，围龙屋常有三堂两横一围龙和三堂四横一围龙两种平面形式。民国时期的建筑遗存大多为南洋建筑风格，装饰题材和建筑材料都源自东南亚地区。这些南洋建筑大多是下南洋的华侨发达后回家乡建设的。

除了建筑遗存以外，这些村落还留下了村民从事商业活动的见证。例如大黄村，不长的河岸线上分布着三个码头，每个码头都有一对河伯公婆保佑往来经商的村民旅途平安。在较大的一个码头上，还有一座民国时期修建的凉亭，供在此等候渡船的村民休息。

从以上分析可以看出，这些半农半商的村落经济发展水平较高，村民虽未完全脱离农业生产，但已经不需要靠天吃饭。以韩江为依托的商业文明对村庄的聚居形式、单体建筑的特征以及构筑物要素都产生了重要影响。

二、农业发达地区的传统村落

以耕读传家为特点的传统村落，是梅州地区分布最为广泛的一种村落类型。耕读文化在梅州地区有很好的传承和体现，村民普遍重视教育，乡贤至今仍有影响力。这些以耕读传家为特点的乡村，大多分布在农业相对发达的平原地区。这里虽不是航运干线，但优越的农业条件为读书取士造就了物质基础。这些村落大多还保留着清代的夹杆石，上面记录着获得功名的本村读书人。

这些村落也保留了客家人最传统的生活方式和最典型的村落形态特点。以大埔县北塘村为例，该村主要有四个姓氏：杨姓、张姓、曹姓和黄姓。四个姓氏各自有家族领地，虽无实体边界，但由血缘形成的无形边界却十分清晰。见图4-2-4。在聚落形态上，一般以每个姓氏最老的围龙屋为发展核心，其他围龙屋与传统建

图 4-2-3　半农半商的传统
村落格局

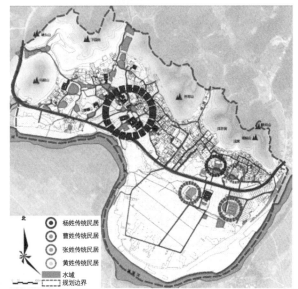

图 4-2-4　农业型的传统村落格局

筑呈扇形向外扩展。北塘村最早定居的曹姓，其老屋继述堂建于明代，门前有禾坪和半月形水塘，继述堂的东西两侧和背后陆续建起了后世子孙的房舍。

　　稍晚一些来北塘村的杨氏，就更为明显。最早的志事堂和它周边的谦受堂、济美楼都是清代建筑，再向外围一点的崇德堂、继志堂等则是民国时期修建的。在这一圈层以外，分布着更晚时期的一些传统建筑，它们体量较早期建筑小一些，逐渐向山坡上发展，最终形成了如今的村落形态。

　　村落最初是围绕一个或几个核心，成组团式发展，后来随着各姓家族的壮大，又逐渐形成沿等高线或河道带状布局的形态。为保障农业生产，最平坦富饶的土地用作农田，房屋则建在靠近山脚的缓坡上。通常情况是最老的祖屋位置最佳，后世子孙的房屋在祖屋周边向山坡上发展。这些布局特点体现了客家人重视农业耕作、尊重祖先、重视家族与血脉传承的特点。

在建筑单体特征上，这些以耕读传家为特点的村落大多有数量不少的围龙屋。早期的围龙屋举高较低、建筑质量较差，清代中晚期的围龙屋则变得高大明亮，例如兴宁上长岭村的乌坭围、梅县侨乡村的兰馨堂。在装饰特点上，位于不同文化区域的村落表现出各不相同的特征，比如大埔县传统围龙屋的主要木构件上出现了潮汕文化中海洋主题的装饰符号，而兴宁地区的传统围龙屋则较为质朴、较少装饰。

除了传统的围龙屋以外，这些村子还有南洋建筑。梅州作为典型的侨乡，华侨发达后回乡建房的现象十分普遍。然而，与商业发达地区的南洋建筑不同，这些农耕为主的村落里的南洋建筑更多地保留了客家传统建筑的特点，尤其是在平面布局上，基本采用了堂横屋和枕头屋两种形式，仅在装饰母题上采用了南洋形式。这里的人们靠辛勤的农业劳动换来了富足的生活，他们强烈地依附并热爱着自己的土地，由此而衍生出重视家族传承的文化。反映到物质空间上，就表现为大规模的家族聚居、规模宏大的围龙屋或围楼。

三、山区的传统村落

梅州的大地理呈北高南低的走势。北部山区虽不乏河流水网，但大多不能通航，起伏的地形也使大规模的农业生产难以开展，因此历来是经济落后地区。这里的传统村落虽处于韩江流域范围，但由于交通不便，需要翻山越岭、肩扛手挑到较远的码头才能进行商品交换。居住在山区的客家人，很多要靠出卖体力为生。例如平远县的纤夫，不少梅州老人对他们记忆犹新。

北部山区的传统村落，除具有梅州本土客家特点外，有的还表现出赣闽风格的客家建筑。在蕉岭和大埔县甚至出现了三四层的圆形土楼，其中以大埔县的花萼楼最为著名。从目前的建筑遗存来分析，这些客家村落是梅州地区最为依赖家族力量的。在自然环境恶劣的地区，更需要凝聚家族的集体力量才能获得生存。

在聚落形态上，山区村落一般呈狭长的带状形态，经常有一个村落绵延几公里。这种形态是村落发展与自然妥协的结果。由于地形的限制，这里很难出现大规模的血缘聚落，但它们还是表现出明显的聚居趋势。山区的梅州传统村落较少受外来文化的影响，其建筑类型主要有围龙屋、堂横屋、杠屋和枕头屋。根据村庄所在的地形不同，建筑规模差异较大，大部分传统建筑都以实用为主，较少装饰。见图4-2-5。

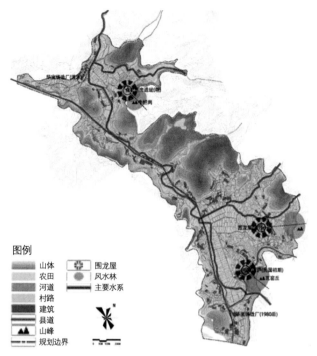

图 4-2-5　山区传统村落格局

四、结语

　　本文将梅州的传统村落划分成三种类型，基本上是以韩江为线索，按照当地经济发展水平并结合梅州传统行政区划而展开的。需要承认的是，这种分类方式并非完美。比如，每个片区的交界地带都会存在一些难以明确归类的传统村落。对于这些传统村落，我们需要加强它们与两边腹地的典型村落的对比研究，以便深入挖掘其差异性。

本节采编自：

周丽娜，罗德胤. 韩江上游的水客人家：梅州地区传统村落遗存特点研究 [J]. 南方建筑，2016（01）.

第三节　围屋内外——客家围龙屋的生活与习俗

　　围龙屋是一种形制特殊的客家民居，主要分布在广东梅州市的兴宁、梅县和五华三个县（市）。围龙屋平面呈椭圆形。由前至后，水塘、上堂、天井、上堂、化胎、龙厅和风水林形成中轴线，也构成了祖先崇拜的空间序列。围龙屋以一层为多见，少数为二层或更多层，其规模可大可小，小的仅两堂、两横、一围龙，中型的为三堂、两横、一或两围，大型的可以到四至八横、二至三围龙。

　　围龙屋的建筑形式，很好地适应了广东客家人的大家族和大家庭观念。广东客家人生活在粤东北的山区。在 19 世纪中后期大量客家人出洋经商之前，他们主要依靠农业为生，生活水平是比较低的。这个阶段的围龙屋，建造质量不高，其中有的规模比较大，适合上百人甚至几百人的大家族生活。出洋经商的客家人多了之后，华侨资金反哺家乡，在建筑上互相攀比，于是出现了很多质量相当高的围龙屋（以及其他形式的客家围屋）。这些华侨围龙屋，大多不是为大家族建造的，而是为出资者所属的大家庭建造。

一、兴宁的围龙屋和赏灯

　　兴宁位于广东省的东北部，是纯客家县[1]，也是围龙屋数量最多、分布最密集的地方。比如叶塘镇河西村的一对刘姓父子，就建有大夫弟、磐安围、善庆楼、凤祥围等六个围龙屋。罗岗镇白水村刘鸿山父子共建有八个客家围屋。刁坊镇沿公路 225 线不到三公里，就有刁萃丰、罗永兴、黄宏昌、义隆围等十多座大型围龙屋。新陂镇上长岭村不到一平方公里的范围内，有九个围龙屋。根据卫星电子地图，福兴街道神光山前 2.53 平方公里范围内，有 52 座围龙屋；宁中镇李和美屋附近 2.53 平方公里有 44 座围龙屋。根据 2009 年兴宁市政府组织的摸底调查，境内有传统民居近 4000 座，其中围龙屋 2400 多座。见图 4-3-1、图 4-3-2。

　　两千多座围龙屋是什么概念呢？做一个很粗略的估算：假设一个围龙屋平均能住 100 人，那总数就是 20 多万人。兴宁市现在的人口有 110 多万，在二十世纪四十年代时只有三四十万。兴宁的围龙屋都是 1949 年前建造的。也就是说，从人口数量来推测，我们可以得出这么一个结论：1949 年以前的围龙屋是大部分都留

图 4-3-1 刁坊镇公路 225
沿线围龙屋线

图 4-3-2 李和美围外观

存至今的。在城镇化浪潮如火如荼、全国各地的文化遗产纷纷被夷平的大背景下，兴宁有这么多的围龙屋保留了下来，不能不说是一个奇迹。

兴宁之所以保留下这么多的围龙屋，和兴宁一个特殊的习俗——赏灯有着密切关系。赏灯，也称为赏丁，在每年的正月初八到十九举行，其隆重程度甚至超过除夕和正月初一。在旧时，赏灯是由族内灯会理事负责主持的，各项活动支出则由当年有新丁的家庭缴纳。

赏灯的第一道程序是请花灯，即上街买花灯。花灯由专业艺人手工制作，分地区有不同的类型，如六角花灯、走马灯、观音灯、宝盖灯。花灯制作精致，用竹篾做骨架，外面贴剪纸图样。买回的花灯，由族中两位未婚的青壮年男子抬回祖屋。抬花灯的竹竿用红纸缠绕，有象征吉祥、节节高之意。同时，族人组成花灯护送队，沿路大放鞭炮，并有锣鼓队、龙灯舞狮队一路相随。花灯队伍经过的人家，屋主也要燃放鞭炮，同沾喜气。花灯接回祖屋的祖公厅，族人已悉数到场，再举行"升灯"仪式。花灯上要挂上象征男丁的灯带，当年有几个男丁出生就挂多少条灯带。升灯时鞭炮齐鸣，龙灯狮子队一直绕花灯舞动。挂好花灯后也要在祖屋门前晒坪处举行舞龙舞狮表演。晚上灯会在祖屋办席，有的围屋还延请民间艺人和剧团进行表演。每家派男丁参加，并有赏灯、猜灯谜、猜马，烧烟火、放孔明灯等活动。族人众多的大围屋，几百盏孔明灯同时升空，场面蔚为壮观。

上元节赏灯的习俗在中国很普遍,并且由来已久。"正月十五闹元宵"这句俗语,也点出了元宵节的重点是在娱乐。元宵节一过,也就表示年节结束,该回归正常的生活和劳作了。在客家地区,赏灯还有另一层意思。客家话里"灯""丁"同音,"赏""上"同音。"丁"即男丁,在传统农业社会中是最被看重的。客家人作为后来族群,就更加重视男丁的繁衍。所以,赏灯在当地直接被叫作"上丁",它的第一指向是生殖崇拜和男性崇拜。客家很多地方都有过元宵节和挂灯的习俗,但是在兴宁,这种习俗又上升到了更高的境界——在春节的一系列活动中,它成为超越除夕和初一的一个节日。见图4-3-3～图4-3-5。

"赏灯"在兴宁为什么会有这么高的地位?这要从兴宁的地理说起。兴宁境内有宁江河穿过,形成了一个大型盆地。这里气候适宜,农业条件十分优越。因此,兴宁的农业开发非常早,也比较发达。另外,兴宁地处客家腹地,社会一直安定,少有战争侵扰。这一优势是其他客家地区所没有的:客家南部如惠州、深圳,与广府人、潮州人犬牙交错;东部如龙岩,与闽南人相接;西部如韶关,也与广府人杂处;北部如赣州,则与汉族的主流相邻。可以说,兴宁是客家聚居地里少有的安全宜居、利于繁衍的福地。

因为农业条件和社会治安比较好,兴宁可能早在明代中叶就已经达到田地所能承载的人口上限。多余的人口面临就业的压力,而农作物生长的季节性,使得农业出现了农忙和农闲的季节变化,这又使得农闲时的就业问题更为突出。为了解决就业,不少兴宁人开始转向商业。兴宁地处粤东北,毗邻赣东南、闽西南,交通便利,是该地域与广州、潮汕等沿海地区经济往来的门户。南方沿海也以兴宁为中转站,与粤赣闽边境发展贸易往来。明末清初时兴宁城已经成为转销潮盐的盐埠;鸦片战争后,销往粤赣闽边的舶来品大多通过兴宁转销,而这一地区的粮食山货等农畜产品,也是经兴宁转销沿海。

大约从清中期开始,到周边地区做买卖的兴宁商贩日益增多。广东东江、西江、北江、韩江一带的市镇是必有兴宁商贩,甚至赣粤湖湘各省的僻远圩场也不乏兴宁贾人的踪迹。不过,兴宁人从事的都是相当初级的小商业,被称为"一条裤带一担货笼,走遍天下"。很多人在十二三岁的年纪就捧着篾制小箩盖,盛着针线、头绳棉纱、笔墨纸簿等去各地圩场贩卖;或者用自制的麦芽糖换取农家零散的鸡毛,收集起来再转卖给做鸡毛掸子的商家。做生意的人越来越多,就逐渐形成了鼓励外出谋生的观念。那些老死乡间、不敢外出谋生的人,常被人讥笑为"守灶公角"或"臭牛骚"(即驾牛耕地)。

这样的小生意,过年过节正是忙碌的时候。兴宁的生意人都不舍得放过这个

图 4-3-3　将花灯挂在大梁上，意
为"上丁"

图 4-3-4　花灯

图 4-3-5　围龙屋的化胎，
卵石象征"百子千孙"

赚钱的黄金时间，他们要忙到正月初五之后才会起程返乡。春节是中国人尤其是汉族人最重视的节日。过春节时，通常是亲戚们各家轮流过的。除夕、初一是自家团圆，初二之后要走亲访友。在很多地方，哪天到哪个亲戚家都有固定的安排。

到元宵节这个"终点"，又回到自家人一起过。

　　兴宁的生意人，除夕到初五那几天是在外面过的。当他们回到家乡之后，就用元宵节来弥补缺位的春节。于是，赏灯就分散在正月初八到十九的十天里举行。若干个围龙屋形成一个赏灯的小群体，"老屋家"的赏灯时间在"新屋家"之后，所有新屋家的住户也有资格参加老屋家的赏灯活动。也就是说，兴宁的元宵节与春节被"合并"而且拉长了。

　　围龙屋的祖厅多为三至五进、面宽三间的布局，用于祭祖、红白事摆酒等。这是围屋的核心和精神中心，也是主要的公共空间。时至今日，随着生活水平的提高，客家人逐渐搬出围屋搬上楼房，一些公共功能也有了替代的场所。比如结婚可以选择在高级酒楼，白事也可以选择自家的客厅或殡仪馆。唯有赏灯仪式，必须在祖厅举行，没有其他场所能替代。见图 4-3-6、图 4-3-7。

　　兴宁有很多人定居在外地甚至国外。这些人生了儿子之后，不管多远，也要

图 4-3-6　在祖厅里摆宴

图 4-3-7　焚香祭祀

按惯例回老家去赏一次灯，才算完成了人生的一项重要任务。

二、围龙屋里的童养媳

　　童养媳是一种非正规的婚姻形式，一般在饥荒年代的穷人家庭里容易出现，因为它的成本比较低。对男方家庭来说，是免了交彩礼。对女方家庭来说，是节省了女儿的养育费。不过，也正是因为没交彩礼，更因为没有经过"明媒正娶"的程序，童养媳在夫家的地位也是比较低的。尽管在旧社会重男轻女的思想比较普遍，但是作为娘家人，一来不愿意自家女儿在夫家遭受歧视，二来不愿意被亲戚邻居瞧不起，所以除非迫不得已，一般人家不会选择让女儿去当童养媳。

　　但是，童养媳在传统时代的兴梅地区，却是一个相当普遍的现象。兴宁梅县是客家围龙屋最为集中的地区，这种建筑和童养媳之间是否存在某种联系呢？

　　广府地区的传统民居，最常见的就是"三间两廊"，也就是小型三合院，这种建筑形式也最适合小家庭。客家围龙屋和广府"三间两廊"，可以说是完全不同的两种建筑形式，也代表着完全不同的两种生活方式。围龙屋是大家族，"三间两廊"是小家庭。"三间两廊"的房屋分配很简单：正房三间，中间是客厅，两边是住房，一边大人，另一边小孩；作为厢房的"两廊"，是入口和厨房，不住人。

　　围龙屋的房屋，堂屋是最好用的，一是面积大一些，二是采光好一些，最重要的是因为它们还靠近厅堂，从而显得地位比较高。横屋比堂屋要低一档，这主要反映在地位上，实用性上的差别不是很大。围屋最不好用，一是面积小，二是形状近似梯形。家里人口不多，房屋有富余的时候，围屋是作为杂记使用的，养牛或者放杂物。

　　假如围龙屋里住着一个长辈和他的三个儿子，房屋将会是这么安排的：长辈住一间堂屋，其他堂屋要平均分配给三个儿子；横屋和围屋也各自要平均分配给三个儿子。这么分配法，就等于把三个儿子的小家庭给"分解"了，因为每个儿子的房间都不会集中在某个局部，而是分散在围龙屋的不同区域。所以，在围龙屋里，每个家族成员之间都几乎是高频次见面的。可以这么说，客家人的围龙屋，从根本上杜绝了小家庭的生活方式。

　　对"媳妇"这个在人生中要实现重大空间转换的角色而言，大家族和小家庭的意义是完全不一样的。在大家族，媳妇要面对一大家子人，上有公公婆婆（还可能有公公的兄弟以及他们的家庭），中间有若干个叔伯姑嫂和妯娌，下面还有多个侄儿侄女。客家女人从嫁进围龙屋的那天，就开始修炼在大家族里当好儿媳妇的功夫了。修炼二三十年，一直到自己也当上婆婆。

新媳妇要学会适应大家族，婆婆也同样要学会适应新媳妇。有什么办法能减少这种摩擦呢？客家人想出的办法就是领养童养媳。围龙屋里的客家女人，在儿子出生之后就着手考虑引进儿媳妇的问题了。儿子几岁甚至一岁大的时候，媳妇就已经进门。她可以帮着婆婆干活，还可以帮着照看年幼的"丈夫"。这样从小就被婆婆带大的儿媳妇，有比较高的概率适应大家族生活。

三、围龙屋里的华侨

客家原本很少华侨，因为他们主要的聚居地是江西的南部、广东的东北部和福建的西部。这三个地方都是山区，距离海边还有挺远的距离。但是，客家人在海外的分布，从实际情况看，是人数众多而且相当广泛的。

客家人有共同的言语，生活在相似的山区地理环境，也有着类似的生活习惯。不过，由于具体的地理位置和条件存在差异，各个县的客家人在生活习俗上也还是有些差别的。兴宁和梅县这两个地方，国土面积相差不多，都是 2000 多平方公里。但是兴宁境内有一个挺开阔的宁江平原，它的面积大约是 300 平方公里。这是广东东北部最大的平原。梅县境内，平地面积比宁江平原就小多了。宁江的两岸，视野相当开阔，而梅江两岸，几乎看不到宽阔地带。

这种地理上的差别，造成了这两个地方的客家人在产业发展上也走向了不同的道路。在兴宁，因为宁江平原面积大，特别适合农耕，所以农业比较好。农业好的结果是人口多，人口多又造成了外出做小生意的人特别多，最终造成了一种只有兴宁客家人才有的赏丁习俗。

梅县的客家人，因为山区面积比例大，农业生产的条件就不如兴宁。但是梅县的梅江南下入韩江，在汕头出海。潮汕地区，自古以来就有出海到东南亚各国经商的传统。19 世纪后半叶，随着五口通商，潮汕人的出海之风更盛。梅江流域的客家人，也跟随其后，一批一批地去往东南亚，成为华侨。

东南亚的华侨主要来自广东和福建，以及海南。这些华侨有着相似的人生规划，或者说人生轨迹。如果是出生在国内家乡，那就在家乡上完小学。如果是出生在国外，那就在长到六七岁的时候由长辈带回国内老家"读唐书"，也就是上小学。当然，这两类人都是男生。如果是女生，可能养在家里，同时也有相当大的概率，早早被安排给别人家当童养媳。她们也可能会在学堂里读几年书，不过这要看家里的经济状况和对教育的重视程度而定。

客家华侨家的少年，在十一二岁也就是小学毕业的时候，将跟随长辈或兄长，在梅县的松口镇下梅江，从汕头出国，投靠已经在东南亚立足的亲戚。在那里，他们从学徒开始做起，打拼积累几十年，其中有的成为小有资产的生意人，少数的成为商界精英。等到五六十岁，他们中的很多人会退休，回到家乡养老。

在国外打拼期间，他们每过几年也会有一次回国探亲。其中最重要的一次是在二十岁左右。这次探亲假期比较长，有五十天，因为要完成一项重要的任务——娶亲。有的是小时候就已经定下的童养媳，也有的是现找的媳妇。等五十天的假期一结束，新郎官就要丢下新娘，回到东南亚，继续那里的事业。新娘要想再次见到丈夫，就得是几年之后了。

回到东南亚的客家男人，如果经济实力比较好，会再娶一个媳妇，组成一个新的家庭。简单计算一下就知道，肯定是东南亚的这个媳妇跟丈夫生活的时间，比老家的要多得多。所以，在东南亚生的子女也就会更多。传统时代的华侨，大多数仍然保持有多子多福的农业社会观念。于是，常见的情况是这样的：一个华侨男人，在国外生了七八个儿女，而老家却只有一个，甚至没有。

待在老家的那个媳妇，因为跟丈夫生活的时间很短，没生育的概率是比较高的。在这种情况下，领养一个孩子也就成为正常的需求。由于传宗接代的传统观念，男孩一般是不舍得送人或者卖出的，所以领养到女孩的机会要大得多。

那些回老家养老的客家男人，因为有着不错的经济实力，对家乡的经济建设也经常能起到很好的作用。在梅县南口镇的侨乡村，有几十座建造质量很好的围龙屋，大部分就是那些在东南亚经商有成的客家华侨所建。

客家华侨用这种老家和国外各安一个家的方式，保证了出洋了的每一代客家人，都依然对家乡保持有足够的黏性。这对于海内外的华人保持文化认同起到了重要作用。

四、侨乡村的围龙屋

侨乡村位于广东梅县南口镇内，由寺前排、高田、塘肚三个自然村组成，目前有 400 多户，2000 人左右，村民都姓潘。梅县是纯客家县，也是华侨之乡。侨乡村也是一个纯客家村，更是华侨占比很高的一个村。华侨和客家这两个因素在侨乡村有很深的互动作用，其结果就是产生了形式多样的围龙屋及其变体。

从时代上看，侨乡村的围龙屋可以分为三个阶段。[2]

第一阶段的围龙屋，代表是老祖屋，也就是秋官第。按族谱记载，老祖屋的创始人是潘永发，后世尊称为永发公。实际创始人则是永发公的两个儿子潘积河和潘广河，他们兄弟俩带着寡母，于明弘治年间来到侨乡村这个地方。按客家人尊重长辈的传统，兄弟俩把父亲奉为本家族的开基祖。从潘积河和潘广河开始，潘姓人一直是秉承了客家人聚族而居的传统，连续十代人都在做接力跑，按照传统围龙屋的大致规划，一点一点地建设老祖屋秋官第。这些接力跑的工作，主要是体现在两侧横屋、后面围屋的延长和增加。潘姓人丁兴旺，所以经过十代人之后，扩展出三层，一共是六横三围。这就形成了占地大约一万平方米的超大型围龙屋。

老祖屋大是大，但建造质量是相当粗糙的，一切以省钱实用为目的。在纯农业社会，维持生存是首要目的。当老祖屋发展到六横三围的时候，侨乡村的耕地所能养活的人口也差不多到了极限。除非是出现新的增长因素，这里的人口不可能有明显增加。

这个新的增长因素，在侨乡村潘姓第十二代出现了，那就是经商。潘钦学是侨乡村第一个依靠经商而发家的人，他建造的围龙屋——上新屋，是第二阶段的代表。上新屋只有上中下三堂、左右横屋和一层围屋。从选址和其自身的完整性看，潘钦学是只为自己一家人考虑的。这反映了商人和纯务农者的观念差别。

潘钦学之后，侨乡村又涌现了更多的商人。他们的足迹走得更远，到了东南亚，也取得了更大的成就。其中的代表人物有潘立斋、潘祥初、潘植我、潘焕云等。他们建起了第三阶段的围龙屋。

潘立斋（1854—1926 年）建造了德馨堂。潘立斋是潘钦学的孙子，他是侨乡村第一个在东南亚经商获得大成就的人。德馨堂建于 1905—1917 年。此时的潘立斋，已经是家大业大，子女众多。为了满足这一大家子的居住，潘立斋需要一个够大的围龙屋，所以就建成了四横双围的形制。德馨堂的左侧是一排杂房横屋，右侧是一个用来养牲畜的小院子。我们由此也可以判断，德馨堂也是事先规划、一次建成的围龙屋，并没有留给后代继续扩展的打算。由于强大的经济实力，德馨堂的建造质量是相当高的。从它的侧前方看，中间是水平伸展的五开间堂屋，两侧各是两个尖起的山墙，而后面沿山脚爬起来的双层围屋则有着极为柔美的屋顶曲线。见图 4-3-8。

潘祥初（1851—1911 年）建造了南华又庐，他是潘立斋的堂侄兼合伙人。潘祥初在东南亚经商的成就，可能比潘立斋还大。他在家乡建了两座围屋，第一个是南华庐，是一个典型的围龙屋，第二个是南华又庐，这就不属于典型的围龙屋了，而是更多地加入了潮汕地区的建筑因素。南华又庐由左、中、右三部分组成，中间是面宽九间的上、中、下三堂，两侧不是横屋了，而是各有四个标准的三合院，前后相连。中间这部分，是潘祥初自己住的。两侧八个三合院，有说是分给他的儿子们住的，也有说是给他的八房妻妾住的。南华又庐的八房设置，兼顾了大家

图 4-3-8　侨乡村德馨堂围龙屋

族聚居和小家庭生活，在生活的舒适性上大大优于普通围龙屋。南华又庐始建于1904 年，和德馨堂差不多同期，但它已经表现出明显的外来因素。见图 4-3-9。

　　潘立斋和潘祥初还联手建造了毅成公家塾。毅成公家塾建成于 1902 年。之所以叫毅成公家塾，是为了纪念潘钦学（潘钦学的号是毅成）。毅成公家塾是一个有上下两层院落的学校，按传统标准看是规模很大了。维持这个规模的学校，绝不是单个家庭所能完成的。实际上它已经采用现代化的教育系统。全村的小孩，甚至包括外村的小孩，一起到这里上学，才需要规模这么大的学校建筑。

　　潘植我（1885—1953 年）建造了东华庐。东华庐建于 1919 年，也就是民国八年。潘植我比潘祥初晚了一辈，他是在日本经商发家的，曾经支持和跟随孙中山先生的革命事业。光从外表上看，东华庐是一个挺标准的围龙屋，有四横一围。但是进到里头，就会发现它跟一般的围龙屋有明显的差别。厅堂高大而阔绰，普通房间也比其他围龙屋的要大一些。围屋在屋檐下加了一圈柱廊。这圈柱廊提高了整座建筑的美观性，也增加了洋气。见图 4-3-10。

　　潘焕云建造了焕云楼。焕云楼是一座名副其实的洋楼，已经不能归入围龙屋之列。首先，它抛弃了坡顶，而全部改成了平顶。其次，传统的客家围屋，都是房屋围绕着庭院为中心而建造的，而焕云楼是以厅堂为中心的。它用大厅取代了天井。不过，传统的上下堂和左右花厅也并没有消失，所以就形成了特殊的十字大厅的格局。焕云楼始建于 1927 年，工程进行了十年，主体部分和横屋部分都已经完成，杂房完成了一半，这时候赶上日军入侵，侨汇断绝，工程被迫停止。这一停，就再也没能复工。

图 4-3-9　南华又庐（图片由梅县
南口镇政府提供）

图 4-3-10　东华庐（图片由梅县
南口镇政府提供）

五、结语

　　本文探讨了围龙屋的建筑形式与生活习俗之间的互动关系。大家族式的围龙屋，对应的是梅州地区纯农业的客家社会。华侨作为一个变量，自 19 世纪中叶开始发挥作用之后，深刻地改变了客家人的生产和生活方式。围龙屋的建筑形式也随之发生变化，质量不断提高，甚至于争奇斗艳。

本节采编自：
罗德胤，孙娜. 兴宁赏灯　非遗拯救了传统建筑 [J]. 文化月刊，2013（11）.

注释：

1　兴宁于 1994 年撤县建市。
2　关于侨乡村的详细信息，可参考：陈志华，李秋香. 梅县三村 [J]. 汉声杂志（143）：2007.

第四节　梳式源流——广府村落中梳式格局的形成与演变

　　广府村落通常指珠江三角洲地区和粤西地区的村落。在广府村落中，三开间的宗祠和住宅建筑往往纵向相连成一列，列与列彼此平行，间以巷道相隔，从天上望去整个村落布局好像密布的"梳子齿"一样，由此得名"梳式格局"。见图4-4-1～图4-4-5。

　　梳式格局内含严整的规划，这样的规划似乎更应该出现在现代城市之中，而非自然经济占主导的古代中国农村，因此这种村落格局很早就引起了学术界的注意。但直至今日，学者们依然不知道这种格局从何而来。在本文中，笔者试图从珠江三角洲北部村落中寻找梳式格局的早期形态，对比客家住宅，探索梳式格局的前身与流变。

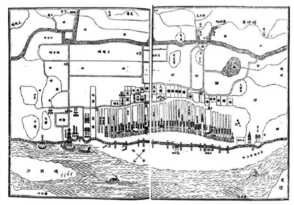

图 4-4-1 《桃溪村何氏族谱》第七卷《乡宅图》

图 4-4-2 广州市花都区炭步镇文岗村文林谭公祠

图 4-4-3　典型单列梳式格局：佛山市三水区乐平镇大旗头村

图 4-4-4　典型单列梳式格局：广州市花都区花东镇高溪村欧阳庄（田心庄）

图 4-4-5　典型单列梳式格局：佛山市南海区里水镇孔村西社

一、独特的现象：宽梳式村落格局

在最为典型的梳式格局中，所有的"梳齿"都由三开间的住宅和宗祠组成，"梳齿"间以巷道相隔，整个村落规划严整。不过这种格局直到清代中期才大量出现，它从何演变而来，学者们至今并不明确。一个重要的原因在于，更早的村落保存得并不好。

清代初期，清政府在珠江三角洲地区实施了严苛的海禁迁界政策，番禺、东莞、顺德等地的村落被大规模破坏。在近代以来的历次革命和改革中，珠江三角洲也常领风气之先，村落很少完整地保存下来，完整的明代建成区更是凤毛麟角。所幸在经济较为落后、所受关注也较少的珠江三角洲北部地区，保留有一些明代村落。

与一般梳式格局每三开间一列建筑（"梳齿"）不同，这一区域的"梳齿"是宽至七开间、九开间的建筑群，也就是说，每间隔七至九开间才有一条规划平直的巷道——笔者称这种梳式格局为"宽梳式格局"；同时把传统意义上"梳式格局"称为"单列梳式格局"，以示区别。

依照"梳齿"的开间数，"宽梳式格局"也可分为Ⅰ、Ⅱ两型。Ⅰ型宽梳式格局：每七开间一个直巷，直巷之间是两列三间两廊住宅夹着一列一开间小厅（图4-4-6～图4-4-8）。Ⅱ型宽梳式格局：每八至九开间一个直巷，直巷之间是两列三

图 4-4-6　广州市花都区炭步镇塱头村，图左为塱西社，图右为塱东、塱中社

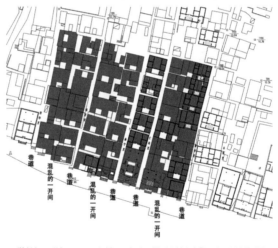

图 4-4-7　广州市花都区炭步镇塱西社平面图（张力智　绘制）

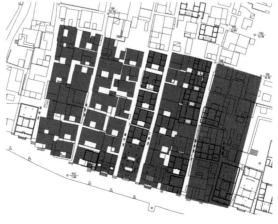

图 4-4-8　广州市花都区炭步镇塱西社平面图（从中可明显看出家谱中所记载的"四区"规划，每一"区"都是七开间的住宅建筑群，张力智　绘制）

间两廊住宅夹着一条小巷和大量小厅，小厅大小位置不一，巷道也就十分曲折（图4-4-9、图4-4-10）。

不论Ⅰ型还是Ⅱ型梳式格局，每一个宽宽的"梳齿"都是一个规划严整的建筑群。它们由多个建筑组成，建筑横向水平对位，外部有平直巷道，规划十分严整。这些规划是何时形成的，又为何会形成呢？

二、村落格局的历史演变

广府村落的历史多可上溯至宋代，但在明代之前，珠江三角洲并未充分开垦，这一区域水网密布，水患频仍。为避水患，早期村落大多依丘陵而建，丘陵外围开凿一圈池塘以利泄洪，村落小而分散，加之丘陵地形本就复杂，较难形成平直的规划，村落格局难以确知。从现有村落文献可知，宽梳式格局多形成于明代，部分案例（如塱头村塱西社）亦可上溯至元代。清代之后的村落格局则发生了较大变化。

清代之后，村落营建则开始向单列梳式格局转化，巷道增多变密。到了清晚期，每三间设置一巷的格局则已定型，巷道愈发平直有序，村落也仿佛棋盘一般，

图4-4-9　广州市花都区炭步镇茶塘村

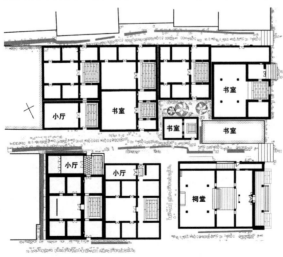

图4-4-10　广州市花都区炭步镇茶塘村"洞天深处"巷两侧建筑，可见这条小巷两侧公共空间（书室、住宅小厅）异常之多，但巷道曲折，宽窄不一

这也就是今天我们谈及"梳式格局"或"单列梳式格局"时的典型，如三水乐平镇大旗头村（图 4-4-3）、南海里水镇孔村西社（图 4-4-5）、南海丹灶镇棋盘村、花都炭步镇文岗村敦仁里、花东镇高溪村欧阳庄（图 4-4-4）等等，均是如此。

由此可见，元明时期营建的区域具有典型的宽梳式格局的特征，更早的村落可能更为灵活，但难以确知。清代村落则逐渐向单列梳式格局发展，在花都西部和南海北部的众多案例中都是如此。花都炭步镇石湖村坎头社、塱头村和茶塘村明代建成的区域均采用了宽梳式格局，但在清代新建的区域中，如石湖村坎头社的东部、塱头村的东部（图 4-4-6）、茶塘村的南北两端（图 4-4-9）均采用了单列梳式格局。简而言之，在很多历史久远的村落中，村落中心的、建成年代较早的部分多用宽梳式格局，村落外围、建成年代较晚的部分多用单列梳式格局（图 4-4-1）。

三、Ⅰ型宽梳式格局的探源

那么宽梳式格局又从何而来呢？广州市花都区炭步镇塱头村为这一问题提供了一些线索。广州市花都区炭步镇塱头村分塱东、塱中和塱西三个社，其中塱西社是整个村落历史最为久远的部分，塱西社的格局也是Ⅰ型宽梳式格局的代表。塱西社在元代既已成型。《塱头黄氏族谱》记载，在元朝的时候，塱头黄氏八世祖黄朝俸生了四个儿子，"四子既长，乃界其地为四区而各为筑室居之，宅第门连，视前为光彩。"意指建造初期，规划成四片。通过实地考察发现，所谓四区正在塱西友兰公祠两侧，共四列七开间住宅建筑群，由于抗日战争等原因，最东侧和最西侧的两个住宅建筑群已不完整，仅剩福贤里至益善里之间的部分，两个七开间——Ⅰ型宽梳式格局——住宅建筑群夹着一个祠堂（图 4-4-8）。

Ⅰ型宽梳式格局在使用中，面临两个明显的缺点：

第一个缺点是，这种格局中的住宅无法在两侧同时开门——三间两廊住宅仅能在巷道一侧开门，另一侧大门封闭或直通小厅——这使得近一半的住宅无法获得最好的大门朝向。

Ⅰ型宽梳式格局的第二个缺点在于，两列住宅当中的小厅（住宅偏厅）往往很难到达。在实际调查中我们发现，两列住宅中间的区域要么完全荒废，要么被私搭乱建成一个个小间，几乎所有建筑都是改建、加建而成，建筑质量良莠不齐。

当然也有一些小厅（住宅偏厅）非常正规和豪华，装修和题词显示，它们很可能是历史上的书房和花厅，可能用作会客、雅集、养老之用，具有一定的公共功能。熟悉乡土建筑的人都知道，农村住宅的附属建筑——书房、花厅、养老别厅之类——常常建在宅基地"剩余"的边角空间里。换句话说，在村落规划层面，不会为书房、花厅预留出一开间的空间，Ⅰ型宽梳式格局中的小厅只是"剩余"或"荒废"的空间而已——这样一列剩余的空间从何而来呢？

花都区华东镇三吉堂村的客家民居给我们的问题提供了一些线索（图4-4-11）。三吉堂村坐落着两个完全一致的巨大客家住宅，两座住宅形制特殊，每座面阔28米，进深36.7米，三进七开间。当心间设置前后三进厅堂，两侧各三间被分隔成两列（六座）三间两廊住宅。当心间不仅是进入这些住宅的内部走道，还是整个七开间大型住宅的公共厅堂。

三吉堂村的住宅和宗祠虽然建于清晚期，但仅从平面肌理来看，"广府村落"塱西社与"客家村落"三吉堂村非常相似，它们都由七开间住宅建筑群组成，每个七开间住宅建筑群又由两列三间两廊住宅夹着一列一开间公共空间构成，只不过三吉堂的这一开间是公共厅堂，塱头村的这一开间是私家小厅（住宅偏厅）而已。由此笔者大胆猜测，三吉堂的"客家村落布局"就是塱西社的"宽梳式"的原型，只不过从前的公共厅堂（巷道）逐渐荒废、阻塞成一间间小厅罢了。

事实上，这种演变也是乡土建筑历史中的常见现象。在乡土建筑中，住宅建筑最先损毁的往往是中间的堂屋，虽然在建造者眼中，堂屋是整个建筑的核心，也是最为考究的地方，但是子孙分家之后，堂屋很快就无人修葺和管理，迅速损毁。对于塱头村的塱西社而言，这些荒废的空间早已被住宅私占，变成住宅的附属建筑，巷道早已阻塞不通，只剩下尽端一个不知通向何处的门洞，暗示着曾经厅堂和巷道的存在。

四、Ⅱ型宽梳式格局的探源

如果说三吉堂村客家住宅是揭开"广府村落源头"的钥匙，那么相关的钥匙并非是唯一的。从化、增城、惠州、深圳甚至韶关地区都有很多类似的客家民居，它们并没有固定的名字，有时被称作并列式堂横屋，有时被称作棋盘式围屋，民间又将它们笼统地称作九厅十八井、九栋十八厅之类。下面我们简单列举几例。

增城市正果镇何屋村新围社中有一座建筑群，文物普查定名为新围祠堂，是客家地区常见的祠、宅一体式建筑。该建筑面阔五开间16米，进深三进27米，当心间一列为通畅的公共空间（厅、祠堂），两侧则分隔成前后几进住宅。这些住宅虽都只有两开间，但依然前置天井和厢廊，做成三间两廊的样子。而在新围祠堂墙外，就是一列最标准的三间两廊住宅，更可见其中的亲缘关系。新围祠堂建筑群建于清道光年间，与三吉堂客家住宅相比，其当心间更加宽阔，祠堂仪式感更强，祠堂、住宅的配合也更为整体，是典型的大型住宅建筑。

韶关、梅州和惠州地区类似的建筑更多，如始兴县隘子镇满堂大围、惠阳新墟镇大塘世居、深圳龙岗坑梓镇龙田世居（图4-4-12）等。将这些建筑的围屋和横屋去掉，都是当心间一列厅堂，两侧各三开间住宅的七开间大型住宅，与三吉堂住宅非常类似。在更大，或是更"典型"的客家民居中，厅堂则至少需要三间。再加上两侧的住宅，整个堂屋面阔九开间甚至更多，如从化吕田镇吕新村水楼社的司马第、惠东白花镇原田世居等都是如此。这些住宅更为气派，在客家地区也更为常见。

上述九开间住宅正是Ⅱ型格局的原型。在Ⅱ型格局当中，整个组团面阔长达九开间，两侧六间都是住宅，当中三间——包括一些小厅（住宅偏厅、书室）和曲折巷道——则极不规律：小厅大小不一，有的面宽只有3米，有的又长达8米，巷道从小厅之间穿过，往往也十分曲折。不过有了前述九开间住宅作为参照，我们对Ⅱ型格局，也会理解得更为深刻。

如前所述，厅堂是整个建筑群中的仪式空间和主要内部通道，也是整个建筑群中最易损毁的部分；厅堂损毁后，大量小厅和新的巷道自然形成，新的巷道——与建筑群外围本来存在的平直巷道不同——是整个区域的"私巷"，外部人员不得穿行。另外，新生成的"私巷"在何处曲折也并非全无规律——在前述九开间的大型住宅中，即便公共厅堂面阔三间，大门和祖厅（上厅）也只开敞一间，当厅堂荒废成巷道，巷道的"第一进"和"最后一进"也就在当心间上。曲折的巷道，也只是中段的曲折而已。

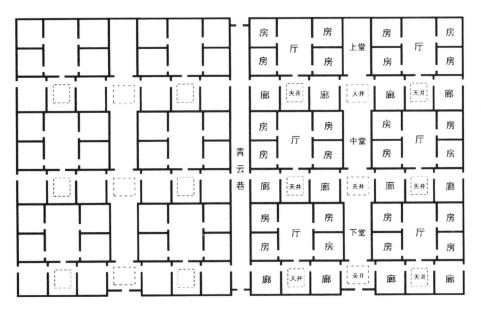

图4-4-11　广州市花都区花东镇三吉堂村住宅平面图[1]

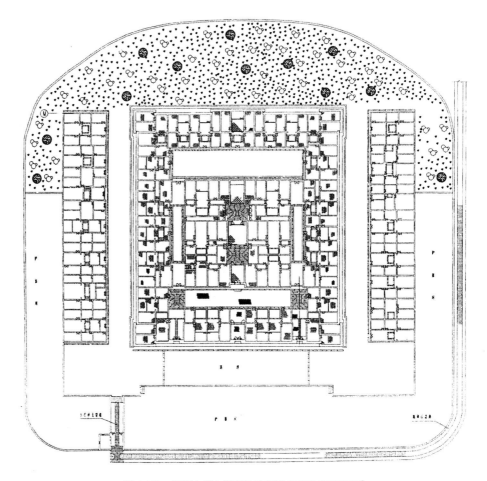

图 4-4-12　深圳市坪山新区坑梓街道龙田世居平面图 [2]

　　花都区炭步镇茶塘村洞天深处巷就是最好的例子（这一区域是茶塘村最早的建成区，明代就已成型）（图 4-4-10）。该巷两侧不规则地分布着许多书室和小厅，巷道宽窄也不一，稍显曲折，但仔细观察可发现，洞天深处巷第四进也在当心间位置，两侧建筑更是几乎完全对称！这两座建筑墙体厚达 80 厘米，建筑年代较早，很可能保留了该区初建时的大量信息。而巷道所有的不规律，都发生在第二、第三进——这里本是大型住宅中的三开间厅堂，厅堂荒废后，小厅才会加建于此。当然，这些小厅依然用作花厅、客厅、书室之类，依然保留着很强的公共功能，另外它们在形式上也与大型厅堂存在相似之处，关于这一点，后文还会展开。

　　对于一些有特殊"讲究"的村落，巷道的位置也会因此而改变。如花都区炭步镇塱头村塱东社的丛桂里两侧建筑。这条小巷比塱头村其他巷道更为细小，巷道也于九开间的正中起首，但向前深入一进之后，巷道就向西偏移，紧贴着西侧住宅的东墙向前行进。为何会如此呢？原来塱头村住宅很讲究东南开门，在住宅东侧建造小厅就会挡住门位，风水上很不适宜，因此住宅东侧则以紧邻巷道为佳。

在丛桂里，巷道就紧贴西侧住宅而建，而为了平衡宅基地，小厅被置换于当心间的位置——这就形成了丛桂里的独特格局。

Ⅱ型格局本就略显杂乱，它与九开间大型住宅之间的联系相对隐讳，我们今天也并不易找到其中的演变轨迹。尽管如此，利用九开间大型住宅来分析Ⅱ型格局，却是极为有效的——它们共享着同一空间结构，更何况类似的住宅格局在今天的珠江三角洲外围的客家大宅中十分典型。

五、厅堂形制和功能的延续

以上两小节，我们追溯了Ⅰ型、Ⅱ型格局的原型——七开间、九开间的大型住宅。这些大型住宅在历史上分崩离析，中央的宏伟厅堂崩解为许多独立的小厅和一条公共巷道。所幸建筑的基址和村落的平面结构历久不变，给了学者们辨识原型的可能。当然，村落平面并非唯一线索，从大型住宅的公共厅堂到小型住宅的私家小厅，厅堂的功能、空间结构和形制特征也一直延续了下来。广府祠堂和小厅的功能和形制在某种程度上可以予以证明。

广府祠堂，或者具有祠堂功能的乡土建筑包含两大类，一类是专门祭祀宗族祖先的祠堂，包括总祠和先贤祠，总祠祭祀一姓始迁祖，先贤祠祭祀历史上重要人物。本文重点关注的是第二类，就是宗族、房派、支派或大家庭举行公共活动的地方，它们在乡土社会中往往被称作"厅"（前一类则是绝对的"祠"），其功能与前述大型住宅中的公共厅堂类似，规模上，这些厅可分为三类（图4-4-13），抑或三个等级：

（1）大房派祠堂，常也以"某某公祠"为名，内部又常挂"某某堂"匾额，常做三间两进。

（2）小房派祠堂，常以"某某书室""某某家塾""某某书舍"为名，这些祠堂在功能上与大型房派祠堂（所谓"公祠"）没有区别，只是房派财力不足，或男丁数量不够，才托书室之名行祠堂之事。如图4-4-13①所示，中等的与三间两廊住宅相似，最小的则不过一开间小厅而已（图4-4-13②，图4-4-13③）。

（3）住宅附属小厅（图4-4-13④），它们常常建于三间两廊住宅的一侧，仅一开间，有的以"某某书室""某某书舍"为名，或被称为"头房""企头房"或者"花厅"之类。

这三类"厅"不仅功能相似，从形制上看，规模较大的三开间的公祠与规模较小的一开间企头房也是相当相似的。公祠常做前后两进，称前后堂；一开间小厅也常常会做成两进，称正厅和朝厅。公祠第一进的后檐位置常设屏门，小厅则

① 三开间大型公祠、书室典型平面；② 较正式的一开间书室典型平面；
③ 一开间书室典型平面；④ 一开间小厅与住宅的结合

图 4-4-13　大型祠堂向住宅小厅的转化

在相应位置灰塑影壁。公祠天井两侧常做一开间卷棚侧廊，小厅缺乏空间，就在那里悬挑出一段屋檐，权当廊子使用。公祠侧廊下方开门通向正房，小厅开门也十分狭窄，所以多在对应位置开一瘦长小窗。公祠均在前堂中央开门，有条件的小厅也会将门改到相应位置，上悬匾额，变成一个一开间的书室——这已与公祠在空间结构上也没有什么差异了，麻雀虽小，五脏俱全。

由此可见，公祠、书室、一开间小厅在功能上极为相似，形制上也有密切的联系。同为乡土社会中的"厅"，它们本就是同一类建筑，所不同的只是等级而已。从三开间公祠到开间书室，从正面开门的一开间书室到侧面开门的一开间书室，再到住宅旁的一开间小厅，等级依次降低，功能和形制却没有实质性的改变。

上面所有这些"厅"与大型住宅公共厅堂也多有相似之处。三吉堂客家民居中每一进公共厅堂，在形式上都与前述住宅偏厅全无区别。可见所有这些公祠、书室和一开间小厅，都是大型住宅崩解之后的产物。

大型住宅的公共空间崩解成小厅和巷道，新的村落格局也便出现。此后新建的区域也不再有密集的小厅，巷道间距变窄，也愈发平直，更为典型的梳式格局也就出现了。

六、军户与大型住宅

在珠江三角洲北缘，明代建成的区域常有宽梳式格局特征，清代建成的区域则"梳子"变窄，可见大约在明代晚期，村落格局发生过较大变化——广府村落中的曾经的大型住宅组团分崩离析，只有花都地区零星的客家村落以及更靠近山区的从化、增城、惠州一带中还保留着部分大型住宅的踪迹。为何会发生这种变化呢？

人们很容易联想到客家移民问题，我们关注的花都西部和南海北部地区固然是广府人——客家人交界杂居之地，但在清代之前这里并没有太多客家人开垦的历史。曾经存在的大型住宅，很难说是客家人影响的产物。

村落格局的改变意味着宗族管理方式的改变，明代晚期珠江三角洲北缘村落的宗族管理很可能发生了较大的变化，突出表现在军户问题上。

花都西部和南海北部地区明代有大量军户村落。如前述炭步镇塱头村，八世祖黄朝俸为四个儿子划分"四区而各为筑室居之"。其后次子（二房）子孙繁衍壮大，渐将其他几房吞并。二房的异军突起就与其军户背景有关。《塱头黄氏宗谱》记载："本族四房，军民二籍，今逾百年，已有定规，后世子孙各宜遵守，毋得辄起争端，致伤和气……"其中二房十世祖黄才兴"统帅乡里"，在洪武十六年"以职目事充南京镇卫军"事，此事正与当时豪强何真赴粤召集旧部相合。其后黄氏二房一脉氏均为军户，后代科甲连绵，也与明代对军户科举有所照顾有关。

塱头黄氏之外，不远处的水口赖氏、钟氏、鸭湖张氏也很可能是军户。至今鸭湖村东北角的田中，仍保存着鸭湖张氏祖先张柏庭夫妇的合葬墓碑。据此墓碑，民国《花县志》记载："张柏庭，明洪武年间赐武进士出身，剽骑将军金吾大夫，花县炭步人也。"此人仅存墓碑而不见其他正史方志记载，显然是被赐军功笼络的土著豪族。元末明初珠江三角洲一带土著豪族众多，明初土著随何真受降，就常常被授予军功，纳为军户。《塱头黄氏宗谱》又有明初黄氏家族助赖氏立村水口之事，守望相助，想来也与垛集为军的有关。刘志伟著文称："……尤其值得注意的是，当时在珠江三角洲这一开发中地区被编入户籍的人，大多是同被收集为军户联系在一起的……这些在清代远近闻名的大族，在明初时的先人，大多有被编入军伍从成的经历……"珠江三角洲北缘，明代也有大量军户聚落存在。

明前中期军户发展有较大优势，宗族繁盛；明晚期军户则苦于重役，常试图分户析产。大型住宅的崩解，很可能便与军户崩解有关。从宗族管理角度看，大型住宅与军户宗族管理相辅相成。军户例不析产，人口众多，农业生产有军、民两项，徭役又有正役、杂役之分。徭役时时变化，务农和服役之人也便不能固定，家族也就必须具备很强的管理和统筹能力——统一生产，统一分配。大型住宅正与这种大家族管理模式相合。

明代晚期商品经济的发展对上述军户家族构成了致命冲击。如前述塱头黄氏一般，大型宗族分户析产急不可待，直到万历年间的"一条鞭法"将军户徭役变向解除，军户家族管理问题才得到根本的解决。"一条鞭法"后，家族农业生产、商业经营和徭役全无分别，宗族无需直接管理军田、民田的耕种和正役、杂役的人力分配，经济手段（族田、族产）即可调解一切，原有大型住宅的公共空间遂逐渐退化，最终荒废崩解。村落格局也便就此发生了改变。

当然并非所有村落都有军户背景，但较大的村落确实常常可以找到军户的线索。再者，军户和商人之间的差异也可粗略反映出明、清两代宗族管理方式的不同。受到商品经济冲击，军户式的家族管理在明代末年就已消失于广府村落之中，但在客家地区，类似的管理方式一直延续到民国——客家大型住宅常常具有军事气质，广府村落则相对自由一些，广府和客家村落的区别可归咎于民系的不同，也可归咎于社会管理方式的差异。重要的是，它们两者之间可以相互转化——本文就以炭步镇的例子呈现了这一转化过程。

七、结语

从规划角度而言，梳式格局是一种现代的规划方式。梳式格局的村落中，住宅单元模块化，道路平直正交分布，道路用地面积比很大——这些都是现代城市规划的重要特征，而非历史城镇或村落所常见的特征。这种格局大规模出现在清代广府村落中，暗示着清代中后期的广府地区已存在现代化的社会组织结构。

梳式格局具有现代意义，其重要性也正在于此。

梳式格局为何会产生呢？宏观来讲，它与清代中期之后广府地区商品经济和资本主义的繁盛有着密不可分的联系。清代长期奉行一口通商政策，广州在很长时间里都是整个国家唯一的通商口岸，来自美洲、日本的大量白银涌入广州，刺激了珠江三角洲商业和手工业的发展，却也让农业生产退居二线——人们不再购买土地保值，而是将财富大量投入到房产建设之中。因此在清中期之后，广府村落开始了爆发式的建设。就在资本过剩和大规模建设的背景下，广府地区出现了具有现代意义的规划——梳式格局。

那么梳式格局又从何而来呢？它具有现代意义，但又不是对西方规划方法的借鉴。梳式格局有着中国式的演化途径，它从类似客家住宅的大型住宅中分解演化而来。笔者认为，这种大型住宅与其说是宗族的产物，不如说与军户制度关系更为密切。即便是在"宗族"之中，也存在着制度严苛的准军事管理。同样披着宗族的外衣，明代严苛的军事管理，在清代就自然而然地转化成了一种极为有序的商业管理——军户制度事实上为"梳式格局""现代社区"的出现打下了坚实基础。

这样的历史背后蕴含着更深的理论意义。安东尼·吉登斯在寻找欧洲现代国家源头时指出，欧洲国家中的现代行政力量，以及现代社会组织形式很大程度上起源于军事领域，类似的话马尔库塞、福柯等人也曾说过。在本文的研究中，一个类似的案例在遥远的中国广州出现，明代的军户背景，以及清代的资本刺激，共同催生出了"梳式格局"这种颇具现代意趣的规划形式——很可能在中国也只有广府地区同时具备军事和经济的双重条件，让这种现代规划如此早地出现。但不论如何，有着欧洲的旁证，广府村落的"梳式格局"就不再仅仅只是一个"中国特例"，它具有世界意义。

本节采编自：

张力智.广府村落中梳式格局的形成与演变——以花都区炭步镇古村落为例 [J]. 建筑史，2016（2）.

注释：

1　陈建华.广州市文物普查汇编：花都区卷 [M].广州：广州出版社，2006.
2　深圳市文物管理办公室.深圳市文物保护单位概览 [M].北京：中国科学技术出版社，2008.

第五节 "八卦"黎槎——与洪水共生的广府村落

广东省高要市回龙镇的黎槎村，从空中看是一个"八卦村"。跟另一个也被称为"八卦村"的浙江兰溪市诸葛村相比，它从形态上看更接近八卦。首先，黎槎村的轮廓几乎是一个完整的圆形。其次，黎槎村的住宅是一排排的横向布置，很像构成八卦图案的一个个"—"或"--"。

当地旅游部门也很好地利用并发展了黎槎村的八卦形态。在村中心的空地上，有一个八卦形的石坛。游客们来到这里，导游都会动员大家在这个八卦坛上正着走三圈，再反着走三圈，可消灾祈福或者升官发财。这个八卦坛其实是新修的，此处原有几棵古树。南方的村子大多讲究风水，尤其看重背后的靠山。靠山上要有树林，叫风水林。黎槎村的地形中间比四周略高，中间的树林就是村子的风水林。

黎槎村成村于南宋，初时为周姓人居住，明永乐年间苏、蔡两姓族人从南雄珠玑巷迁至此处，逐渐发展为大姓。村子总平面呈圆形，直径约 200 米。村子东西两侧，各有一个月牙形大水塘。在两片水塘之间，村落有道路与周边相连。黎槎村民按宗族和房派分片居住，分别是仁和里、遂愿里、兴仁里、淳和里、尚仁里、居和里、柔顺里、毓秀里、仁华里和遂德坊，即"九里一坊"，苏、蔡两姓各占一半。每个里、坊开一坊门，门外有台阶通往低处的环村路。环村路外是大面积的护村水塘，总面积有一万多平方米，既可养鱼，又可美化环境，也起护村防御作用。见图 4-5-1、图 4-5-2。

民居中间错落分布着 18 个祖堂。坊门外，分布有 9 个酒堂。酒堂旁边有古榕树及小广场、古井等公共设施。

一、与洪水共生

黎槎村的建筑为什么是一排排的，从中间向外拓展呢？这跟她的地理环境有关。黎槎村所在的区域，地势平坦，水网密布，中间有珠江第一大支流西江穿流而过。除西江干流外，这里还有新兴江、宋隆河等多条支流。高要市回龙镇的村庄，大多是水塘面积多过田地的。丰沛的水源和平坦的地势，造成水患频发。

图 4-5-1 黎槎村鸟瞰
（徐晓东 摄）

图 4-5-2 黎槎村

在 1975 年建成宋隆河大堤之前，这里几乎年年发生水灾，水位经常到达各里坊门的屋檐。

经常遭水灾的黎槎村，很多人家都备有一艘木船，一旦涨水就划船到附近较高处的"牛围屋"去避难。"黎"是多的意思，"槎"字是木筏子的意思。村民们传说，水灾时只有屋顶露出水面，就像一片片筏子，所以村子就叫"黎槎"。

对于洪水，黎槎村民除了随时做好避难准备外，他们在村落结构和建造技术上也有独特的应对方式。首先，黎槎村先民选择了排屋这种建筑形式，因为它平行于洪水所形成的岸线。由此，黎槎村也就形成了一排排建筑逐渐内缩的村落形态。这种村落形态在广府地区是显得特殊的。广府村落普遍采用"梳式布局"，而梳式布局是垂直于岸线的。如果采用梳式布局，那就意味着位于前排的建筑比后排的更易于遭水淹。采用横向布局的排屋，虽然并不能解决被水淹的问题，但它可以解决公平性的问题，也就是说，让村民们在洪水面前人人平等。要理解这一点，还要结合黎槎村特殊的居住方式。

二、住宅极小化

黎槎村的住宅极为狭小，房间多在 5 ～ 6 平方米之间。凡是到黎槎村参观的人，无不为这么狭小的房屋感到惊讶。和其他广府村落一样，黎槎村以核心家庭为基本生活单位。不过，黎槎村的住宅在使用方式上却相当特殊——家庭功能被打散到一个个小房间里，几乎每一个房间都对应着一项功能，而且这些房间的分布很分散。比如现任村支书蔡赞源回忆他小时候的住房：祖堂（仁和里上厅）的两间廊房给祖母住，一间卧室，一间厨房；祖堂下方的一排房屋中有两间房，一间是爸妈住，另一间给他和兄弟们住；再下方的一排房屋中又有两间房，一间是爸妈的厨房，另一间给兄弟们住；在仁和里的坊门之外的左手侧，还有两间房，一间是柴房，另一间是牛棚，房屋总计有 8 间。蔡支书说，他家当时的经济条件在村里是属于中等偏下的，有的人家有十几间房，分布得也很分散。

黎槎村民之所以采取这种特殊的居住方式，和洪水有关。房间的面积小而统一，就具备了极高的适应性——每一个房间都可以随时转为卧室、厨房、柴房、牛栏或猪圈。因为每一家人都是既有高处的房间，也有低处的房间，所以在部分房屋被洪水淹没之后，仍有其他房屋可以继续使用。这样既解决了公平性的问题，又使得主要功能房屋尽量不受洪水影响。当然，这种交叉居住的生活方式也在客观上增加了村民的交往机会，有利于保持家族或整个村集体的团结和凝聚力。同时，这也体现了平均主义和集体主义的意识形态。房屋的面积、位置、朝向等都差异不大，家庭经济状况只体现在房间的数目上。超强的宗族集体凝聚力，是靠减少个体之间的差异性来获得的。

解决了公平性的问题还不够，还得解决技术问题。黎槎村至少有一半的房子是经常被水淹的。如果这些建筑没有很好的耐水性，就得经常重建。黎槎村的建筑全部为青砖木构体系。青砖的耐水性较好，而且青砖的黏结和嵌缝材料是用石灰和桐油舂制的。在古代，这是一种用来密封木船的板缝的材料，可以最大限度地减少建筑泡水后的坍塌危险。

三、祠堂的分化

根据住宅各项功能的重要性不同，黎槎村民们做了防洪位置上的区分。同样的思维也用在了祠堂建筑上。黎槎村的祠堂，祭祀和聚会功能是分开的，演变成为祖堂和酒堂两类建筑。祠堂演化为祖堂和酒堂，在黎槎村所在的回龙镇很普遍，但在全国的传统村落中则是很少见的。我们认为，这种分化也是源于洪水。越高的地方，遭受水灾的机会就越低。黎槎村所在的凤岗山,面积十分有限,住宅是天天要用到的,应该尽量往高处放。祠堂的祭祀空间,也就是祖堂,因为事关神圣,也要往高处放。于是,祠堂的宴饮空间就只好分离出来,放到低处,也就是外围去了,这就是酒堂。如果把酒堂放到高处,那就要牺牲很多户人家,不划算。将厨房放到村子围墙之外较为空旷的地方,也减少了村内建筑遭受火灾的概率。见图4-5-3、图4-5-4。

黎槎村的祖堂分布在各里坊内,为各分支家族的家庙,有18所之多。祖堂大小不一,多为两进,祖堂内设有天井、储蓄房等。屋檐口灰塑彩画,有的封火山墙做成镬耳状,屋脊有鳌鱼尾。有钱的家族,祖堂门口的石阶花纹会更精细,石材也更坚硬名贵。祖堂是族人拜祭祖先的地方,每逢初一、十五,大的传统节日以及婚嫁喜庆时的祭拜祖先,便相聚于此,慎终追远,饮水思源。[1]

黎槎村的酒堂都设在村落外围的环路边(图4-5-5),与门楼相对,是族人婚嫁时的宴会的地方。酒堂都取有名号,比如兴义、联秀、绍安、永和、光华、遂德、叙乐等。酒堂内设有厨房锅灶炊具,堂外为古榕广场,平日十分幽静,凡遇喜庆事宜则门庭若市、热闹非凡。酒堂的面积也比较大,一般由三间的厨房和5～7间厅堂组成,有的酒堂还设有雅间。比如兴义酒堂,平面呈长方形,进深12米,占地面积约330平方米,归属兴仁里,设有正厅、客厅、厨房、储物室,正厅前

图 4-5-3　祖堂一般为三间两廊式
　　　　　布局

图 4-5-4　祖堂内的神龛将观音摆
　　在中间,其两侧分别为财神和文
　　曲星,再两侧放祖先牌位

有天井。联秀酒堂宽 23 米，进深 9 米，占地面积约 218 平方米，归属柔顺里。[2]

四、槎塘村：另一种形式的黎槎

位于黎槎村东南方约 300 米处的槎塘村，建于清光绪年间，距今约有 120 多年。它是黎槎村的苏蔡两姓族人集体搬迁来建造的。当时，黎槎村民很多出洋到澳大利亚等地做工，一部分富裕起来的人家就约好了一起迁到之前躲水灾的"牛围屋"，开基建房。与黎槎村不同的是，这个村子的聚落呈现十分规则的网格状，很明显是一次规划建成的。见图 4-5-6、图 4-5-7。

从聚落选址来看，它和黎槎村一样是靠山面水，从高到低依次是风水林—村子—广场—水塘。槎塘村以中心毗邻的两座姓氏祠堂为核心，以五间或七间联排住宅为单元，呈矩阵分布（这种方式和典型的梳式布局也是有明显差别的，梳式布局的横向联系较弱）。最前方的一排房屋与其他住宅有所不同，这排房屋中间为门楼，门楼两侧为私人书房，两端分别是公共的学堂和酒堂，其檐口有灰塑、彩绘装饰（其他住宅基本没有装饰）。在广场两侧对称的位置上，开了两口水井。从居住方式上看，槎塘村的房屋虽然还是横排布局，但是每间住房的面宽有 3 米（11坑，一坑即一垄瓦），进深达到 6 米，面积 18 平方米，比黎槎村的 5 平方米左右大多了。住房在前墙居中开门，门内一侧为灶台，另一侧为冲凉处，靠内墙则是卧室部分。卧室的顶上有棚，可以放杂物，也可以供小孩住。可见，槎塘村的住房是在功能上是完整的，这与黎槎村有着明显区别。造成这一区别，可能有商业观念导致村民更重视小家庭空间的因素，更根本的原因也许是洪水不再成为威胁。

黎槎村和槎塘村都体现了很强的宗族控制力和平均主义倾向。公共建筑与居住建筑的外观差异明显。公共建筑为院落式布局，为三间两廊或四合院，开间大于居住建筑的 11 坑而采用 15 ~ 17 坑，屋脊高大且有华丽装饰，山墙均采用锅耳墙形式，墙基用条石砌筑等。相比之下，民居低矮狭小，基本上没有装饰。而且住宅均成排布置，相互之间差异不大。另外，两村的祖堂供奉的并非常见的祖宗牌位，而是观音、财神及文曲星，其中观音是主神。

由于建村年代和地理位置的差异，这父子两村也存在明显的差异。比如，两村的防御性能悬殊。黎槎村被护村水塘环绕，与陆地相连处还曾建有两座三层高的碉楼，外围以住宅为村墙，居民从门楼出入。而槎塘村只沿最前排住宅建了围墙，另三面均开敞向外。再如，黎槎村内的道路系统非常不规则，建筑朝向也因环山布置而有各个方向，这导致村内空间显得变化多样，巷路最窄处只能侧身通过。而槎塘村则呈规则出极为规则的棋盘状，建筑均坐西南朝东北。

图 4-5-5　黎槎村酒堂

图 4-5-6　槎塘村

图 4-5-7　槎塘村呈现规则
　　　　　的棋盘状布局

五、结语

　　高要市的黎槎村和槎塘村是两个同源而异构的村子，它们以特色鲜明而又迥然不同的形态特征提醒着我们，中国传统村落的多样性是超乎想象的，只有多到实地去看，多做比较分析，才能更加全面地得到认识。

本节主要采编自：

罗德胤，孙娜 . 黎槎 "八卦" 村——与洪水共生 [J]. 南方建筑，2014（01）.

注释：

1 ~ 2　陆琦，陈家欢 · 筑苑 · 广东围居 [M]. 北京：中国建材工业出版社，2017（7）：106-113.

第六节　析居而聚——汕头前美村聚落空间的形成与演化

前美村位于汕头市澄海区隆都镇中部，始建于元朝末年，距今已有 600 余年的历史。作为一座极具典型性和代表性的潮汕古村落，前美村已被评定为广东省第一批历史文化名村、全国第四批历史文化名村，并获广东省旅游特色村、广东省古村落等称号。

一、建设时序：由聚族而居到析居而聚

前美村居民旧时有陈、朱、吴、刘、叶、黄等几个姓氏，现以陈氏居民为主，聚落的建设与陈氏家族的发展密切相关。综合黄挺等学者长期积累的调研成果及现场考察访问的情况[1]，可以发现前美古村自创建至近代，其聚落形成与演化过程大致经历四个阶段。见图 4-6-1。

第一阶段，据《陈氏族谱》记载："世序公世居福建泉州府，因避乱携四子而迁于潮之饶隆，卜溪尾乡而居。"[2] 陈氏开基祖世序公于元朝末年，带领四个儿子由福建迁入广东潮州府隆都，定居溪尾。

第二阶段始于明洪武十五年（1382 年），一世祖世序公去世后，长子松山公一派仍然定居溪尾，其他三房兄弟向溪尾周边地域迁徙扩张，分别居住于竹宅、后陈、土尾（麦头围）三地。陈氏发展迅速，开始成为此地的大姓。

第三阶段是在清代早期至中期。受迁界、复界政策影响，前美村居民的居住范围再次发生较大变化，陈氏家族在康熙年间先后经历了外迁和迁返两次大规模迁徙。复界后，约在康熙中期，部分陈氏居民迁往前溪并发展壮大，人口规模与财富实力逐渐超过前溪原住居民以及溪尾的陈氏居民。康熙三十二年（1693 年），松山公派下第十一世孙慧先公，在如今的"寨外"区域修建了永祚楼。雍正十年(1732年)，慧先公二子廷光主持建成永宁寨。经过多年的发展，形成了永宁寨、寨外、西门、沟头、下底园等五个聚居片区。

第四阶段，慧先公的后裔长房廷弼公一派，延至十八世宣名、宣衣，自 1840 年代开始赴海外谋生，后经营海上运输、贸易活动，经营范围逐渐拓展至东南亚

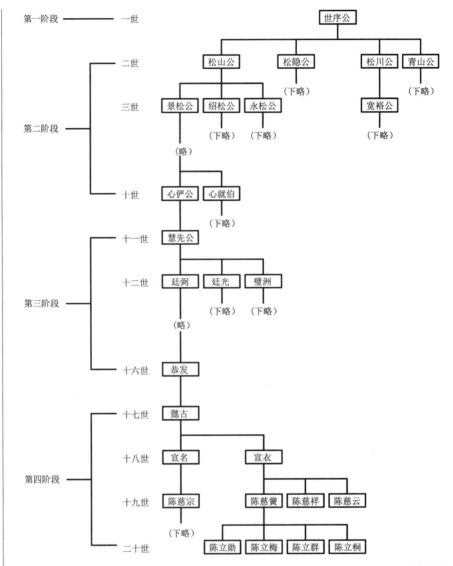

图 4-6-1　前美陈氏世系一世至二十世谱系及聚落的建设时序（参考《中国名村　广东前美村》
第 33 页配图改绘）

各国，家族财富、地位日渐上升。陈氏家族的经济来源主要来自东南亚，前美村成为著名侨乡。从清同治十年（1871 年）开始，宣衣及其子孙三代人共同努力，在前美相继修建了 12 座大型宅第。其中，十九世陈慈黉、二十世陈立勋、陈立梅、陈立桐等人主导"新乡"聚居片区的开发，在 20 世纪的前 40 年，建成郎中第、寿康里、善居室等大型建筑，建筑规模宏大，占地面积分别约为 6000 平方米、4100 平方米、6800 平方米，装饰精美，形成了独具侨乡特色的建筑及聚落风貌。

　　前美村聚落空间的拓展和建设，伴随着"聚族而居"和"析居而聚"聚居形式的实现。聚族而居，是指具有共同血缘关系的陈姓后裔，在宗族观念影响下因生存、生产、生活需要而共同居住的形式。析居而聚，是指在人口增长、生产资源日趋匮乏、生存空间受限的情况下发生的空间拓展行为，即为了转移和消除人口压力、获取更多资源，人们开始突破原有的聚落空间界限，在新的聚居片区实现"聚族而居"。现在的前美村，即由溪尾、后陈、竹宅、永宁寨、寨外、西门、沟头、下底园、朱厝[3]、新乡等 10 处聚居片区共同组成。见图 4-6-2。

二、空间层次：建筑单元—建筑组群—聚落

前美村聚落可分为三个空间层次，即"建筑单元—建筑组群—聚落"。由建筑单元、建筑组群到聚落空间，多层次空间界限的存在，对应表征了"家庭—房子—宗族"宗族结构作用下社会关系的结构层次[4]，反映了居住者的血缘亲疏关系。

前美村民居基本的建筑单元形制与中原地区传统民居类似，为三合天井式、四合中庭式的建筑形式，俗称为"下山虎""四点金"。建筑组群系由"下山虎"或"四点金"等建筑单元组合扩展而成。潮汕地区民间将空间秩序相对统一、建筑主体朝向一致的一处建筑组群称为"厝局"。一处建筑组群或多处关系密切的建筑组群，可形成相对独立的聚居片区。

在清代早期，由于社会动荡不安，建筑组群形成的聚居片区封闭性强，突出了防卫功能和防灾功能。如永宁寨，现人们称之为"寨内"，由多座三进"三座落"与"下山虎"和"四点金"，以及护厝组合形成。外围夯筑高大寨墙，可以防匪盗、抗洪涝。永宁寨自成一体，整体统一，总面积约 10300 平方米，成为一处独立"厝局"。再如四面环水的下底园，以水作为天然屏障，也可起到防卫作用。见图 4-6-3。

清代中后期，社会治安趋于稳定，前美陈氏家族势力壮大，成为村内的大姓。因此建筑组群的防卫功能开始退化，逐渐呈现较为开放的聚落空间格局，聚居片区由多处"厝局"形成。如西门社，这个聚居片区主要建筑是"三进四从厝"的"仁寿里"，以及"三进二从厝"的"大夫第"两处"厝局"，另在"仁寿里"后部，还有一座"四点金"和两座"下山虎"。水塘主要作为生产生活的资源，也不再具有防卫的作用。近代时期形成的新乡不仅有成排的"下山虎"和"四点金"，建筑独立成户，而且有大规模的从厝式"驷马拖车"建筑，多处"厝局"建筑组群共同形成"新乡"这一聚居片区。

溪尾、后陈、朱厝三个聚居片区组成为溪尾村，永宁寨、寨外、西门、沟头、下底园、竹宅、新乡七个聚居片区组成为前溪村，后经行政区划的合并调整，两村合而为一个村落，称为前美村。

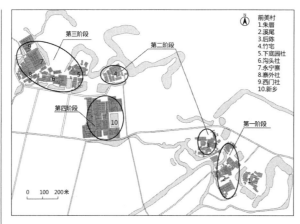

图 4-6-2 前美古村聚落的形成与
演化过程示意图

图 4-6-3 永宁寨寨门

三、空间结构：由单一而多元

前美村在发展过程中，聚落的空间重心与内在结构也发生了变化，主要体现在以宗祠为核心的单一空间结构，向以大型居住建筑和宗祠共同主导的多元空间结构转变。

潮汕民系传统聚落内，宗族及各房支祠堂作为宗族的核心象征，对于聚落空间结构的形成具有重要意义。近代侨乡形成以前，陈姓宗祠作为主导聚落空间结构的核心要素，在各个聚居片区居于显著和重要的空间位置，引领大小民居建筑形成较为有序的空间结构。下面以下底园和永宁寨两个聚居片区为例，略作说明。

下底园是慧先公三子璧洲所创，该聚居片区的中部建有"璧祖公厅"，原是璧洲的宅第，坐北朝南，三进二从厝布局，后成为具有祠堂祭祀功能的"公厅"。奉祀一世祖世序公的祠堂"世序祠"坐落于壁祖公厅后部，沿同一条中轴线展开布局，壁洲于清雍正年间兴建。下底园的另一座祠堂"炜祖祠"及其他民居建筑以此两座建筑为核心，在其两翼进行建设。除个别建筑外，下底园民居与祠堂保持了统一的南向方位。见图 4-6-4。

永宁寨是潮汕地区常见的方形堡寨形式。坐西南，朝东北，寨内由左、中、右三路建筑组合形成建筑群，依地势形成前低后高的态势。中部主座为祖堂"中翰第"，为三进的"三座落"格局，其后部建有一座下山虎，中翰第堂号为"松茂堂"，奉祀慧先公，是前溪慧先公一派的祠堂，中路两侧建有护厝。左路前部为一"三座落"，后部为一座下山虎，左路左侧有二护厝。右路前部为一"三座落"，但其前厅尺度狭小，因此后部空间较为宽裕，建成一座四点金，右路右侧建有一护厝。堡寨正面的寨墙较为低矮，前临水塘，左右两侧及后部的寨墙高大，并建有二层的"包屋"及三面围合、护卫寨内的建筑群。见图 4-6-5。

这些聚居片区依靠单一的血缘关系和宗族关系形成以宗祠为核心的单向发展

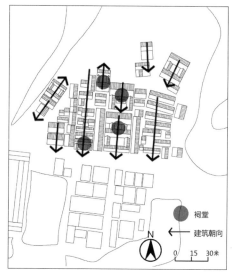

图 4-6-4 下底园社空间结构分析图

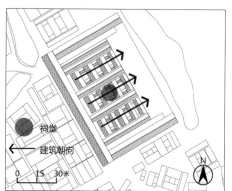

图 4-6-5 永宁寨空间结构分析图

的空间结构，有着明确的朝向定位，建筑的主从关系明显，反映出传统社会宗族关系下宗祠在村落内部的重要地位。

从前美村的发展及村落整体情况来看，宗祠作为空间的重心，对空间结构的形成具有明显的主导和控制作用。同时，10 个聚居区之间自然有着较为明显的空间界限，这是历史上陈姓与朱、吴、刘等多姓混居情况的记录和反映，也是陈姓家族内部不断分化拓殖，以血缘亲疏关系界定空间界限的结果。

近代侨乡形成以后，华侨的海外贸易积累了巨额财富，经济实力的崛起使得民居建设的规模迅速扩大。陈慈黉带头开发的前美"新乡"在短期内建设完成，虽然宣名、宣衣两房各支派合力兴建了祠堂"古祖家"，并与左右两座通奉第形成"三壁连"格局，但仅有右侧一处两进一护厝一后包的"奉政第"与其保持一致的面西朝向。新乡其他民居建筑各自向其他方向发展。其中，善居室和寿康里等建筑向东，郎中第、三庐别墅、大夫第和两处儒林第向南。在新乡中部，有多处下山虎和四点金整齐排列，朝向统一向南。前美新乡聚居片区，宗祠不再是唯一的空间重心和核心要素，祠堂和大型民居建筑共同主导形成多向发展的空间结构。见图 4-6-6 ～图 4-6-9。

前美村聚落空间结构及其核心要素发生明显变化，其根本原因是侨乡社会形

图 4-6-6　古祖家庙外观

图 4-6-7　"三壁连"外观

图 4-6-8　善居室俯瞰

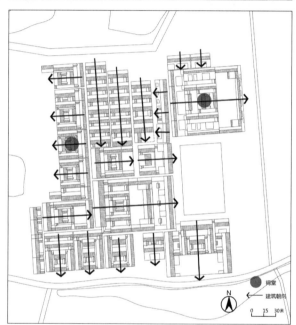

图 4-6-9　前美新乡空间结构分析

成，侨汇经济发展，长期漂泊于海外谋生的华侨独立意识日渐增强，虽然他们也修建、修缮祖辈的祠堂，但祠堂建筑规模却远不及自己建造的住宅，宗祠在村落内部对聚落空间秩序的引导作用也逐渐降低。海外华侨通过经商积累大量财富，华侨家庭开始有能力独立建设"驷马拖车"这样的大型民居建筑，因此在新乡集中，同时出现多个中、大型建筑，从空间关系来看，多朝向发展的空间秩序更有利于避免各建筑之间互相遮挡影响，也利于凸显建筑形象，显示主人的财富和身份地位。

四、空间形态：由自由式向规整式演化

作为一个典型的水乡聚落，"前溪""溪尾"的地名，显示出鲜明的水乡特色。水是服务当地农业、渔业生产及日常生活的重要资源，由于人口膨胀，历史上甚至还曾发生因争夺水源，异姓宗族之间互相械斗、诉讼的事件。

　　前美村空间形态的形成与域内的水系河流走向关系密切，河流是引导聚落空间发展走向的主轴线。隆都镇中部水网密布，地势低洼，前美村正坐落于低地的前沿。前美聚落的 10 处聚居片区，沿域内河流，经由东南至西北，再到中部，不断拓展，形成依水而生，带状分布的水乡聚落空间格局。

　　河流水系、地形地貌成为塑造前美聚落内部聚居片区边界的重要因素。近代以前，前美村聚落的形态轮廓依水系和地形曲折变化，自由灵活发展。近代"新乡"，虽仍毗邻水塘溪流，但规划建设用地形态已经十分方正。整个新乡建筑面积近 70 亩，建筑规模超过慧先公派下子孙建设的寨内、寨外、西门、沟头、下底园五个聚居片区，应是占用原有农田进行建设的结果。

　　近代崛起的陈慈黉家族，在海外经商，富有巨万，新乡的建设资金即来源于海外侨汇，侨汇经济影响下，农田不再是陈氏家族赖以生存的主要资源，因此民居建设获得了更为开阔的用地。

五、结语

　　综上所述，古村落前美村聚落的建设由聚族而居到析居而聚，呈现阶段性特征，形成了"建筑单元—建筑组群—聚落"的聚落空间层次。在近代侨乡社会形成后，聚落空间结构由单一而多元，聚落空间形态由自由式向规整式演化。前美村聚落空间形成与演化的历史，见证了潮汕传统聚落在近代社会巨变之际，侨乡居民生活形态的演化趋势及特征。

本节采编自：

郭焕宇，江帆. 汕头前美村聚落空间的形成与演化 [J]. 美与时代，2014（08）.

注释：

1　罗扬. 中国名村·广东前美村 [M]. 北京：知识产权出版社，2012：116-139.

2　罗扬. 中国名村·广东前美村 [M]. 北京：知识产权出版社，2012：116.

3　朱厝以朱姓居民为主。陈氏与朱氏差不多同时定居溪尾，逐渐形成两个相邻的聚居片区：溪尾陈（溪尾）和溪尾朱（朱厝）。此后陈氏家族不断壮大，成为前美村的大姓。

　　罗扬. 中国名村·广东前美村 [M]. 北京：知识产权出版社，2012：20.

4　郭焕宇. 广东三大汉族民系民居表征的宗族结构 ［J］. 人民论坛，2013（32）.

第七节　南海之滨——雷州地区的乡土聚落

　　在传统时期，地域之间自然地理和社会文化的巨大差异造就了乡土聚落与民居建筑的极大丰富性。与此同时，大一统的政治观念与不间断的经济、文化联系又使得地域间的建筑文化与技术存在着持续性的彼此影响。人口迁移与文化融合所带来的外部建造文化与地域环境条件的相互作用，会在不同程度上影响地域原有的建造系统；或者带来全新的建筑形式和建造技术体系；或者仅仅表现为对原有建造系统的修正；又或者实现两者的交互影响与融合。

　　雷州乡土聚落与民居主要分布在广东省雷州半岛及毗邻的内陆地区，在气候上多受台风等极端天气影响，文化上表现出多元融合的特征，造就了其独特的乡土聚落与民居建筑形态。

一、地域自然与经济特征

　　雷州半岛在气候上归属于热带、亚热带海洋性季风气候区，暑季长，寒季短，光照充足，温暖多雨，降水多集中在5—9月，因此民居建筑多考虑避热、隔热、通风、排湿等方面的因素。同时因热带风暴、台风等极端气候侵扰较为严重，对聚落格局和建造体系有比较大的影响。在地形地貌方面，雷州地区地貌以和缓的丘陵和平原为主，地势比较平坦，起伏不大，海运、水运、陆路交通皆通便利，有利于砖的烧造、运输和使用。地质构造史上一度有频繁的火山活动，石材资源也较为丰富。见图4-7-1。

　　历史上雷州地区经济的发展一直与海洋息息相关。除了捕鱼、制盐、采珠等直接向大海获取资源的行业外，徐闻县在汉代就作为海上丝绸之路最早的始发港口之一，在其后的唐、宋、元时期一直是重要的海上贸易港口，丝绸和陶瓷的出口造就了商业的繁荣。唐《元和郡县图志》中载："徐闻县，本汉旧县也，属合浦郡。纪胜雷州。其县与南崖州澄迈县对岸，相去约一百里。汉置左右候官，在县南七里，积货物于此，备其所求，与交易有利，故谚曰：'欲拔贫，诣徐闻'。"[1]

　　与出口贸易的内容相对应，历史上雷州地区长期是重要的陶瓷产地。明代后实行海禁，雷州地区的对外贸易和相关的陶瓷产业等逐渐衰落，直到清代中叶后港口贸易才重新兴盛。宋代以后，随着中原汉族移民经闽南进入雷州半岛，兴修水利，半岛的农业也渐趋发达，逐渐成为广东重要的粮食生产基地，同时甘蔗种植与制糖业也很发达，古糖寮曾经遍布雷州半岛各地。社会经济的繁荣，促进了大规模、高质量民居建筑的建造。见图 4-7-2。

在技术方面，经济的繁荣、工商业的发展、人员和物资的往来频繁，都会带来整体技术水平的进步，使得精细化的建造和精美的装饰成为可能。制陶产业中心长期的技术积累，使得砖瓦烧造产业的发展在技术和管理经验上不存在障碍。同时，随着封建社会晚期与外来文化之间较为充分的联系和交流，雷州地区的民居建筑更多地受到了外来审美风气和建造技术的影响。见图 4-7-3。

图 4-7-1 雷州地区的地貌与山水格局

图 4-7-2 雷州乡土聚落

图 4-7-3 雷州民居中外来文化的影响

二、地域社会与文化特征

雷州民系是广东省三大民系（广府民系、潮汕民系、客家民系）之外的另一个重要民系。雷州民系的形成，是中原汉族移民经福建莆田、闽南等地区长期持续南迁并与当地原有土著文明逐渐融合的结果，广义上属于闽海民系的一个族群，与潮汕、海南地区的族群在文化上有比较密切的联系，同时在地缘上亦多受广府文化的影响。封建社会晚期的对外贸易、租借[2]和侨商、侨工的活动，更是带来了与外来文化之间直接的联系和交流。总体上看，雷州文化融合了中原文化、闽南文化、土著文化与海洋文化的特征，呈现出保守与开放共存、多元融合的特征，既有很强的宗族观念和族群意识，也对新的文化形态保持较为开放的心态。反映在聚落和建筑上，则体现为既重视延续传统的文化和生活方式，又对新的建筑形式和建造技术抱持实用主义的乐观态度。

明清时期，雷州半岛地区的匪患较为严重，且多有地方官吏与匪盗互相勾结的情形。清《光绪朝东华录》载："土匪以游勇为党羽，游勇以土匪为窝家，并有讼棍蠹胥贿串勾结，不肖兵役包庇分赃，是以迄难破获。及因案发觉，地方官又复规避处分，讳盗为窃，饰重为轻，甚至有事主报案反被责押情事，纵恶殃民，实堪痛恨。"[3]因此聚落和民居的防御功能非常受重视，普通民居一般都具有高大的外墙、封闭的外观和细节上的防御措施。在火器已经较普遍使用的情况下，民居建筑中对墙体防御功能的重视，在一定程度上促进了砖、石建筑材料的使用。

雷州地区文化中的另一个重要特征，是海陆相接、耕海为生、对外贸易以及与闽南文化的密切联系所带来的海神崇拜与妈祖文化，相关的天后宫、伏波庙、龙王庙、冼夫人庙等信仰建筑历史上曾遍布雷州半岛各地。见图 4-7-4。

三、聚落与建筑群体

雷州乡土聚落的布局与广府聚落有相近之处，为了在湿热的气候和较大的居住密度下获得良好的通风，民居通常沿巷道规则排列，部分聚落的格局接近于广府地区的梳式布局。但由于雷州半岛气候总体受海洋影响，主导风向并非都是南北走向，而是与海陆之间的相对方位有关。因此，聚落巷道的方向一般会考虑局部地域小气候的影响，而不是采用规则的南北向。同时因雷州地区多受台风侵扰，聚落选址常选在凹形地段或丘陵南侧，以抵御台风初期的北风，且聚落周围多有林地作为屏障。聚落的格局总体上较为规整，为防御倭寇、海盗、盗匪的威胁，雷州聚落中一般会在村头或村尾设置集体防御用的寨堡，大户人家也往往有自家的寨堡。寨堡一般有高耸的围墙，在角部设置一座或多座碉楼，并在二层沿围墙设置走马道，连接各个碉楼，碉楼设置瞭望孔和射击孔，有些聚落中还设置有围墙和壕沟。聚落中大多有晒场，一般位于村前，用于晾晒粮食，同时邻近设有池塘，供蓄水防火、灌溉、防洪之用。

因抵御台风、水淹和防御盗匪的需求，雷州聚落一般布局较为集中，居住密度也较高。高密度的居住条件，对于防火有较高的要求，一定程度上推动了封火山墙形式的普遍使用。同时，各户民居面向巷道较为整齐划一的单调格局，也增加了面向巷道的山墙在形式上的重要性，客观上推动了山墙形式的丰富和多样化。见图 4-7-5。

雷州地区长期受移民文化影响，单姓聚落较多，有较为强烈的宗族意识，宗

图 4-7-4　雷州聚落中的天后宫

图 4-7-5　雷州聚落中的巷道

图 4-7-6　雷州聚落中的宗祠

族血缘成为雷州乡土社会中最为重要的联系纽带。相对应的，雷州聚落在布局上一般都会强调宗祠的重要地位。特别是最为重要的总祠，常位于邻近聚落入口的显要位置，并以之为中心，结合广场等形成聚落中重要的公共活动空间。大的聚落在总祠之外，还会有若干支祠。宗祠自身的形制一般也较为发达，建造质量和装饰精美程度往往是聚落中的最高水平。聚落往往还设有家塾、神庙等公共性建筑，一般位于村尾。见图 4-7-6。

四、建筑空间、形式与建造

雷州乡土聚落中的民居，一般为三合院或四合院的形式，主要功能空间包括厅堂、卧室、厨房及其他辅助性空间，皆围绕天井布置。建筑群体多呈现为围绕多个天井的组合，既有利于避热，也利于通风。院落中的正屋大体为南向，三开间，中间为厅堂，两边为卧室，正屋与东西向的横屋以走廊连接。院落单元的总体格局与广府地区的"三间两廊"式民居较为接近，在雷州地区一般称作"三间两�"。当建筑的规模扩展时，与广府民居的沿南北轴向纵向发展不同，雷州民居一般为横向展开的结构。规模较大的民居，在主天井单元的东西两侧设置较窄的天井，称"偏院"，从走廊开门相通，也有的将偏院的横屋以后罩房相连，称为"包厢"，整体布局近似于嵌套的三合院。在建筑内部，厅堂是容纳家庭公共活动的地方。厅堂前临天井，或与天井直接相通，或以格扇相分隔。后墙一般不开窗，设置二层木制阁楼，用于供奉祖先牌位，称作"家坛"。大型的住宅，一般有多个厅堂，将供奉祖先、家庭活动、接待宾客等功能分开。厅堂两侧主要作为卧室，上面一般也有阁楼，用于存放粮食或杂物。"横屋"也用于居住、仓储、厨房等功能。住宅的各功能部分之间，一般有过厅或廊道相连接。

雷州民居的单体形式通常为单层或二层的双坡屋顶建筑，屋顶形式一般为硬山顶，以应对潮湿、多雨水、多台风的气候条件。在较高密度的聚落形态下，建筑的外观形式特别是单体的体量一般并无充分展示的空间，通常只表现为面对狭窄巷道的单调立面。同时基于防御性的考量，建筑对外也很少表现为开放性的面貌。在这种情况下，建筑外部形象的形式语言主要体现在三个方面：

其一是建筑的色彩和整体的氛围，以红砖砌筑墙体为主的建筑围护结构，形成了具有高度统一性的建筑形象，体现出热烈、浓重的整体氛围。同时，在热带地区的阳光下，简洁、质朴的红砖形式，具有中国传统民居较为少见的体量感。加之碉楼的垂直体量与围墙的水平体量的对比，形成了较为丰富的群体形式。见图 4-7-7、图 4-7-8。

图 4-7-7　雷州民居的建筑形式

图 4-7-8　雷州聚落的整体氛围与
建筑群体

　　其二是建筑的山墙。造型讲究、装饰华丽的山墙，是雷州民居在建筑形式上最为典型的特征之一。山墙通常都以灰塑装饰，在美化的同时，对于强化山墙与屋顶交接部位的防水、防渗能力也有好处。较为讲究的山墙则会做成五行山墙的形式，这种形式应与受闽南、潮汕地区文化和建筑形式的影响有关。五行山墙分为金式、木式、水式、火式、土式五种形式，各具不同的风格特征。有一座民居只使用一种形式的，也有同时使用两种以上形式的。在这里，山墙已经从防御盗匪、防范火灾蔓延的功能构件，发展成一种美学和文化意义上的象征物。相对应的，山墙部分的尺度、用材和装饰，也成为民居建造中重点关注的部分。

　　其三是建筑的大门。雷州民居的大门通常采用凹斗门的形式，凹进的门斗可以避雨、遮阳，同时也避免了巷道空间过于单调，界定出门户的归属感。门头和檐下部位是雷州民居装饰的重点，一般有精美的灰塑或者木雕。

　　雷州民系广义上属于闽海民系的一个族群，其民居建筑的形式和建造技术也受到闽南地区的影响。特别是红砖的普遍使用以及五行山墙的形式，成为雷州民居与闽南民居之间交流与影响的确证。但雷州地区与广府地区在地理位置上又最为接近，其民居建筑的形式和建造技术也比较明显地受到广府地区的影响。雷州民居尽管采用红砖，但其相对简单、质朴，注重砖砌墙体体量感和整体色彩氛围的形式语言，以及对山墙面视觉形式的重视，都显示出与广府民居相一致的建造逻辑与形式逻辑。

五、结语

雷州地区的乡土聚落，一方面表现出对地域气候等自然条件的适应，同时也表现出闽南文化、广府文化以及外来文化影响的交融。这种状况在各地的乡土聚落中普遍存在。我们今天所看到的复杂而多样化的乡土聚落和传统民居形态，并非是在彼此隔绝的、世外桃源式的环境下自然产生和演化出来的，而是地域之间文化彼此作用，并与地域的自然地理、技术经济和社会文化状况互动和融合的结果。

本节采编自：
王新征 . 气候的响应与文化的交汇——雷州地区的乡土聚落 // 筑苑：乡土聚落 [M].
范霄鹏，赵文枫 . 北京：中国建材工业出版社，2017（09）.

注释：

1　出自《元和郡县图志·卷逸文卷三 岭南道·雷州》。李吉甫 . 元和郡县图志 [M]. 北京：中华书局，
1983：1087.
2　1899 年，湛江成为法国"租借地"，时名"广州湾"。
3　出自《光绪朝东华录·光绪十五年乙丑·十一月》。朱寿朋 . 光绪朝东华录（第三册）[M]. 北京：
中华书局，1958：128.

第五章

乡土聚落保护理论探索

近年来，乡土聚落的保护越来越受到关注。讨论和参与其中的人，已不再局限于遗产保护、规划设计等专业领域，而是扩散到了几乎所有的人文学科和相当数量的理工学科，扩散到了中央到地方的各级政府部门，也扩散到了颇为广泛的普通民众。2012 年 9 月，由住房城乡建设部牵头成立的传统村落专家指导委员会，可以说是一件具有标志意义的事件。传统村落专家指导委员会的主任委员，是著名文化学者冯骥才。此前的一段时间，正是由于以冯骥才为首的学者专家们在不同场合的大声疾呼和广泛宣传，保护古村落的主张才得到了高层政府的关注和认可，并由住房城乡建设部会同文化部、国家文物局、财政部共同下发了关于开展传统村落调查的通知。

在我国，乡土聚落包括传统村落和传统集镇。由于传统村落的数量要远远大于传统集镇，所以传统村落在很大程度上就代表了乡土聚落。从以往的保护文物建筑，到国家文物局将"古村落建筑群"列入文物保护单位，到评选中国历史文化名镇、名村，再到大范围地评选中国传统村落，这些变化表明对乡土聚落进行整体性的保护，已经越来越成为专家学者们的共识。

第一节　现实状况

据民政部统计，我国的行政村约有 69 万个，集镇约有 4 万个。自然村的数量，一般估计是 300 万个左右。在 20 世纪 50 年代之前，这几百万个村镇都属于传统的乡土聚落。以中国幅员之辽阔、历史之悠久，保留下百分之一的乡土聚落是不为过的。这是中华民族文化认同感的现实需要，也是我们应该有的历史责任。见图 5-1-1、图 5-1-2。

百分之一就是三四万个。考虑到此前已经形成的严重破坏和政府工作的程序性以及基层技术人员的不足，几年之内把三四万个乡土聚落列入保护范围将会是一个很难实现的目标。退而求其次，先把目标定在千分之一，也就是几千个，或

图 5-1-1　松阳传统村落
（付敌诺　摄）

图 5-1-2　黎平县黄岗村
（李青儒　摄）

许是可行的。从 2012 年至 2018 年，传统村落保护与发展专家指导委员会组织评审出第一批至第五批共 6819 处传统村落。

　　这些乡土聚落的保护，面临以下几个现实背景。

一、保护成本高

　　乡土聚落量大面广，保护修缮的成本非常高。重要的文物保护单位，属于"纪念碑式"的文化遗产，是可以由国家或地方财政负担的，因为数量不大，价值得到社会公认，是全体国民共同的文化财富。按照 1964 年的《威尼斯宪章》，文物建筑应该"一点不走样"地保护并且留传下去。对于纪念碑式的文化遗产，采用这一标准是应该的，也基本上是可行的，因为它们主要的功能是供人们参观学习。既然是参观学习，就不必考虑居住、办公这些现实问题，那就是越真实越好，外加的东西越少越好。在公众眼里，参观学习此类建筑还属于"好行为"。这样的社会心理会促使政府和社团将资金持续投入到遗产保护之中，从而形成良性循环。

很多乡土聚落和传统民居的文化价值达不到让很多人来参观学习的水平，从而无法形成像纪念碑式建筑那样的良性循环。不能靠参观学习，那就只能靠使用，继续居住、改造成餐饮场所，或者其他适合的功能。

在使用上，遗产本身也可能是有短板的。现代家庭越来越小型化，这与传统时期以复合家庭或大家族为主的状况很不一样。不少传统民居是为大家庭设计的，改成小家庭住就可能不适合。大部分乡土聚落和传统民居的基础设施是缺乏的，或者水平很低的。很多地方的民居房间还很小。民居常用木板做隔墙，隔音效果很差。南方的民居，通常保温隔热的效果都不太好；北方的民居，在冬天则常有在室内外穿行的问题。这些功能上的缺陷，如果不设法解决，就很难满足现代人的基本生活需求。

即使把上述这些问题都解决了，可能还是不能让人喜欢住在里面。一是因为文化自觉还没达到足够的高度，二是因为这样的房屋经常会让人感到拘束。要解决这个问题，还有必要允许对传统建筑进行局部的改造和提升，使其符合现代人的心理诉求。这会进一步提高保护成本，同时也增加了遗产真实性的损耗。

乡土聚落的主体是传统村落。我们以传统村落为计算对象，假设每个传统村落有 100 处传统民居，每个传统民居的修缮和改造费用是 30 万元。这应该是一个比较保守的估计，如果只是修缮，可能一个民居有十几万元就够了，但是对于大多数民居，光修缮是不够的，还得考虑居住的基本舒适性，所以要加上水电设施、墙体和屋面保温、门窗改良、结构加固等费用。光是住房一项，每个村就合计需要 3000 万元。每个村落，还需要配置道路、给排水等公共基础设施，这一项按 2000 万元计算，总计费用就到了 5000 万元。经过粗略地统计，我们可以得出结论，大约需要 3500 亿元的成本，才能把这将近七千个传统村落保留下来。

乡土聚落的保护成本总体上是要高于重要的文物保护单位的，但是就单个的文化价值而言是低于后者的，就产权主体而言又大部分属于居民私有财产，所以不适于让政府财政来承担全部的保护成本。

二、城乡二元结构的影响

我国在历史上形成的城乡二元结构，在未来相当长的一段时期内仍将存在。从 20 世纪 50 年代开始，我们就以"剪刀差"的方式，优先保障城市工业的发展，导致了城乡社会的事实差别。1978 年实行农村联产承包责任制之后，农村经济一度有较快发展，但其后随着沿海加工业的兴起，大量农村劳动力又被吸引到城市，从而不断加大城乡之间的差距。专家们普遍认为，我国的城市化率在达到 50% ～ 60% 之后，将很难再快速大幅提高。这意味着在农村生活的人口，将长期保持在 5 亿以上。这与欧洲国家的城市化普遍在 90% 以上是有很大差别的。

城市化率越高，农村人口就越少，房屋荒废的情况就越严重。我国农村长期保持有一定数量的人口，对于乡土聚落的保护是有利有弊的。有利的一面是房子只要有人住，就至少有了基本的维护，寿命可延长；弊的一面是村民有拆旧建新的冲动，这又加速了传统民居的破坏。另外，城市化率越高，就意味着城市反哺农村的力度可以更大，从而比较容易拉平城乡的收入差距。我国农村人口的基数庞大，城乡差距将在较长时期内难以消除，这导致我们在做乡土聚落保护的工作时，不得不先努力填平城乡之间的那道鸿沟。这也会增加乡村遗产的保护成本。

三、土地所有制的影响

我国农村土地实行集体所有制。《中华人民共和国宪法》第十条规定："农村和城市郊区的土地，除由法律规定属于国家所有的以外，属于集体所有；宅基地和自留地、自留山，也属于集体所有。"欧洲乡村遗产的保护，一个主要力量是市

图 5-1-3　英国草苫屋顶民居，屋主为中产阶级（覃江义　摄）

图 5-1-4　北京市延庆区的山楂小院，村民以产权入股而改造成的民宿（李青儒　摄）

民下乡购置第二居所。从 1970 年前后开始，欧洲市民逐渐兴起了乡村度假的风气，先是由在地村民为市民提供住宿，之后发展到市民下乡买房自住。因为买房的人越来越多，就成了一个行业。在我国，由于宪法的此项规定，限制了市民下乡购房，也影响了社会资金的持续投入。见图 5-1-3、图 5-1-4。

四、旅游业的影响

当下的中国正在经历一个旅游业快速发展的过程。遗产保护是一项成本相当高的事业，旅游收入通常是重要的组成部分。发展迅猛的旅游业，对乡土聚落而言是一次难得的历史机遇。但是旅游业给遗产地带来的负面甚至破坏性的影响，也是一个相当普遍的现象。在发展中国家，由于人均旅游消费不高，遗产地多半会走上大众旅游的路线。这时候因为游客数量多和旅游行为不当而产生的各类污染，都必须由遗产地来承担。乡村游的主要目的地就是乡土聚落，但我国大部分的乡村是没有做好从事旅游业准备的。不管是基础设施、吃住条件，还是服务意识、管理水平，乡村都远远比不上城市和风景区。在此背景下，旅游业对乡土聚落的冲击就显得尤为剧烈。

第二节 观念与原则

乡土聚落的保护目前面临各种各样的问题，其中最根本的一个问题是保护观念的不普及。在大多数农村，村民们仍未认同传统民居的存在价值。政府和专业人士要去保护，就会跟村民产生冲突，从而引发一系列的管理问题和机制问题。

一、缘起于欧洲的遗产观念

文化遗产应该得到保护的社会观念，源起于欧洲。在欧洲，文化遗产很早就与国家认同产生了密切关联。现代国家的意识，大概是从 18 世纪的欧洲开始的。中国自从秦始皇消灭六国、加强中央集权之后，在历史上的大部分时间都是统一的，较少有被他国消灭的危机感。[1] 相比之下，欧洲的国家相互之间竞争激烈，由此而产生了民族危机感。民族危机感推动了两方面的保护：一是国土安全，二是文化安全。本民族的文化艺术是不能被别的国家、民族同化的，因此要从国家层面来研究、挖掘、保护甚至推广自己的文化艺术，包括建筑、民俗、音乐、服饰、饮食等。

以英国为例。生活于维多利亚女王时代的英国建筑理论家拉斯金，热衷于复兴哥特风格和手工艺传统。他的主张对建筑界产生了很大影响，同时对英国民众普遍接受维多利亚风格起到了推动作用。所谓维多利亚风格，就是一种综合了之前哥特式、文艺复兴式等建筑形式并结合了当时工业化生产特点而形成的一种新建筑风格。一些工业建筑，比如伦敦著名的塔桥，也采用了维多利亚风格。移民到新大陆的英国人，把这种建筑风格也带了过去。哈佛大学的主教堂就是维多利亚盛期风格的。美国大量的郊区住宅，直到现在仍沿用维多利亚式。见图 5-2-1、图 5-2-2。

不过，即使在欧洲，成熟的文化遗产保护理念也是相当晚的时候才形成的。陈志华曾指出，"早期关于文物建筑保护的觉醒都是政治的、宗教的、情感的和审美的，文物建筑保护作为一门专业科学是从 19 世纪中叶才开始探索的，到 20 世纪中叶《威尼斯宪章》的诞生才告成熟。这情况说明，文物建筑和历史地段保护

图 5-2-1　英国伦敦塔
（范秉乾　摄）

图 5-2-2　英国伦敦塔桥
（范秉乾　摄）

是一项很高等的文化活动，它的意识化和科学化需要整个社会的文明达到很高的
水平"。[2]

　　遗产观念在欧洲真正实现大众化，也大约是 20 世纪中叶。当时欧洲正经历二
战后的高速经济发展，大规模的城市建设对众多历史街区开始构成严重威胁。遗
产领域的专业人士和协会组织通过与大众媒体联合，发起广泛而持续的宣传、辩论，
终于使文化遗产的价值观深入人心，也使得文化遗产保护所需的巨大成本实现了
全社会共担。也正是在这一时期。很多国家相继出台了多部关于文化遗产保护的
法律，使得文化遗产保护具有强制性。与此同时，文化遗产作为一门新兴的学科
也越来越成熟并受到重视。

　　法律是国民集体意志的固化，只有当大部分国民对某件事情或某种观念有了
统一认识之后，才有可能形成法律条文。在此之前，即使政府强行制订并公布了
法律，也很难得到执行。时至今日，欧洲民众在面对一栋老建筑时的基本观念，
是尽量不拆，再考虑怎么保护。当全社会只有一小部分人在主张遗产保护时，保
护成本就只好由少数人来承担，这会导致保护的范围很有限。

二、我国的遗产观念

我国在 1961 年就公布了第一批全国重点文物保护单位，并于同年颁布了《文物保护暂行条例》。1981 年，第一部《文物保护法》颁行。1982 年，启动了历史文化名城保护。在乡土聚落保护领域，我国于 2003 年就启动了历史文化名村、名镇保护，至今已有 487 处历史文化名村和 312 处历史文化名镇；文物部门通过普查，将位于乡村中的 41 万处文物点登记在册。从 2012 年开始，住房城乡建设部牵头组织评审出五批共 6819 处传统村落。

随着中国传统村落名录的公布，社会各界的关注力也在迅速提高。这尤其表现在以下几个方面：一是媒体报道的大范围跟进，从中央到地方的传统媒体和新媒体都对传统村落给予了很大的关注；二是以云南、贵州、浙江、安徽、湖南、山东等为代表的省份，在组织申报传统村落的过程中有很强的竞争意识，积极准备申报材料，努力提高本省在全国的排名；三是不少社会团体和学术机构在积极举办与村落保护、乡村振兴有关的会议；四是在浙江、贵州、安徽、福建、河南等地，村落保护与乡村振兴相结合的实践探索正在广泛进行，并且几乎每年都会出现新进展。

不过，与此形成反差的是，很多基层政府和社会民众对乡村遗产保护仍然保持着疏离甚至抵触的心态。和几十年前的欧洲一样，我国现在正经历着快速城镇化与工业化，以及与之相伴随的农村空心化。和当年的欧洲不同的是，我国很多农民过的是候鸟式生活——平时在城里打工，春节回乡过年；年轻时在城里打工，中年后返乡务农。这种候鸟式的生活，在一定程度上延缓了我国农村的衰败速度，但也给乡村遗产保护带来了困难。城里打工挣了钱的村民，将建设新楼房视为人生理想。在基本农田和一户一宅的政策背景下，他们实现梦想的前提就是先把老房子拆除。

追求现代化生活的愿望无可厚非，但是实现的方式并不只有拆旧建新。什么是现代化的生活？简而言之有三条：一是厨卫要现代化，二是要有良好的采光和隔音，三是人均面积不能太小。这几个条件和房子的新旧其实没有必然联系。

在经济比较发达的东部沿海地区，甚至在经济并不发达的中西部，农村里二三百平方米、三四层高的楼房并不鲜见。在欧洲，不管是城市还是乡村，人们更愿意把钱投入到老房子的维修和利用上。在我国，首先是投在了新房的建设上。文化遗产在不同的社会有着不同的命运，这首先是观念的问题，而不是经济的问题。

一个社会用于遗产保护的成本（包括修缮和维护），取决于它的经济水平，也取决于它的全体成员对遗产保护的认知水平。遗产保护不只是政府的责任，它同时也是公民的责任。

三、保护原则

文化遗产保护的第一条原则是真实性，而乡土聚落是"整体大于部分之和"的文化遗产。所以，真实性和整体性是乡土聚落保护的两大原则。

《威尼斯宪章》对于真实性有着明确规定，重建是受到严格限制的。从这个角度来说，传统村落的真实性和整体性有可能是存在矛盾的。在面对一个不完整的村落时，我们需要把残缺的部分补全，才能让人完整地了解它的各方面信息，然而重建那部分的真实性又难以做到完全可靠。

在面对数量可观的"不完整"乡土聚落时，该怎么办？国际上通行的真实性和完整性原则是否还适用？完全按照《威尼斯宪章》，可能会使工作陷入僵局，因为无论做什么，都会面临"是否完全可靠"的质疑。这时候，我们需要参考和遵循另外两份重要的国际文件——1994 年的《奈良真实性文件》和 1999 年的《乡土建筑宪章》。

《奈良真实性文件》是专门讨论文化遗产的真实性的文件。它重申了《威尼斯宪章》真实性原则的重要意义，同时也提出："与文化背景相关的真实性判断必须联系更大量的信息来源，包括形式和设计、材料和质地、用途和功能、传统和技艺、位置和设置、精神和感情，以及其他内外部因素。"这为修复和重建开了一道小门。在实际操作中，如果修复和重建有比较可靠的依据，而且更有利于展现历史信息，那就不必完全排斥。

《乡土建筑宪章》则强调了传统建筑工艺的重要性："与乡土性有关的传统建筑体系和工艺技术对乡土性的表现至为重要，也是修复和复原这些建筑物的关键。这些技术应该被保留、记录，并在教育和训练中传授给下一代的工匠和建造者。"可以这么理解：对于一栋不具备纪念意义的乡土建筑，它本身的重要性或许比不上建造它的技术。《乡土建筑宪章》从理论上为乡土建筑的重建做了进一步的"松绑"。如果传统上村民就是用这种技术，一代接一代地建造着他们的建筑，那就不应该把这个传统截断。见图 5-2-3 ～图 5-2-5。

当然，修复和重建还是要以真实性为前提的。重建多少，哪个地方重建，重建时如何提高舒适度，都是需要认真研究的问题。

图 5-2-3　用杠杆法抬升原有梁架，最大程度地保留了这栋哈尼民居的历史信息

图 5-2-4　正在用传统工艺修复的永泰庄寨（李君洁　摄于福建永泰县竹头寨）

图 5-2-5　修复水碾和碾坊，让该项传统工艺得以传承（李青儒摄于贵州黎平县黄岗村）

注释:

1　两宋可能是个例外，近年来关于两宋时期中华民族认同感的研究也是个热门话题。

2　陈志华. 国际文物建筑保护理念和方法论的形成 // 陈志华，文物建筑保护文集 [M]. 南昌：江西出版集团，江西教育出版社，2008：1-17.

第三节 乡土聚落的产业思维

乡土聚落的保护涉及多个行业。它不可能独立存在于社会，而是需要来自上下游行业的支撑。欧洲社会在普及遗产保护观念的过程当中，与之相关的经济、政治、文化、工程等行业和学科，也都跟进发展，从而形成一个互相支撑的产业链。

对乡土聚落而言，当地的历史地理、农业生产和社会结构都跟遗产的产生关系密切，所以历史、地理、农业、社会学和人类学是理解遗产的诞生原理与存在意义的几门重要学科。乡土聚落保护还离不开经济学思维，就是要有成本和效益上的考量。这里说的成本和效益，都是综合意义上的。成本包括资金，也包括人力投入，还包括实际操作过程中产生的遗产真实性损耗。效益也不仅是现金收入，更包括社会、文化、教育等方面影响。

当遗产保护没有上下游行业支撑时，失败的概率是比较高的。举个简单的例子，一幢濒危的文物建筑在修好之后，如果既无人居住，也无展览功能，那么两三年之后它就会再次沦为濒危建筑。如果要让人居住，那就要解决水电等基础设施，这就涉及建筑设计和建筑工程的专业。如果要做展览，就涉及布展和灯光等专业；而要让更多的观众知道并且对展览感兴趣，就少不了宣传推广的力量。

一、文化的产业逻辑

产业有初级形态和高级形态之分。初级形态的产业，只有生产和使用两端。高级形态的产业，是由生产、推广、使用和研发四个环节构成的。生产者生产出的产品，在经过推广之后再到达使用者之手；使用者购买产品的资金，有一部分进到研发环节，以便设计出质量更高或品种更多的产品。

产业是一个经济意味很强的词汇，似乎跟乡土聚落是不相干的。然而，只要依循"生产—使用"和"供给—需求"的思维，我们就会发现很多文化现象其实也符合产业逻辑。比如宗教信仰，它的"产品"是精神慰藉，生产者是教宗、主教、教士等宗教人士，使用者是信徒。一个宗教之所以能产生而且发展，正是因为它的"产品"符合了民众的精神需求，而且又通过传教等"推广活动"扩大其受众面。值得注意的是，信徒们对于宗教所提供的"产品"，表面上是无关经济利益的，但实际上却可能有强大的经济流。欧洲各大城市里矗立起的一座座高耸入云的大教堂，如果没有供养人和信徒们的无私奉献，根本不可能建造起来。而这些在建筑形制上臻于完善的大教堂，以及与之相配套的教堂音乐、教堂绘画、教堂雕刻等一整套教堂艺术，又恰恰是宗教人士与艺术家们长期"研发"的成果，它们反过头来又加强了宗教在民众心目中的地位。在这个循环过程中，文化和经济互为推动，共同提高。

在商品经济不发达的地方，宗教信仰可以不依赖经济活动而存在，但它依然符合"生产—使用"的产业化逻辑。在云南省红河州元阳县的哈尼族寨子里，有一种信仰叫"寨神林崇拜"。每年春耕之前，村民们会在寨神林里举办隆重的"昂玛突"。昂玛突持续 3 ～ 5 天，其间有繁琐的仪式。这个现象在外人看来是不好理解的，但是当我们把它和哈尼族的生活环境放在一起时，答案就显而易见了。哈尼族生活在红河南岸的哀牢山中，依靠着十分有限的工具，将森林一点点开垦成梯田。梯田的开垦耕作相当艰苦，山区的生存环境也比较恶劣。面对这些困难，无组织的个体无法应付，需要将个体联合起来形成凝聚力，并且以互相激励、互相模仿的方式提高个体耐受力，才能克服。昂玛突的出现和存在，从多个方面迎合了这一目的：它让人们在开始新一轮艰苦劳作之前有短暂的放松；它让所有寨子、所有家庭和所有个体在同一时间过统一的节日，实现了地缘认同和民族认同；祭祀仪式中对村寨首领的高度尊重和每家平均分食猪肉的行为，确保了集体内部的团结。可以这么说，是哈尼族人自己"生产"出了寨神林崇拜，以实现他们将个体凝成集体的"需求"。

产业化的逻辑，也可以用来解释乡土聚落的保护事业。保护遗产也是为了完善我们的科学体系，让我们每一代人的素质都得到提升，人类的福祉也不断提高。遗产的直接效益可能不是那么显现，但是长期来看是有效益的。这个事业对我们民族有意义，对全人类也有价值。

乡土聚落保护的性质和博物馆、大学教育是类似的，都属于"缓冲池"里的产业，不应该直接面对市场。直接面对市场的产业，评价标准是容易掌握的，只要看经济效益就行。不直接面对市场的产业，该如何评估效益？有一些统计方法可以使用或参考，比如博物馆或遗产地的年客流量、大学的报考人数等。不过，任何数据都有片面性，要想评价一个非市场化产业的效益，除了多增加几个维度的指标做参考之外，最可靠的办法还是看社会口碑，最根本的途径则是培养起有行业自律的专业学术团体。由于社会口碑和专业团体的形成通常需要一个较长的过程，所以我们对于发展博物馆、大学、遗产保护这些文化事业要有足够的耐心，要做好长期培育的准备。

不过，不直接面对市场绝不意味着可以忽视市场，尤其是不能忽视使用者。谁是文化事业的使用者？答案是社会民众。我们需要有人去思考：乡村遗产，如何才能让作为使用者的社会民众接受？如何才能"使公众真正意识到遗产就在自己身边，与自己息息相关"？[1]

二、乡土聚落与乡村旅游

从宏观的市场需求和社会心理来判断，我国的乡村旅游业是已经起步而且潜力巨大的。"乡村旅游作为旅游业的一个新领域显示出'生命'初始的无限生机。由于客源市场与供给市场的双向需求，无论哪种区位类型都呈现出欣欣向荣的景象。旅游经济的附加改变了农村单一经济的结构，起到了兴一处旅游富一方百姓的目的。"[2]城市越发达，乡村环境的差异性和互补性就越明显，这是社会发展的一般规律，也是很多发达国家的乡村旅游开展起来的原因。见图 5-3-1、图 5-3-2。

乡村旅游中，乡村遗产旅游无疑又是龙头。尽管近年来旅游业的开展给一些传统村落的真实性造成了损伤，但也有学者认为，"旅游带来的影响只是给传统村落换了一套衣裳，身体本身没有变，而一些地方的撤村并镇和新农村运动，直接从肉体上消灭了传统村庄。"[3]面对乡村旅游，我们要做的不是将其取消，而是要吸取这些年的正面经验和反面教训，思考如何改进。

从使用者的角度来看乡土聚落，我们会发现，作为产品它们基本上还属于"半成品"。对村民也就是村落保护的所有者兼使用者而言，传统民居大部分都已年久失修，材料老化，很多还有安全问题。现代社会经过上百年的发展之后，一些设施如上下水管、洁净厨卫等已经成为基本生活必需，而这些在乡土聚落里还很不完善。

如果是在开展旅游业的乡土聚落，从使用者即参观游客的角度来说，这些乡村确实具备了作为产品的一些要素，比如数量不少的传统建筑和风景优美的田园景观，而且也的确有一些乡村依靠着这些优势成为了旅游热门景点，不过显然大部分乡村仅靠这些是不够的，因为它们通常有以下缺陷：第一，传统风貌不完整——总有一些对整体风貌造成破坏的新建筑；第二，餐饮住宿不舒适——长期的城乡二元结构，导致城乡之间的差距越来越大，习惯了城市生活的人对乡村目前的吃住条件经常是难以接受的；第三，消费单一——缺少让人觉得物有所值的产品和服务，更别说能给人以惊喜的体验。

从纯粹遗产保护的角度来看，研究和阐释工作也还很不完善。为数众多的传

图 5-3-1 袁家村（图片由袁家村提供）

图 5-3-2 山西省吕梁市李家山村（李青儒 摄）

统村落，只有很少一部分有学者去做过调查或记录，进行过人类学研究或建筑测绘等深度专业工作的村落案例就更少。"每个古村落都是一部厚重的书。但没有等我们去认真翻阅，它们就很快消遁于无。"[4]没有调查和研究，就挖掘不出村落的文化价值，更无从谈起让参观者学习、了解和喜欢上乡村文化遗产。

面对广阔的乡村旅游市场需求，目前我们能提供的成熟产品是很少的。乡村旅游绝不只是简单地吃两顿饭，而是可以往更深、更广的方向发展。按照旅游业的重要理论"旅客凝视"的观点——"旅游这种实践活动涉及'离开'（departure）这个概念，即有限度地与常规和日常活动分开，并允许自己的感觉沉浸在与日常和世俗生活极为不同的刺激中"，即便是按国家旅游局提出的"吃住行游购娱"，也只有做得有文化体验时，才经得起市场考验。这里头需要有文化创意产业的介入，需要对村民进行培训。饮食的改进，要往无公害和有机的方向发展。特色手工艺也大可挖掘，很多农具和农产品在现代生活里已经很少用到了，它们应该展览在乡村博物馆里，供人学习；同时也可以适当改造，在保留传统特色的基础上成为纪念品和工艺品。

旅游还有更为本质的作用，那就是学习和体验。市民之所以要去乡村旅游，不否认有放松精神的目的。但是，作为"维系着中华文化的根，寄托着中华各族儿女的乡愁"[5]的传统村落，它们的文化意义是最不应被我们忽视的内容。

乡土聚落的成熟产品少，表面上看是钱的原因——把"半成品"变成"成品"需要一笔不小的投入，实际上则是价值观在起作用——大多数地方政府和村民都乐于拆旧建新，而不是把钱投入到修缮和改造旧建筑上。我们需要让村民和全社会理解乡村遗产是有价值的观念，需要让上下游产业的专业人员授受真实性、最小干预、可识别性等遗产保护的基本原则。"传统村落的保护不能只停留在政府与专家的层面上，更应该是村民自觉的行动。"[6]见图 5-3-3。

三、乡村遗产与建筑设计

遗产保护，尤其是乡土聚落的保护，跟建筑设计的关系非常密切。要理解这个问题，我们首先要知道，遗产诞生于传统社会，但是遗产又要存在于现代社会，而传统社会和现代社会在思想观念和生活方式上都是有巨大差别的。用 19 世纪英国法学家梅因的一句话来概括：从传统到现代，就是要人去实现"从身份到契约"的转变。在传统社会，个人总是从属于某个或某几个组织，终生听命于组织安排。而在现代社会，个人与所有组织之间都是平等的契约关系，在此基础上个人可以

图 5-3-3　福建屏南县龙潭里村，经过修复和整治后的历史建筑与遗产环境，成为理想的生活场景

最大程度地去追求自由，实现自我价值。遗产的空间物理属性，是由传统社会的生活方式决定的，所以在很多时候并不符合现代人追求自由的精神气质。对意义重大的"纪念碑式建筑"，因为它们携带的历史信息既丰富又重要，所以我们要尽最大努力去保持其真实性。而对意义相对来说没那么重大的日常遗产，"一点儿都不走样"的目标就很难达到。

乡村遗产的改造设计，是一个充满挑战同时又充满机会的工作。我们要充分地评估遗产本体各部分的价值、文化重要性和结构安全性，并结合将要实现的功能，选择真实性损失最小而空间效益最大的方案。这里说的空间效益最大，既包括室内布局和家具摆放所形成的空间流动性与多样性，也包括室内空间与室外环境之间的互动。如何把握真实性损失与空间效益之间的关系，很难给出一个清晰且放之四海皆准的规则，需要根据不同项目的具体情况来制定不同的方案。

从目前经验看，有两个大致的原则是要遵守的。

一是要区分纪念性空间和日常性空间。乡土聚落里也会有纪念性空间，尤其是在我国。在传统时代，纪念性空间经常用于举办各种仪式，比如祠堂、庙宇和大型民居的厅堂。纪念性空间带有很强的传统文化气氛，不可改变。而日常性空间，则主要满足各种日常生活功能。既然人们的生活已经发生改变，这部分空间也就有必要做出相应调整。有的民居，即使不用于举办仪式，也有其他重要的价值，比如有很多精雕细刻的装饰，或者是名人故居，或者在这里曾经发生过重要的历史事件，那就要按纪念性空间来处理，因为此类民居的文化价值已经等同于纪念性空间。

二是主体结构和外观材料的改变程度要尽量小。如果采光严重不足，增加窗户或扩大部分窗户是有必要的，但是要尽量选择在不靠近主街巷的立面进行改进。不得不走电线和外挂空调时，也同样需要小心处理。室内空间太矮不好用，一般而言略微增加高度是可以的，但是增加层数就不合适了。石灰墙面、一般的门窗和一般的梁柱，因为属于非永久材料，是可以用相同材料更换的，但不宜刻意做旧。

有时候，为了节省成本、提高安全性和加大采光效果或观景效果，还有必要引入金属、玻璃等现代建筑材料。这种新旧并置的策略，最初或许是为节约成本或满足安全需要而采取的无奈之举，但是经过设计师的反复试验之后，可能会显现出一种令人印象深刻的新美学，从而增加乡村遗产对普通民众的吸引力。

在目前的中国，新旧并置的美学或许还具有一个特殊的作用。由于历史的原因，我们的很多传统建筑已经与民众的生活相脱离。比如在"破四旧"中，神像被打掉，和尚道士被迫还俗，祭祀神灵的仪式也被视为落后的迷信活动而被禁止，从而导致大量神庙荒废。最近几十年，村民们放弃传统民居，除了功能问题之外，还因

图 5-3-4　贵州台江县红阳村，传
统建筑改造成茶室（李青儒　摄）

图 5-3-5　贵州黎平县黄岗村一户
民居的室内改造（李青儒　摄）

为他们在进城打工看到高楼林立的城市景象之后，就认定了水泥混凝土的楼房才
是"更体面"的生活象征。在此背景下，直接让村民继续使用传统建筑是有难度的。
新美学所带来的影响，借助互联网的放大效应，营造出社会舆论，从而可能改变
村民们的现有观念。见图 5-3-4、图 5-3-5。

注释：

1　郭旃.全民参与——公众化的遗产保护趋势 [J].世界遗产，2013（8）.

2　王兵.从中外乡村旅游的现状对比看我国乡村旅游的未来 [J].旅游学刊，1999（3）.

3　吴必虎.乡村旅游发展的新机遇 [N].中国旅游报，2014-2-12：011.

4　冯骥才.为紧急保护古村落再进一言 [N].中国艺术报，2012-4-13：T01.

5　住房城乡建设部，文化部，国家文物局，财政部《关于切实加强中国传统村落保护的指导意见》
（建村［2014］61号）。

6　冯骥才.传统村落的困境与出路 [J].民间文化论坛，2013（1）.

第四节　乡土聚落与乡村振兴

党的十九大报告提出了乡村振兴战略。该战略提出的时代背景，是我国经过四十年的高速发展，整体上已经迈入了中等收入国家，但是也造成了城乡差距拉大的局面。农村人均收入明显低于城市人均收入，尤其是拿西部农村的人均收入与东部发达城市相比时，差距就更加显著。

十九大报告中指出："我国人民日益增长的美好生活需要和不平衡不充分的发展之间的矛盾在乡村最为突出，我国仍处于并将长期处于社会主义初级阶段的特征很大程度上表现在乡村。全面建成小康社会和全面建设社会主义现代化强国，最艰巨最繁重的任务在农村，最广泛最深厚的基础在农村，最大的潜力和后劲也在农村。实施乡村振兴战略，是解决新时代我国社会主要矛盾、实现'两个一百年'奋斗目标和中华民族伟大复兴中国梦的必然要求，具有重大现实意义和深远历史意义。"

现实中的乡村面临很多问题，归结起来最主要的有两条，一是需求失效，二是组织失效。需求失效是因为乡村人口在减少，越来越多的村庄变得空心化。组织失效是即使村庄有留下的人，也因为集体力量的缺失而变得原子化。原子化的家庭在遇到较大困难，或者想实现较大目标时，都会力不从心。需求失效和组织失效这两个问题叠加在一起，促使村庄进一步走向衰败。尽管这些年城市化的速度会放缓，农村人口往城市迁移的速度会有所下降，但是要想实现乡村振兴，需求失效和组织失效依然是两个无法绕开的问题。

解决需求失效和组织失效，所需要的能力也不一样。面对组织失效，需要的是社区营造和组织动员的能力。李昌平的"内置金融"和孙君的"还权于村两委"，都是相当有效的方法，河南信阳的郝堂村是他们两位合作的典型案例。如何发动村干部，如何设计和运转内置金融系统，这又是需要相当长时间经验积累的。对于规划设计的专业工作者，意味着先要对自己做出调整和改变，要主动去思考本专业之外的事情。

相比之下，应对需求失效的问题对规划设计人员来说，就显得好操作一些，尤其是当工作对象是保留有较多乡村遗产的乡土聚落时。规划师可以在功能分区、交通流线和基础设计等环节上发挥作用，建筑师可以对乡村局部或建筑单体做专业化的改造设计，景观设计师也可以从河道、巷路、小广场、绿植等地方着手，这些都可以起到改善乡村生活或提升乡村风貌，从而让乡村吸引力得到提高的效果。

但是，提高乡村的吸引力是不是就能解决需求失效的问题呢？也不一定。应该说前者是后者的必要条件，而非充分条件。从笔者本人的工作经验和对同行们的观察思考，目前所有能解决需求失效的乡村，要实现以下三个条件中的至少一个：

（1）成为某个乡村行业的领先者；

（2）占据某个文化高地；

（3）创造一种新的生活方式。

下面我们用举例的方式，分别加以说明。

一、行业领先者

行业领先的典型案例，是陕西礼泉县的袁家村（图 5-4-1）。袁家村通过这几年的发展，已经在消费者心中牢牢占据了"关中小吃第一"的地位。袁家村原本是一个搞乡镇企业的村子，历史风貌也所剩无几。她之所以能成为"关中小吃"的代言地，有六个因素起到了重要作用。

第一，小吃与历史环境结合。村委会出资兴建了仿古的小作坊、小店铺，建筑和街道刻意遵循了传统的风貌和小尺度。后来还从其他拆迁的村子购买了不少真正的关中民居，搬到袁家村里来，扩大了营业面积，也进一步提升了历史感。

第二，每家店都不重样。袁家村有一百多种小吃，每种小吃只用一个店面。店面大小，可以根据市场定，但是数量只有一家。这保证了袁家村在小吃品种上的多样性，也避免了商家在价格上做恶性竞争。

第三，对垃圾实行零容忍。村委会对经营环境有很多的管理措施，其中包括派人每两个小时巡视一次所有店铺和街道。只要发现一点垃圾，不管是谁扔的，

图 5-4-1 袁家村（李青儒 摄）

就对店主进行重罚（比如一根烟头罚两百元）。这保证了袁家村的就餐环境始终是洁净的。洁净是小吃行业的一大痛点，全国有上千条小吃街，能做到这一点的极少。

第四，竞争上岗。每一种小吃，都让几家农户来申请，村委会组织评审，择最优者录取。这一步，保证了袁家村的所有小吃至少在本村及附近范围内，是做得最好的。

第五，末位淘汰。村委会每隔一段时间，将所有小吃店的营业额进行排名。排名最后的，重新组织竞争上岗。如果连续换了几家店主，这种小吃还是排名最后，那就把这种小吃淘汰。这一步，保证了袁家村小吃的整体水平在持续不断地提高。

做到以上几步，袁家村就已经全国领先了。这几步动作实行起来都是有很大困难的，要求村委会有超强的掌控能力和绝对的群众威信。这同时也说明，袁家村在解决"组织失效"的问题上是卓有成效的。

袁家村的可贵，还在于她做到了第六步，那就是交叉持股。一百多种小吃，营业额肯定是有差别的，而且越往后发展差别会越大。比如酸奶店，成为袁家村的网红项目，多的时候每天能卖几万瓶。这么大的销售量，原来的小店面就不够用了，需要扩大面积。于是村委会规划建设了另一条小吃街，把营业额做大了的小吃种类迁到这条街上。对这些新建的店面，村委会立了一条规定：店主只能投资 20%，其余 80% 要分配给其他的店主和村民。

这个规定一出，遭到了相当多的反对，但是村委会坚持实行。最早执行这个规定的酸奶店，在第一年的年底就实现了每股 0.9 元的分红（一股一元），第二年又实现了每股 1.5 元的分红。面对这个结果，股东们也就是村民们都接受了。而酸奶店的店主，虽然没能实现利润独享，但是他在初期投资时以融资的方式，完成了面积比较大的建设，实际上是把事业给做大了。

对村委会来说，交叉持股这一步更是具有强大的"政治意义"。乡村旅游做起来难，起来之后防止贫富分化所引发的内部矛盾就更难。交叉持股解决了这个大问题，它一方面让所有小吃店都安心做好自己的小吃，这就保证了袁家村小吃的多样性得以延续和巩固，另一方面使得村民们的收入水平，相对而言被拉平了，这就避免了过度的贫富分化，实现了全村的共同富裕。

二、文化高地

文化高地的典型案例，是浙江的松阳县。松阳在多年前就提出了"千年古县、田园松阳"的旅游宣传口号。这个口号是有针对性的。在当时，松阳是省级贫困县之一，工业发展跟省内其他地方比是相当的落后。不过，正因为工业薄弱，所以才保留了比较多的田园风光。在工业普遍比较发达的浙江省，田园风光反而成为一个差异化的优势。

田园风光不只表现在田园风景上，还体现在数量多而且保留完整的古村落上。从 2012 年开始，松阳县政府就意识到本县的古村是一笔可贵的文化资源。县里也有一批文化人，从 2007 年前后就开始对这些古村落进行持续的调查、研究和摄影。这批文化人里，就包括作家鲁晓敏。作为特约撰稿人，鲁晓敏于 2013 年 4 月和摄影师叶高兴等合作，在《中国国家地理》上发表了长文《瓯江上游：最后的江南秘境》，全面介绍了松阳县内的古村落。松阳古村，从此开始形成超出本县、本地区乃至本省的影响力。"最后的江南秘境"，也成为松阳县的第二张文化名片。

2013 年和 2014 年，松阳分别有 8 个和 42 个村落入选住房城乡建设部组织评审的中国传统村落名录，数量一下跃居全国第四、华东第一。从 2014 年开始，古村保护也开始成为松阳全县上下达成共识的一个文化战略。

笔者和工作团队，于 2014 年承担了松阳县委托的一个研究课题，对县域内的传统村落进行全面调研和制订总体规划。在走访了几十个传统村落之后，我们逐渐有了新的认识。数量多，确实是松阳传统村落的一大优点，但这还不足以完全体现它们的价值。松阳的传统村落从大类上分，有山区、平地和客家这三类。山区的村子，因为所处的山形地势与林木溪流不一样，又呈现出变化多端的面貌。平地的村子，因为紧邻或靠近松荫溪，交通便利，历史上经商者多，于是高质量的地主大宅和祠堂寺庙也多。而客家村落，则延续了客家人聚族而居的传统，多大型组合式院落。所以，类型多也是松阳传统村落的一大特点。类型多，就代表了文化上的丰富性。见图 5-4-2。

我们后来又发现，松阳的县城也就是西屏镇，也保留了相当多历史建筑，包括文庙、武庙、城隍庙等古代县城的"标配性"公共建筑。如果把松阳县的传统村落和县城组合起来，有可能成为一种具有独特价值的文化遗产。这个独特的文化遗产，直指秦始皇建立的郡县制。郡县制作为一种政治体制，对中国非常重要，它是中国之所以能成为一个统一的超大型国家的重要原因。

我们把国内保留比较多传统村落的县，都和松阳进行了一番比较。这些县包括安徽黟县、河北蔚县、云南建水县、贵州黎平县和山西平遥县等。得出的结论是，在完整体现郡县制的各种要素集合上，松阳排第一。基于这个论证，我们给出了松阳县的第三张文化名片："古典中国的县域标本。"

松阳县最近几年的举措，包括村落保护和县城文化遗产的保护，甚至在县域经济发展战略上所采取的策略，可以说都是围绕这三张文化名片而展开的。这三张名片可以用一个统一的思维来概括，那就是占领文化高地。

松阳县这几年所开展的项目，大概可以分为两大类。一个大类是保护，包括申报传统村落、为所有传统村落制订保护发展规划、制订传统民居修缮改造的补贴政策等，其中又以"拯救老屋行动"为代表。"拯救老屋行动"是中国文物保护基金会于2016年启动的试验项目，松阳是头一批的唯一试点县。松阳县头几年在古村保护方面的积极态度和努力尝试，是她赢得这个项目的基础。松阳县政府为此还专门成立了"老屋办"，用来对接基金会和省里的专业规划部门。

另一个大类是建设，以徐甜甜、王维仁等建筑师的作品为代表。从2014年到本文写作的2019年，徐甜甜在松阳已经设计并建成了十几个项目，规模有大有小，基本上都是文化类的，以博物馆为主，也有茶室、驿站和廊桥等。"这些项目对所在村社的活化和复兴均起到积极效用，体现了建筑师融入县乡治理体系中所起的角色作用，尤其是体现了当建筑师将自己的工作溢出传统的'设计范式'，并主动纳入社会体系之中的时候，建筑学在乡村中比'介入'更有力量地融入和镶嵌。"[1]

从短期甚至中长期看，这些保护和建设类的项目大都是不容易实现盈利的，但是它们起到了很好的平衡商业的作用。更重要的，是它们从不同的角度支撑起了松阳县的文化定位——不管是"千年古县、田园松阳"，还是"最后的江南秘境"，抑或是"古典中国的县域标本"。在公众的心目中，在媒体的视野中，在文化界的观察中，还有在省部级各个相关机构的评审中，松阳都成功地树立起一个中国文化担当者的形象。随着这个形象的树立，松阳县在村落保护的工作中也有了更强的信心和底气。2019年5月，松阳还受邀参加了在肯尼亚首都内罗毕举行的首届联合国人居大会，并在会上分享了创新经验。

三、创造新生活

创造新生活的典型案例，是四川蒲江县的明月村。明月村最初的定位是做一个"国际陶艺村"。这个定位的缘起，是2012年有一位文化投资人在明月村修复了一口古窑，并打算以此为基础开展文化创意项目。见图5-4-3。明月村在"国际陶艺村"的方向上确实有所推进，比如四川省工艺美术大师李清就入驻了明月村，并且创立"蜀山窑"品牌。不过，后来随着其他文化人的进驻，明月村开始向更综合，也更接地气的文艺方向转化。这些文化人包括作家宁远[2]、策划师陈奇、建筑师赵晓钧、音乐人刘梓庆、摄影师李耀等。其中，陈奇在2014—2018年期间起到了非常重要的作用。

陈奇和她领导的明月村乡村研究社，在进村之后并不急于开展经营性的业务，

图 5-4-2 松阳县西坑村
（施子飞 摄）

图 5-4-3 明月村的老瓷窑

而是策划和举办了很多项活动。这些活动包括以下几个系列：一是明月讲堂，请乡村建设领域的专家来讲课，平均每个月办一期；二是明月夜校，是专门为村民开设的课堂，请就近的农业实践者来介绍技术经验，频率是每个月 1—2 次；三是中秋晚会，这是一年一度的大活动，全村 2000 多人参加，还加上不少外地人；四是以春笋为主题的活动，这是 2017 年开始的一个大型公益活动，最初是用互联网来推销明月村七千亩雷竹林的竹笋，后来延伸出"春笋艺术月"；五是其他活动，比如每周一次的儿童合唱、舞蹈排练和不定期举行的小型音乐会等。这些活动总结起来，是围绕着两个目的：安顿好驻村的新村民和照顾好明月村的老村民。

蒲江县政府给明月村的支持也是巨大的。8 公里长的柏油公路、便利可靠的水电网络、优美安静的茶园和农田景观等，都是在政府投入足够资金和人力的前提下才得以实现。媒体上关于这些工程建设方面的报道并不多见，说明政府在这里很恰当地扮演了后台的角色，把前台表演的机会都给了艺术家和村民。

似乎就是依靠这"一年一百场"的文艺活动，明月村探索并且创造出了一种属于她自己才有的新生活。明月村很少做旅游方面的宣传，但是慕名而来的游客却越来越多。明月村给我们最大的启发，是创造新生活比直接做商业，有可能更容易获得成功。

四、结语

乡村振兴，容易让人想到乡村应该有产业支撑。十九大报告里提出的五条总要求中，第一条也确实是"产业兴旺"。笔者认为，对乡村的产业我们应该有更广阔的理解，它可以是某个已经存在的产业，比如传统农业、旅游业，也可以是探索之中的某种业态、某种文化创意产业和某个新的生活方式。怀抱这样的广阔思维，我们才可能为乡村振兴寻找到更多的可能性。

注释：

1 王冬.乡村的融入与品性的淡然：徐甜甜的松阳实践评述 [J].时代建筑，2018（4）.
2 作家宁远在明月村创立了以"远远的阳光房"命名的草木染工房。

第五节 以会议事件为导向的村落保护与乡村振兴

党的十九大报告中提出："实施乡村振兴战略，要坚持农业农村优先发展，按照产业兴旺、生态宜居、乡风文明、治理有效、生活富裕的总要求，建立健全城乡融合发展体制和政策体系，加快推进农业农村现代化。"

在十九大的二十字总要求中，只有"生态宜居"这一条，是跟规划设计专业直接相关的。作为规划设计专业人员，如何才能有效响应中央提出的乡村振兴号召？笔者认为，面对这一"困境"，首先要抓住广大乡村面临的一个核心问题，即空心化导致的"需求失效"，才有利于打破僵局。

面对乡村的"需求失效"，规划设计人员可以做以下五件事：

第一，通过乡村文化资源的价值挖掘和深度研究，探索她在现代中国社会中所可能占据的文化高度，以及可能与之形成对接的现代生活方式和产业品类，并以此确定该地乡村振兴的主题。本文认为，只有在文化上够高度或产业上够强大的主题，才可能应对乡村的空心化趋势。从这个角度看，乡土聚落相比于其他乡村是有着天然优势的。

第二，围绕上述文化或产业主题，进行有针对性的乡村规划和设计。

第三，和地方政府以及合作机构一起，开展持续的文化挖掘和宣传推广。

第四，制订村民培训计划，鼓励和支持新老村民在村内进行尝试性的商业化或非商业化运营。

第五，策划事件。事件（Event），是容易被以往规划专业者忽视的一个环节。它是有效获取社会关注的一个途径，而社会关注又是应对乡村"需求失效"的一支力量。

笔者及其工作团队，在过去的几年尝试以"村里开大会"作为事件，来整合资源，推动乡村规划设计项目的落地实施，同时推动乡村的文化品牌建设和宣传推广，以此实现村落文化保护和乡村振兴。[1]"村里开大会"的大会，正式名称是乡村复兴论坛，开始于 2016 年 4 月，迄今已在全国不同地方举办了八次。本文是对这八次会议事件的总结与思考。见图 5-5-1。

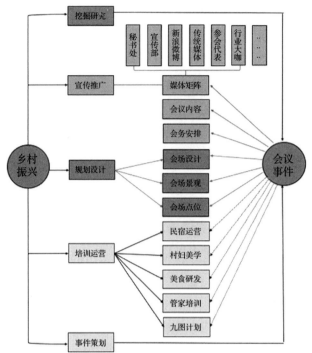

图 5-5-1　以会议事件为导向的
乡村振兴之路（付敌诺　绘制）

一、会议事件回顾

乡村复兴论坛的八次会议分别是在河南新县（西河村）、贵州桐梓（中关村）、贵州台江（交宫村和红阳村）、山东日照（山海天景区）、广东梅县（侨乡村、松口镇）、陕西汉中（留坝县）、福建永泰（竹头寨、月洲村）和广东大埔（百侯镇、西河镇）。每次会议的正式会期进行两天，参会人数 350 ～ 500 人。整体来说，会议的成效可概括为以下几点：

（1）促进行业交流。乡村复兴论坛邀请演讲的嘉宾都是乡村振兴领域的各个行业有所建树的专业人士。借论坛这样一个机会，不同行业间可以彼此沟通了解，拓宽想法。

（2）培训当地乡镇干部。乡村复兴论坛的一半名额是分配给当地的，为的是将乡村振兴领域内最前沿的知识和经验，传递给当地村镇干部。

（3）提升乡村人居环境。通过针对会议会场、路线的规划设计及落地实施，村落景观环境和相关服务设施可得到有效提升，由此提高村民生活质量。

（4）引发社会关注。通过会议期间的宣传和会议举办，会议的举办地会受到来自社会各界，包括乡村建设专业人士、政府官员、资本投入等相关方的广泛关注，有效提升知名度。

（5）鼓励村民参与。在规划设计阶段，村民参与落地实施可帮助恢复和提升他们对乡村的归属感。会议还可能带来后续的培训运营，这有助于在村内形成有效的管理运营模式，使村民切实参与到乡村的后续发展和治理。

（6）吸引社会资本。通过举办会议，村落的知名度和基础设施得到有效提升，以此吸引社会资本，为村民提供新的就业、创业机会。笔者提倡的观点，是在村落保护和乡村振兴事业中应主要吸引中小型资本。相较于大型资本不允许失败的强大压力和不得不追求利益回报的商业诉求，中小型资本更加具有多样性和创造性，更容易赋予地块活力。[2]

二、会议内容与会务

高品质、具有时效性的会议内容和专业的会务是评估会议成效的重要指标。乡村复兴论坛除了作为一个会议事件给村落带来活力外，会议内容可以起到培训乡镇领导，助推乡村发展的效果。

乡村复兴论坛的受众主要是在乡村振兴领域开展工作的相关人士、地方干部和潜在投资者，会议内容是围绕这些参会者的实际需求而展开的。其论坛包含不同板块，便于参会者重点选取与自己领域相契合的内容，有针对性地参与学习。为了保证会议质量和参会者有所收获，论坛对演讲嘉宾的选择是看他（她）近期在乡村建设事业中，是否做出了让与会者感到有启发性的案例，其次才是名声和地位。

一个成熟的会议，背后一定有一支专业的会务团队。针对会议各个环节，会务团队进行持续的优化和创新，以此不断提升会议的体验感。这些环节主要包含两个方面。一是维持论坛风格的统一性和独特性。乡村复兴论坛每次都在不同地方举行，需要会务团队保证论坛在对外形象上的统一性，并且始终保持自己的特色。二是要深入了解会议举办地的文化资源与场地条件，对可能出现的各种问题做出预判，并且做好应对的方案，以保持会议全程的顺畅。

三、挖掘研究

挖掘研究主要是指在进行会议举办地的前期考察时，要对当地资源和特质进行深入学习和挖掘，提炼出当地特色，以便在会议举办时加以利用，借此强化地方文化品牌。这主要包括三个方面：当地已有文化资源的推广，地方文化产品的研发和借会议事件创造地方文化品牌。

（1）当地已有文化资源的推广。有些会议举办地可能已经具备了一些优质的文化资源，需要借会议进行推广。举例来说，"张良"在论坛举办前就已经是陕西汉中留坝县的文化 IP。留坝有一座张良庙，庙宇内有一座"英雄神仙"碑，是 1919 年由地方军阀管金聚书写的。 这四个字确实是对张良一生最简要的概括——他在成为英雄之后，又能够实现成为神仙的人生转化，很值得后代文人学习。顺着这个思路，组委会重新设计了会议用的胸牌——用"英雄"来代替"演讲嘉宾"，用"神仙"来代替"参会代表"。同样是这个思路，留坝会议期间的一个晚上，组委会在张良庙里举行了两个小型的专题夜话，一个就叫英雄会（图 5-5-2），另一个就叫神仙会。

（2）地方文化产品的研发。这方面可做的尝试是非常多的。论坛通过和台湾美食家王翎芳老师的合作，在梅县和留坝的两次会议上都进行了当地食材的挖掘和研发（图 5-5-3）。王翎芳老师还对当地厨师和村妇进行了培训，由后者来制作美食。这些地方产品可以作为特产进行售卖，也成为自带流量的纪念品。

（3）借会议事件创造文化品牌。论坛在宣传推广上的放大效应，成为创造地方文化品牌的契机。福建省永泰县借会议的举办，强化了"永泰庄寨"作为一种新的传统民居建筑类型在专家和公众认识中的地位。永泰县文化部门在举办会议的前期，对本县文化资源进行了深入挖掘。他们发现历史上一位颇有名气的御医——力钧，是出生在永泰县，于是借会议举办的机会，研发了以"力钧宴"命名的一套药膳美食。

四、规划设计

与会议事件相结合的规划设计，与通常的规划设计工作模式有所不同。这样

图 5-5-2　张良庙"英雄会"（孙娜　摄）

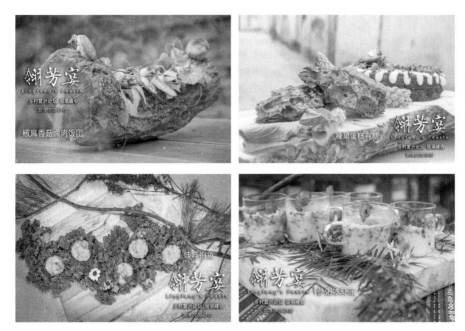

图 5-5-3　留坝峰会翎芳宴海报（徐尧鹏　摄）

的规划设计有以下特点：第一，有明确的时间完成节点；第二，有围绕会议事件的特定设计项目；第三，设计项目有针对性和话题性。

规划设计通常包括会场设计、会场景观、乡村景观、景观节点、景观照明、亮点工程等内容。

1. 会场设计

会场设计主要包括三种情况，即临时搭场、改造会场空间和运用现有建筑。临时搭场，适合于拥有良好自然景观的场地。在此类场地，参会者可以感受当地景观，提升景观感染力。留坝的会议，第一天在花海中进行（图 5-5-4）；日照的两天会议是在海边沙滩上；台江的会议，两天分别安排在风貌不同的苗族村寨。搭棚的组件在会后收好保存，在以后的会议中可重复使用。

改造会场空间，主要是对村内既有较大型建筑进行修复和改造。这样的会议空间，可以提供良好的空间体验。会议结束后，这些建筑可以用作村民中心、游客服务中心或乡村博物馆等功能。截至目前，乡村复兴论坛使用过的改造会场包括河南新县西河村用粮库改造的村民中心、贵州桐梓县中关村用烤烟大棚改造的村民会议厅、陕西留坝县火烧店镇用老供销社改造的游客服务中心、福建永泰县竹头寨用一个大型庄寨建筑改造的文化研究中心，以及广东大埔县百侯镇影剧院。

竹头寨上寨的卧云庄，是一座防御与居住并重的大型传统民居，具有鲜明的地域特色。2017 年 11 月，乡村复兴论坛组委会和福建省永泰县村保办经过协商，将竹头寨卧云庄确定为永泰庄寨峰会的首日会址。保存相对完好的主座，进行了修复；根据现场遗留的台基，复建了厢房和倒座房；中间的天井，则在会议期间加上临时的玻璃顶，成为容纳 500 人的会议空间。见图 5-5-5。

2. 会场景观

会场景观指的是会场附近的景观，其规划和设计主要围绕参会者的进入线路和开会场地而进行。彻底全面地优化乡村的整体风貌，在中短期之内通常很难实现，因为需要巨大的资金和人力投入。我们需要将这个"终极目标"，分解为若干个"阶段目标"，这样就可以在每一个阶段内将有限的资源发挥出可见的效力，为下一阶段目标的实现打下基础。会场景观，可以扮演这个阶段目标的角色。围绕会场及其进入路线来做景观，可以在较短时期内让村落部分区域的环境明显提升。它在保证会议效果的同时，也改善了村民的生活环境，并且优化了访客的心理体验，从而让民众和政府在一个较短时期内获得可以感知的成果。

以梅县侨乡村为例，规划团队为会场景观所做的工作主要有以下几项：首先是会场附近的农田景观。由于村民外出打工等原因，有部分农田被抛荒了。这在乡村景观上是一个损失。会前的一段时间，通过当地政府和村委会的协调，这些农田的主人将使用权转租给了其他村民，使得农田都种上了水稻或者蔬菜，从而恢复了完整的农田景观。其次是村内主路，并不需要加宽，但是要改善路基，过

图 5-5-4　留坝峰会第一天在花海中举办

图 5-5-5　修复后的上寨会场室内（覃江义　摄）

窄的地方要尽量补齐宽度，以便车辆能安全通行。再次是会场周边的慢行系统也要改善，包括街巷小路和溪边小路，还包括部分田埂路。它们可供村民日常使用，同时要和主路相接，形成步行或骑行环线，还能连接起重要的建筑与景观节点。[3]

3. 乡村景观

这里说的乡村景观，是指会议所在村落的整体景观。比起会场景观，乡村景观的范围要大得多，规划设计要遵循低干预的"弱景观"设计原则，以最大限度地降低成本。主要包括三方面：其一是设计师角色的弱化，要从景观设计者退让为发掘者，发掘出被掩盖的传统村落潜力景观。其二是设计强度的弱化，注重对传统村落景观优越资源的恢复性、引导性，弱化设计师人为的创造性，慎重引入非原生的景观元素。其三是设计实施成果的消隐性，即设计后的景观隐藏于村落环境之中。[4] 见图 5-5-6。

4. 景观节点

景观节点指小型的花园或凉亭，通常设立在会场景观之中或附近，在会议期间可供参会者使用（参会者在景观节点内的拍照活动，也是一种有效的宣传）。对于现状条件较差但区位合适的节点，设计师可采用干预性强一些的设计策略。重要的景观节点，应兼具观赏性和功能性，如竹头寨的旱溪花园平时是没有水的，但是在雨天可以满足排水功能。见图 5-5-7。

5. 景观照明

乡村景观照明应遵循三个原则：其一是尽量减少灯具对乡村风貌的影响，最好做到夜晚只见灯光不见灯的效果；其二是当灯具无法隐藏时，其造型应与村落风貌相符；其三是在满足基本照明的情况下，尽可能维持一种静谧感强的夜景暗环境。在遵循这三个原则的情况下，景观照明的设计应围绕村庄特色进行。对于建筑特色较突出的村落，景观照明应服务于展现和凸显这种特色。在会议举行期间，为了保证参会者的安全，可添加临时射灯增加亮度。

6. 亮点工程

亮点工程是指围绕会议所需，在会场附近选取几个点位进行重点设计，包括改造为会场的建筑本身、茶室、咖啡馆、书吧等。这些点位的作用除了满足会议、休息、交流的实际功能之外，还重在提升参会者的现场体验。在会后，它们可用于商业经营，提升当地经济效益，或用作文化公益，提高村民生活指数。

良好的会议体验，可以帮助参会者提高会议的学习效果。为此，会场点位应保证空间设计的舒适与精致，要给参会者留下深刻印象，并以此扩大会议影响。

亮点工程也是探讨赋予老旧建筑新用途的有效方式。比如，借永泰庄寨峰会

图 5-5-6　新县西河村，经过设计的沿河景观（覃江义　摄）

图 5-5-7　旱溪花园（李君洁　摄）

之机，设计团队将竹头寨一栋废弃的铳楼改造成了书吧。这座原本是防御用的小型建筑，在保留其防御建筑特性的同时，变成了一栋文化公益的建筑。它在为当地村民提供阅读和交流场所的同时，也为到访者提供饮品茶点。

亮点工程的后续运营，仍是需要妥善解决的问题。目前主要有以下三种用途。其一是供中小型机构入驻使用。比如月洲村的咖啡馆"竹洲有月"（图 5-5-8）。其二是供村民自己经营。这种方式通常还需要非营利组织村民培训，在村民熟悉业务后再开展。其三是用作社区营造，成为村民日常使用和共享的场所。

由村民自己经营是比较理想的后续运营方式。它可以在为村落带来经济收益的同时，吸引在外打工者回乡，这在一定程度上可以缓解乡村空心化的问题。亮点工程的建筑，可以兼顾商业用途和社区共用。

五、宣传推广

会议相关的宣传推广，主要目的是产生爆发效应。为此，不同方式的宣传机构和宣传者可共同发力，形成媒体矩阵。这些机构和人员包括论坛秘书处、当地宣传部、新浪微博、传统媒体、参会代表、行业专家等。他们在各自领域，发挥

图 5-5-8　月洲村咖啡馆"竹洲有月"（覃江义　摄）

出各自的作用。

　　秘书处和当地宣传部在会议举办前 2 ~ 3 个月，要举行一次新闻发布会。从新闻发布会召开的那天开始，会议的宣传工作就正式拉开了序幕，此后就会逐渐加快宣传节奏。随着会议临近，宣传推广的力度继续加大，从一周一次到后期一天一次。宣传的内容，除了会议本身外，还包括部分演讲嘉宾的经验分享和地方资源的挖掘推荐。

　　新浪微博已签约成为乡村复兴论坛的独家新媒体。在会议进行期间，新浪微博会对论坛进行高密度地推广，将论坛在新媒体的影响力提升到最大。传统媒体如报纸、电视等，也会从传统的渠道进行宣传。

　　参会人员也是重要的宣传力量。所有参会人员，包括参会代表、演讲嘉宾、工作人员、志愿者等，在会议的过程之中随时都有可能因为演讲者的某个观点、设计上的某个细节或者接待上的某件小事而被打动，之后会发布在微信或微博上。这样的宣传，单个地看可能力量是不大的，但是集中起来同时出现，就会产生爆发效应。

　　当地以及附近的乡镇干部，会以零散或组团的方式前来参会学习。他们回到工作岗位后，常以学习心得等方式分享会议内容和嘉宾观点，这会提高论坛在当地县市的影响力。

　　行业专家对论坛的认可，可谓是在专业领域内的最好推广。他们对会议内容的评论和对演讲嘉宾的反馈，会引发行业和社会公众对会议的二次关注，这有利于延长论坛的宣传时效。

六、结语

　　本文探讨了以"村里开大会"的方式，针对乡村需求失效的问题，采取有的放矢的策略，推动村落保护和乡村振兴。通过举办会议，将挖掘研究、宣传推广、规划设计、培训运营和事件策划这五个方面的工作统筹在一起，赋能于乡村。

挖掘研究的作用是寻找当地乡村的文化特色与潜在产业，并以此制订会议和规划主题。这一步对于村落遗产保护，对于乡村振兴二十字方针中的"产业兴旺"，都是非常关键的。随后，规划设计要围绕该主题，策划和选择合适的工程项目，并且在较短时期内集中资源，完成项目，做出乡村发展的阶段性成效。这一步对于"生态宜居"的实现，有着重要作用。在会议期间，通过媒体矩阵所形成的爆发效应，使得会议举办地及其新近完成的设计项目获得最大程度的推广宣传。这一步对于"产业兴旺"和"乡风文明"，都是有力的助推。

通过历次"村里开大会"的经验积累，主办方对于会议的前三个环节（即挖掘研究、宣传推广、规划设计）已经基本上能做到系统化，对于会后的持续运营和事件策划还处于探索阶段。会后的持续运营和事件策划，与"治理有效"和"生活富裕"有着密切关系。主办方相信，"村里开大会"作为一个整合资源来推动村落保护和乡村振兴的尝试，已经具备相当的现实意义，也开始显现出一定的理论价值。

注释：

1 罗德胤.在路上：中国乡村复兴论坛年度纪实（二）[M].北京：中国建材工业出版社，2018.

2 Florida R. The Rise of the Creative Class: And How It's Transforming Work, Leisure, Community, and Everyday Life[J]. Canadian Public Policy, 2002, 29(3):90-91.

3 王芝茹，罗德胤.会议事件推动下的传统村落保护与更新研究——以广东省梅县区侨乡村为例[J].城市住宅，2018，286（25）.

4 李君洁，罗德胤.传统村落需要"弱景观"——关于传统村落景观建设实践的探索[J].风景园林，2018（05）.

本节作者：罗德胤　付敬诺

第六章

乡土聚落保护实践案例

乡土聚落的保护实践，目前仍处于一个探索的阶段。本章选取了若干有代表性的案例，以尽量覆盖不同的模式与路径。由于每个案例在规划背景、资源特色、规划阶段、政府支持力度、村民合作方式、项目实施顺序等因素上均有不同，本章在各节的写作体例上也不求统一，而是以尽可能还原规划实施的真实过程和突显各个案例的独特性为首要目的。

在众多保护实践案例中，浙江省兰溪市的诸葛村是不能被忽视的一个。诸葛村是清华大学乡土建筑研究组最早期的研究对象之一，对她的文化定位是江南地区古村落的典范。研究组于 1996 年为诸葛村编制的保护规划，是国内第一个古村保护规划。该规划明确提出了"整体保护"的理念和范式，这在国内也属于先驱。在其后的 20 多年，以陈志华、李秋香等为代表的专家团队一直在给诸葛村提供长期而持续的保护咨询，他们的意见也都得到了当地主管部门和村委会的贯彻执行。正如李秋香在《古村护航——诸葛村保护追踪二十年》中所说："在文化遗产保护开展较早的发达国家，对单幢历史建筑，或城市某历史街区进行长期维护保护的实例很多，但对一个活态的，仍在不断发展的自然农业村落整体地保护，目前并不多，而国内能够跟踪保护的村落目前则是独一无二的。"[1]

阮仪三在江南水乡古镇开展的保护工作，也是早期乡土聚落保护实践的案例。"20 世纪 80 年代初，江南许多乡镇正掀起发展经济的高潮，到处开办乡镇企业，填河开路，拆房建厂，许多优美的古镇风光毁于一旦。"[2] 1984 年，阮仪三通过同济大学一位美术老师，找到了交通位置偏远，但是保存尚好的周庄古镇，并于 1986 年为其编制保护规划。他在规划中提出了"保护古镇、建设新区、发展旅游、振兴经济"的十六字方针，被当地政府所接受。阮仪三后来又编制了甪直、南浔和乌镇这几个江南古镇的保护规划。

注释:

1 李秋香. 古村护航——诸葛村保护追踪二十年 [J]. 遗产与保护研究，2016（04）：8-9.
2 阮仪三. 保护周庄镇的艰辛历程 [J]. 衡阳师范学院学报，2005，26（2）：1.

第一节 黄岗村规划实践

贵州省黔东南州黎平县的黄岗村，位于黎平县的西南部，海拔 780 米。全村共辖 5 个自然寨，共 1780 人，属于纯侗族村寨。见图 6-1-1、图 6-1-2。

黄岗村是国家文物局列入世界遗产预备名录的侗族村寨之一。黎平县是中国传统村落最多的县，有 93 个。黔东南州是传统村落最多的地级市，有 309 个。中国传统村落是住房城乡建设部牵头评选的荣誉称号，从 2012 年开始每年评一批，到 2017 年一共评了四批，上榜的村子总共有 4153 个。[1] 黔东南州占全国的 7.4%，黎平县约占 2%。考虑到全国一共有 2800 个县级行政单位，所以这个占比是相当高的。古村资源如此丰富，加上这里是苗族和侗族的文化中心地带，确实是一笔巨大的文化财富。

一、项目背景与规划思路

2015 年 11 月，贵州省政府主办了第一届中国传统村落黔东南峰会。这届峰会在州府所在的凯里市举行，级别高，规模大。借此会议，贵州省政府正式表明了重视和保护传统村落的态度。

2016 年 1 月，黔东南州政府着手筹备第二届传统村落峰会。规划团队受邀和主管部门讨论第二届传统村落黔东南峰会的筹备事宜。针对黔东南州的传统村落资源特色与保护现状，规划团队提出了两条建议：第一，不能为开会而开会，而是要利用开会这个事件，推动一批传统村落去做带有试验和示范性质的落地实践。第二，在这批村落里不但要把保护的工作做好，还要实现一些将现代生活引入传统空间的小型设计项目。

这两条建议都是有针对性的。

第一条建议针对的是乡村规划经常做完就束之高阁的现状。一直以来，乡村规划就存在着难以落地实施的窘境，甲方认为乙方规划做得不接地气，乙方认为甲方不理解专业。互相埋怨，最后就不了了之。对此，规划团队的办法是设定一个期限，这个期限不可取消，也不能改期。

峰会的开会日期，就是一个很好的期限机制。有了这个目标期限，规划团队

图 6-1-1　黄岗村（李青儒　摄）

图 6-1-2　黄岗村的梯田景观（李青儒　摄）

就可以和州、县、镇政府、村两委以及村民进行商讨，在未来的一年时间里可以做成哪几件有意义而且可行的事。在列出项目清单后，分解任务，分解步骤，再落实到具体的部门和负责人。

这个做法，是把乡村保护的抽象目标给具体化和细化了。州政府对这条建议表示接受。规划团队邀请了几位乡村领域的知名专家，和主管官员一起考察了黎平、雷山、从江、台江、榕江等县的十几个村寨，最后选定了其中的八个，作为第二届传统村落峰会上要推出的示范试验村。黄岗村是这八个村寨之一。

第二条建议针对的是遗产观念不普及的现状。规划团队认为，传统村落的贫穷和破败是表面原因，真实的原因是乡村遗产日渐脱离了生活，从而让人产生了疏离感，也让遗产观念难以普及。这导致的结果，一是村民对乡村遗产的保护普遍持消极甚至抵触的态度，二是游客通常会认为乡村遗产的作用只是供人参观。

参观是一种很粗浅的体验，无法形成消费，也难有普及文化遗产观念的成效。规划团队的应对办法，是针对乡村遗产本身的特点，找到适合于现代人接受的、带有积极意义的使用方式，并据此进行设计改造实验。这些"积极使用"的改造项目，在设计上是需要有创意的；同时也正是因为有创意，它们在遗产保护方面就可能存在有风险，会让遗产的真实性产生损耗。因此，规划团队主张用小型的，最好是已经废弃的建筑来作为改造对象，这样即使犯错，代价也比较低。

州政府对第二条建议也是接受的，还正式成立了一家以州政府为背景的传统村落公司，来专门落实这些小项目的设计、建造和后期运营。

以上两条建议，也构成了规划团队与州主管部门共同认定的、在本阶段的规划思路。

二、规划设计与落地实施

黄岗村作为一个世界遗产预备名录中的侗族村寨，规划团队先编制了保护规划，在此基础上再分析和挖掘黄岗村的资源特色，同时针对第二届传统村落峰会的会期，以及与州主管部门共同认定的规划思路，选择有意义而且可行的建设项目。

规划团队在黄岗村制订了 11 个设计项目，包括萨坛修复、300 年民居标本修复及侗族传统居住方式展、100 年民居标本修复及侗族蓝靛手工艺展、茅斯修复、传统民居厨卫改造、小学改造、荷塘景观、新建公厕、新建南寨门、村组长家改造和禾仓改造。后来在实施过程中，又增加了水碾房修复的项目，而小学改造的项目则被取消，这些项目，又可以归为三类：遗产保护、生活改善和亮点工程。

萨坛是侗族人祭祀"萨岁"的场所。萨岁意为始祖母，是侗乡南部地区普遍崇拜的女性神，也是村寨的保护神。黄岗村的萨坛是一个小型的合院式建筑，已经塌毁多年。规划团队测量了遗址，并根据采访寨老所得到的信息，恢复了这座萨坛。村民们对这项工作是非常拥护的，因为它象征着集体凝聚力的回归。

规划团队和施工队一起，把两栋也已经破败的民居（一栋有 100 年历史，另一栋据村民说有 300 年历史）严格地按照文物建筑保护的原则给修缮了，然后把它们做成了展示侗族蓝靛手工艺和传统侗族传统居住方式的展览馆。这种标本式的保护方法，可以最大限度地保留历史信息。它的商业效益不高，但是文化意义很大。

茅斯是一种传统的侗族厕所，纯木建造，放置于鱼塘边上，一人多高，平面只有 1 米见方。在常规的旅游规划或者村庄规划里，此类小型厕所多半会因为"有碍观瞻"而被拆除，但是在本规划团队看来，它们也是黄岗村文化遗产体系的一个组成部分，从遗产完整性而言应予以保留。另外，这种厕所也体现了侗族村寨生活的生态性，且村民至今仍在使用，所以也有其存在的现实意义。

水碾房是在规划落地阶段临时增加的一个小项目。在规划调研阶段，规划团队并没有发现黄岗村有过水碾房，因为它们消失已经有一段时间。在驻场开始几天后，一次偶然的机会才从老人口中得知溪边曾经有水碾房。在传统社会，水碾是重要的劳动工具，也是重要的公共建筑。规划团队建议将水碾房恢复，一是为了让黄岗村的历史要素和历史信息更加完整，二是为了让制作水碾的手艺能够继续流传。这个建议得到了当地政府和村民的支持。

以上项目，属于遗产保护类。

传统民居厨卫改造、荷塘景观、新建公厕和南寨门这几个项目，属于改善生活类。黄岗村的绝大部分传统民居，都还居住有村民，所以厨卫设施的基本现代化是必须解决的问题。实际上村民们已经在用自己的办法处理了——很多民居的一层，已经围上了红砖墙或者水泥砖墙。这个做法对传统民居的风貌无疑是一种损害，因为传统的做法是一层只有立柱、没有围墙。好在它对黄岗村的整体面貌还没有造成大的影响，而且对民居的防火起到了积极作用，所以暂时可以保留。规划团队为传统民居设计了局部砖墙围合的厨房和家庭厕所，希望以围墙内退的方式来减小对传统民居风貌的干扰，同时实现较好的厨卫设施现代化。

黄岗村内有很多水塘，它们的主要功能是防火，同时也养鱼。靠近村中心有两口面积比较大的水塘，村支书在几年前就提出了改造成荷花塘的建议。村支书的理由：一是水塘都是死水，容易有异味；二是塘边有村民搭建的多处临时棚屋，影响村落整体景观。规划团队对此表示支持。为了解决死水的问题，从村中小河的上游引了一条小水渠过来。而水塘边的临时建筑拆除和水塘里种上荷花之后，也确实起到了改善村落整体景观的作用。

规划团队还设计了几个公厕。黄岗村不是一个旅游业很发达的村落，但是每年到这里参观的游客还是有一定数量的，所以需要配备公厕。公厕也服务于村民。公厕的外观采用了传统建筑的形式，内部则按旅游公厕的标准。

亮点工程有两个：村组长家改造和禾仓改造。关于亮点工程，后文有详述。

规划团队将以上设计项目及其实施计划，带到州政府、县政府做汇报，获取了两级政府的认可。之后，规划团队又到黄岗村组织了村民代表大会，向村民们解释了项目选择的原因和目的，希望得到村民们的支持与配合。在村民代表大会上，小学改造的项目被取消，因为涉及教育系统的程序问题，申报周期较长，无法在峰会之前完工。

第二届传统村落峰会的日期是 2016 年 10 月 13 日。会前的一段时间，是各个设计项目紧张的落地实施阶段。规划团队在村里驻场三个月，和州、县、镇各部门以及施工队、村民们一起，逐个落实规划里制订的各个项目。

规划实施的阶段，对驻场设计师的耐心和灵活度是相当大的挑战。尽管规划团队在进场之前就已经把任务进行了分解和落实，但是到真正驻场时，还是发现很多工作推进困难，总是在施工队、村委会、镇政府、职能单位之间来回转。这个时候，期限机制的作用得以体现。随着期限的日益临近，各部门会越来越感受到压力，最终会一起努力，设法将问题解决。

三、亮点工程

规划亮点工程的目的，是尝试深度文化体验和新旧美学并置的策略，来提高文化遗产的吸引力。

村组长家改造，是对传统侗族民居的一次提升性尝试（图 6-1-3）。和前面为传统民居提供厨卫设施的改善方案不同，规划团队为村组长家提供的是深度改造方案，不仅大幅提升了居住舒适度（达到四五星级水平），还加入了新旧美学并置的元素。之所以选择了村组长家，并不是因为村组长动用了特权，而是因为这种做法在现阶段对黄岗村民而言，还不容易接受，所以才由县政府动员了作为村干部和党员的村组长，希望他为本次规划起到示范和带头作用。见图 6-1-4。

图 6-1-3　村组长家改造后外观
　　　　　（李青儒　摄）

图 6-1-4　村组长家改造后室内
　　　　　（李青儒　摄）

禾仓改造是另一个亮点工程。团队一共改造了三个禾仓。两个小的用于住宿，一个大的用作活动中心。它们不只可以住，还可以有小型会议、聚会交流等多种用途。见图 6-1-5、图 6-1-6。

之所以提出改造禾仓的建议，主要是两个原因：首先是因为禾仓很有侗族特色。侗族人民生活在森林茂密的山区，木材资源丰富，所以住房整体上都是木材建造的。木头房子容易发生火灾。侗族人应付火灾的方法，并不是想尽一切办法不让火灾发生，而是先考虑当火灾发生的时候怎么不影响生存。这个方法就是在村子旁边挖水塘，然后在水塘上面建专门用来存放粮食的禾仓。在侗族人眼里，家甚至不如禾仓重要。家要是烧了，还可以重建。禾仓里的粮食要是烧了，后果会非常严重。因为每一家都建一个禾仓，所以在村旁就会有几十个禾仓，一起矗立在水塘之上。这就形成了一个很有侗族特色的文化景观。第二届传统村落峰会上，组委会还专门安排了一项很有趣的体验项目——扔禾把。体验者要把捆好的一把把水稻，从地面扔到空中，并且让事先已经爬到禾仓晒排上的人接住。这是一个很好的文化体验项目。

其次是因为有的禾仓已经废弃。在现代社会，因为粮食产量普遍提高，同时交通条件和救济政策也大为改善，粮食不再像以前那么稀缺。再加上外出打工的人逐年增加，有的家庭已经很少甚至没有种田的劳动力，部分禾仓废弃了。拿废弃的建筑来做改造，切换的成本就比较低。这里说的切换成本，包括跟房主人讨价还价的谈判成本，也包括政府从村民手上购买或租用的经济成本，还包括设计阶段跟甲方商量确定方案的时间成本。切换成本低对规划实施的意义特别重大，因为会议的日期是不可更改的，于是时间就成为判断项目是否可行的重要指标。

考虑到这两个原因，规划团队选择了禾仓之家这个项目，而且在规划阶段就对这个项目寄予了比较大的期望。但是进到驻场阶段，规划人员突然发现，州政府把酒店设计、建设和运营的责任整体都划给了州传统村落公司；禾仓之家因为也属于酒店，也被纳入到这个范围。

同一个项目，在不同人的眼里意义是不一样的。州传统村落公司对于禾仓之家的意义并不十分清楚。他们能想到的，是在村子外围找地方建几栋木制别墅。这是美国城市郊区常见的那种别墅，体量比较大，外观也比较规矩，进到里边也只是给人以普通家居的感觉，很难让人产生侗族特色的文化体验。驻场规划人员利用一次州领导到现场开协调会的机会，专门对这个项目做了申请，拿回了禾仓之家的设计和建造任务。

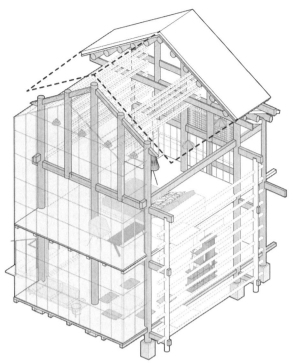

图 6-1-5　禾仓改造示意图

图 6-1-6　改造后的禾仓之家
（李青儒　摄）

　　好的设计离不开好的施工队伍。黄岗村的施工队有两支：一支时不常地会看错图纸；另一支专业素养高，不但能理解图纸，还能根据经验，把图纸上表达不够的地方给帮着深化了。禾仓之家是由第二支队伍负责施工的。有了靠谱的施工队，禾仓之家才得以顺利建成，而且保证质量。

四、结语

　　第二届传统村落峰会召开的时候，几百名会议代表和媒体记者来参观黄岗村。黄岗村有两件事让所有参会者留下了非常深刻的印象：一个是侗族男声大歌，另一个就是改造之后的禾仓之家。在每个禾仓，规划团队有意地选择了朝向比较开阔的一面，装上了面积比较大的玻璃，以便从里面向外看，可以见到周围挂满了金灿灿的稻穗。这种体验感是非常特殊的，有很强的冲击力。所有到禾仓之家的人，不管是文化遗产的专业人士（有从联合国教科文组织请来的国际专家），还是见多识广的记者，抑或是普通的参会代表，他们几乎都表达了同一个感觉：就想多待一会儿。这个评价，无疑是对乡村设计者的最大鼓励。

峰会结束之后，按计划应该是让禾仓之家进入正常运营阶段。但是这事一直等到一年之后，才得以落实。规划人员后来了解到，原来这是因为县政府的态度有了变化。传统村落峰会和乡村规划落地，在会议之前一直是州政府积极主动，而县政府不太主动的。县政府不主动的原因，是一县之力有限，要保护的村寨又太多，责任过于重大。等峰会期间看到参会者在黄岗的禾仓之家流连忘返之后，县政府的信心也被调动起来了。他们希望州政府将禾仓之家等改造项目的运营权交还给县里。州县两级政府就这件事，商讨了将近一年，最后决定两家联合成立一个运营公司，对黄岗村的改造项目做统一运营。

这件事也让规划团队认识到，做好一个改造项目的最大意义，是制造了希望。有了希望，各方资源才会汇集到一个方向，才有可能实现最终的理想。

注释：

1　本文写作于 2017 年初，第五批传统村落评审于 2017—2018 年进行。

本节作者：罗德胤　王斐

第二节 西河村规划实践

西河村大湾自然村（以下简称"西河村"）位于河南省信阳市新县，地处大别山腹地。新县为我国知名的将军县，是许世友将军故里，有良好的红色旅游基础，同时也有丰富的山水田园资源和传统村落。

2013 年 8 月，新县启动了"英雄梦·新县梦"的大型公益规划设计活动，吸引了一批来自全国各地，涵盖规划、建筑、景观、室内、生态等多学科的专家团队前来开展公益服务。本规划团队受邀为西河村做规划设计，承接了从村庄规划、景观规划、专项设计、工程指导到运营策划等整套村落建设服务工作。项目规划建设的周期大约为两年，目前已进入正常运营阶段。

西河村距新县县城有半小时车程，是县域范围内格局保留较完整，山水环境也比较优美的村落之一，于 2013 年入选第二批中国传统村落。不过，西河村的区位优势并不明显，她离最近的大中城市（信阳市和武汉市）有 2 ~ 3 个小时的车程。西河村的规模也不大，只有七八十户人家，村内传统建筑的数量不算多，质量也不高。在项目开展之初，西河村外出打工的人比较多，已经是一个空心化程度很高的村落。像西河村这样的传统村落，在全国范围之内是相当普遍的。如果能为她的保护发展找到一条适宜之路，也应该具有一定的普遍意义。

西河村以一条小河为界，分为南北两个片区。北区是老村所在地，建筑风格统一，同时体现了背山面水的选址特征。集中连片的传统建筑，北靠狮子山，南面小河与绣球山。建筑与河道之间，有一条宽 3 ~ 5 米不等的老街串联起整个北区。与北区隔河相望的南区，原先只有农田，后来逐渐有了不同时代的建筑，风格较为混杂。在村域范围内，还分布有三座祠堂、一处齐天大圣庙和一处观音庙，但是建筑质量都不高。

一、规划原则与思路

西河村规划的指导原则：一是技术上要遵循遗产保护的原则，要守住底线（主要是指遗产的真实性）；二是优先选择一些利于带动联动效应并具备可持续性的设计项目，以实现项目的可持续性。

在规划编制过程中，有七个领域要统筹兼顾：研究策划、规划设计、落地实施、环境卫生、营销推广，农业与手工产品、集体经济。这七个领域并不需要一个团队全掌握，而是由不同专业的团队关联互动、合作推进。集体经济的机制要事先设计好，否则等市场利益起作用后，贫富差距分化所产生的矛盾有可能会特别突出。

规划实施的过程中，有三个角色非常重要：一是县政府要重视，因为只有县级层面才能调动足够的资金和人力资源；二是村两委、村合作社的带头作用，缺少村民的配合，规划实施起来会很困难；三是"设计长"的角色很关键，就是要有一名领头的规划设计专家，可以协调统一各方意见，并且在技术上决定哪些项目适合推进。

通过调研和分析，规划团队总结了西河村的几大特征，希望在此基础上寻找出她的发展路径。西河村有一个特别好的资源，就是穿村而过的河道景观。河水清澈，河边有九棵树龄三百年的枫杨。规划团队对河道景观的现状评估是 60 ～ 70 分，同时认为通过景观设计进一步优化，将可以达到 90 分，这样就有可能成为一个具有吸引力的古村。西河有成规模的民居，这也是很好的资源，但是处理传统民居要非常谨慎，它也是规划实施中成本较高的环节。

西河村的规划建设尝试了一种新的模式：地方力量和设计力量的全程深度合作。

首先，该项目有完整的地方力量支持：县长亲自任西河村荣誉村长，全程督导规划建设；新县人民政府特设文化改革办公室，统筹包括西河村在内的"英雄梦·新县梦"总体项目推进；乡、村两级干部全程服务设计团队，沟通村民关系；村内成立西河村民合作社，表达村民意愿，参与工程建设，并承担农田、山林为主的农林产业发展规划及农业景观营造。

然后，在设计力量方面，由孙君带领的北京绿十字配合新县文化改革办公室，统筹县域总体项目。本规划团队主持西河村整村建设项目，承担传统村落保护发展规划、景观设计及部分建筑改造设计的专项设计任务，同时还引入更多优秀的建筑设计师、室内设计师、照明设计师等专家资源。建筑师负责试点、重点建筑的改造，以及北岸沿街立面整治。景观设计师承担河道景观和街道景观的规划设计，并配合其他专业领域进行景观改造。

这样的合作模式确保了地方力量与设计力量的及时沟通与交流，也打破了景观在规划之后才介入的被动局面。

二、景观规划与设计

乡村景观是以大地为背景，以乡村聚落为核心，由经济景观、文化景观和自然景观构成的环境综合体。乡土景观又可以说是根据土地的自然条件、生产和生活成为一体的"农业生产景观"和"农业生活景观"的复合景观。

传统村落景观的构成要素，包括山林、水体、农田、建筑、道路、场所、生产生活要素等。山林包括村落周边的山林、村落风水林、房前屋后林、道路或河流沿线的林木、杂木等；水体主要指自然河流、溪涧、水渠、池塘、水井等；农田以及与农田直接相关的要素，如水田、旱地、菜地、田埂、篱笆等；建筑包括民居、祠堂、社、庙等传统建筑；道路指巷道、田间小道、林间小径、跨河小桥、河上汀步等；场所则指村头或村中集会地、晾晒场、洗衣场所、河滩地、荒地等；生产生活要素根据各村的情况会有所差异，但较常见的一般有水车、水碓等水利农用具，石碾、石磨等家常农用具，晾晒用的台或架，房屋周边简易的瓜果架，房前闲坐的石凳等。

这些要素都有较强烈的地域性特征，能够体现所在村落的自然美和人文美，并且传达出乡土气息浓郁的亲和感和安逸感。与此同时，这些村落景观中的"景观"，并非设计师或村民刻意设计营造，它们只是一种乡村的生产生活环境，是村民们为满足自身生存需要，在选择自然、改造自然的过程中逐渐形成的。因此，引入常见却本不属于传统村落的景观元素是不适宜的，有意去打造明显的景观节点的做法也是行不通的。见图 6-2-1、图 6-2-2。

孙君先生提出"把农村建设得更像农村"的乡建理念。景观设计师受这一理念启发，尝试在景观建设中打破常规，通过再现和强化"无意识的景观"所营造创造出来的村落美，"把乡村景观建设得更像乡村景观"。由此，西河村景观设计的定位是挖掘并还原传统村落自身的景观特色，弱化景观设计师的主观意志，从农村生产生活的视角去发现可供景观使用的空间与元素，以最小的人为设计，引导人们发现并享受传统村落的景观美。

从景观特征的角度，西河村河道景观大致可分三个区段：乡野粗朴的上游段、沟通南北两片区的中游段、村东急转为南北向的下游段。这三段的风格特征可分别概括为野趣、活力和宁静。设计师对此分别开展针对性的景观设计。见图 6-2-3 ～图 6-2-5。

上游段，基本保持了河道的原始状态，两岸均是农田和远山，远景视野开阔，河道内乱石和水生植物的自由组合显得野趣十足。规划设计放弃了对河道本身的

图 6-2-1　西河村张氏宗祠及门前
古树、古道

图 6-2-2　修复后的引水渠与步道

改造，保持其自然粗野状态，仅对堰坝进行加固处理，同时将建设重点放在滨河
小径的建设上。南岸分布有大面积的农田，考虑到村民去往田间耕作的便捷性，
对原堤堰路略为加宽。北岸小径，完全延续了原有的路宽，保持其乡土气息。两
条小径可引导人们在水边漫步，再由水边走向田间，或者拾级而上登山入林。

　　中游段，是亲水活力区。这里古树繁茂，夏季绿柳成荫，河道内有早年形成
的跨河汀步和杂草中隐约可见的沿河小道，结合曲折变化的河滩天然形成了休闲
纳凉的亲水空间，是河道景观中重点打造的区域。设计目标是重塑人与河的互动
关系，使之成为西河最重要的活力空间。设计中具体做了以下几个方面的处理：
清理视觉障碍，修复优美河岸线，整饬两处亲水空间；恢复桥北头走向河滩的滨

水小径。

下游段，是静水景观区。该河段由东西向急转为南北向，河水冲刷堤岸形成一片宽阔的河湾。河湾处因拦水坝的截流，呈现出与中游段截然不同的静水水域，河道内水生植物丰富，两岸却植被稀少，可临河欣赏河湾、远眺对岸稻田。

三、粮库改造

河南岸有一组"文化大革命"时期的粮仓建筑，已闲置多年。这组建筑的体量比较大，跟传统民居小体量的风貌不协调。设计师何崴提出一个设想：如果把它们改造利用好，把北墙打开，可能会产生很有张力的时代对话——河南岸是"文

图 6-2-3 亲水活力区规划设计平面图（李君洁 绘制）

图 6-2-4 改造后的西河北岸（章继军 摄）

图 6-2-5 改造后的西河南岸（李君洁 摄）

化大革命"时期的建筑，河北岸是清朝时期的建筑。何崴承担了这组建筑的设计任务，将其改造为西河粮油博物馆及村民活动中心。

改造后的粮仓，不但实现了两个时代的"对话"，也形成了建筑与景观之间的互动。见图6-2-6。

对改造后的粮油博物馆，设计团队也在展陈上设法加入了农耕元素，比如建议合作社收购并修复了一部榨油车，并恢复了全手工榨油的工艺。老榨油工人用老油车榨出的油，可以作为小纪念品被游客带走，同时还能在网店上售卖。这个项目在2014年底获得了WA中国建筑奖。[1]

四、实施步骤

第一步是改善村庄卫生环境，并组织成立村民合作社。规划团队邀请了全国知名的志愿者叶榄，来向村民介绍垃圾分类的相关知识。在祠堂里讲完课，他和村干部们一起在村里捡垃圾。捡垃圾的动作不大，花费也几近于无，但是意义很重大，它向村民传递出共建家园的信号，而不是由政府包办。当垃圾都被清理干净时，村庄所呈现出来的面貌也是让人耳目一新的，会激发起村民、村干部和乡镇领导的信心。

第二步是改善河道景观。景观设计师去到现场，跟合作社村民一起放线，共同完成驳岸工程。景观工程完成后，河道更加漂亮了，人与水的关系也更加亲近了，这里成了夏季村民和游客们最喜欢的地方。设计师在岸边还有意地放了几块大石头，它们就是供人坐卧的桌椅（图6-2-7，之所以没放常见的石桌石凳，是为了区别于城市）。

在河道景观开工之前，还出现过一个小插曲——拆除祠堂前的一栋小洋楼。尽量少拆迁是规划团队的工作原则，这是为了避免产生矛盾。但是祠堂前面的这栋小洋房，不仅风貌极不谐调，还刚好挡住整个老街景观。孙君老师跟村委会、合作社经过研究和讨论，认为这栋房子挡住了祠堂的风水（事实也确实如此，祠堂前面要"明堂开阔"，既是礼制需要，也是"好风水"的象征），不利于全村未来的发展。凭借这个理由，这栋房子被顺利地拆除了。老街全部显露出来，村落的整体景观大大提升。见图6-2-8。

第三步是粮仓改造。设计团队和规划团队原本的计划是先对几栋小体量的传统民居进行内部改造，以实现舒适的居住条件。但是这一步实施起来比较困难，因为每个院子里有好几户人家，很难统一意见。反而体量较大的粮仓，成为优先

图 6-2-6 粮仓北立面改造前后对比 [范秉乾（前）/ 陈龙（后） 摄]

图 6-2-7 西河南岸坐在石凳上休息的母女（李君洁 摄）

启动改造的项目。设计团队将晒谷场改造成了村民集会场地，在博物馆完工的时候请来戏班子唱戏。全村的老人小孩同时出动,这让平日里显得空心化严重的村庄，一下子就热闹起来。

2014 年的国庆节，粮库里还举办了一场婚礼。出席婚礼对全村人来说就像一次热闹的集会，为村里增添了不少活力。后来也有公益组织看中了这个场地，把活动安排到这里。比如以促进中国农村妇女发展为目标的 NGO 组织"农家女"，在西河村的粮油博物馆里举办过健康讲座、知识竞赛、烹饪大赛等活动，深受村民欢迎。活动多了之后，西河村逐渐有了名气，也有更多慕名而来的游客。

图 6-2-8　从西河桥头看祠堂整治前后对比 [李君洁(前)/孙娜(后)　摄]

　　第四步是改造传统民居。首先对其进行修缮，并选了其中的一两户改造成可以居住的民房。但是，即使是修缮改造好的民居，村民还是不愿意住——在他们眼里，还是新的楼房"宽敞舒服"。规划团队调整了策略，把一个老院子改成了青年客栈。这些改造利用方式都还比较初级，需要进一步探索。

　　第五步是给排水工程。给排水是成本较高的一项工程，对村子的后续发展意义重大，县里给予了大力支持。从现代化的硬件上说，乡村和城市的最大差距就是基础设施。村民打工挣钱之后，可以为自家建起一栋让城里人都羡慕的小洋楼，但是对于公共的基础设施，各家村民是无能为力的。县政府为一个只有几百人的小村子，投入不菲资金去完成给排水系统，要下相当大的决心，也需要足够的远见。

　　传统村落里的给排水工程，一大技术难题是如何保持和恢复原有的传统路面。西河村老街上的传统路面是由较大块的平整河卵石干铺而成的，改造前已损毁严重，部分路面有泥土裸露。为了保持路面的传统风貌，同时又实现路面的硬化，设计师和老工匠一起研究并反复试验，将大部分老石材和少量补充的新石材混合使用，在使用了现代铺设方法的前提下仍然保持干铺的视觉效果。在样本区块试验成功之后再铺整条街。见图6-2-9。

第六步是利用粮油博物馆的一间小屋子，开了一个咖啡馆，还从城里请来一位专业人士赵亮先生做运营。咖啡馆是在2015年8月22日开业的，县长亲自来做代言人。经过一个多月的口碑传播，到十一黄金周，西河村的游客量跟去年同期比多了十倍以上。这表明，周围市民已经开始喜欢上西河村了。县、乡、村三级干部和村民都因此有了更强的信心。其间的2015年9月，河南卫视还专门把一期《对话中原》的节目搬到西河村录制，进一步提高了社会对西河村的关注度。

第七步是规划团队与县政府以及相关合作方共同策划了一次"村里开大会"的事件。第一届乡村复兴论坛，于2016年4月在河南新县西河村召开。这次论坛有600多人参加，会场就设在老粮库里。村里办大会要面临很多困难，但是主办方认为它能给参会者带来一种非常特殊的体验，所以下决心克服所有困难，实现这个目标。在会议组织上，主办方充分发挥了互联网的优势，让所有参会者在学习全国各地保护发展经验的同时，也成为西河村的"义务宣传员"。所有村民都成为会议的工作人员和志愿者，他们以极大的热情参与到会议筹备和服务之中。这次论坛对西河村的发展，起到了加速器的作用。

五、合作社与运营

西河村的村民合作社在项目建设过程中发挥了大作用。建设初期，村民合作社一方面开展村域范围内的卫生整治工作，另一方面以土地入股的方式，将大面积山林与农田收归集体，并尝试发展观光农业及多种农林产业。2014年春季，合作社在西河村的风水山——绣球山上种植了杜鹃花，而后在进村路旁的大面积农田中种植了观赏向日葵。2015年，又尝试将油菜花与水稻套种，形成新的田园景观。

村落景观的营造，有一项很重要的工作是做减法，也就是把不和谐的、丑陋的"景物"去掉，让美景显露。这项工作，是在村民合作社的协助下才得以实现的。在西河村建设的中期，村民合作社直接承担了观赏步道、河道、街巷景观修复及建筑改造等多项工程的施工，充分发挥了村民作为建设主体的作用。

在西河村的旅游业起步之后，村里的农家乐逐渐多了起来，截至2018年年底已经有20余家。西河村也陆续出现了返乡创业的新老村民。比如最早从北京回来的张思恩，是西河村合作社的理事长。又比如张因权，在老街上开了一家"主题邮局"

图 6-2-9　老街路面样本区铺设实验现场（李君洁　摄）

图 6-2-10　老街上的主题邮局外观（李君洁　摄）

（图 6-2-10），2018 年暑假因"押对高考题"而出名。[2] 再比如张胜利，做得一手好菜，他开的"古村酒馆"去年收入达到了 30 多万元。再比如前文讲到的城市青年赵亮，从运营一家小咖啡馆开始，后来又跟合作社联合经营了餐厅和民宿。还有来自邻村的匡新建，凭借在深圳工作多年的商业经验，自创"贰两毛尖"的茶叶品牌，在西河村老街上开了一家店面，当对外展销窗口。

截至 2018 年年底，西河大湾村已经实现全部脱贫，村民人均年收入从 2013 年的 8100 元增加到了 21000 元。

六、结语

规划设计人员的责任，是要挖掘和放大规划对象本身的特点和优点。在实践环节，西河村选择的路径是先景观、后建筑，以避免可能产生的矛盾，并在此过程中逐渐引导村民树立起遗产保护的观念。村落的集体空间，对集体凝聚力的恢复有重要作用。亮点工程和事件策划也很重要，在互联网时代会被放大。

近年来西河村得到了一系列的荣誉，比如中国传统村落、全国生态文化村、全国旅游示范村、河南省最美乡村、河南省美丽乡村建设试点等。

注释：

1　"WA 中国建筑奖"由《世界建筑》杂志社在 2002 年设立，每两年评审一次。其子奖项分别是 WA 建筑成就奖、WA 设计实验奖、WA 社会公平奖、WA 技术进步奖、WA 城市贡献奖、WA 居住贡献奖。该奖已成为最受关注的中国非官方建筑奖项之一，并在国际上产生了一定的影响力。

2　张因权的主题邮局，里面有一项业务是"寄给未来的一封信"。2018 年的河南省高考，作文题目是"写给 2035 年的他"。

本节作者：罗德胤　李君洁

第三节　平田村规划实践

　　平田村位于浙西省松阳县的北部山区，全村 402 人，都姓江。平田村距离县城只有 15 分钟车程。在 2014 年初，但有条件的村民或在县城置产，或在新修公路边建房，留在老村里的只剩一些老人和贫困户。留守的村民主要靠种植高山蔬菜、白茶和香榧等经济作物为生，是一个典型的"空心村"。平田村在 2014 年列入中国传统村落名录，是松阳县山地农耕聚落的典型。老村内除少数几栋新建筑外，均为松阳当地特色的夯土瓦房，风貌保存完整。

　　像平田村这样的国家级传统村落，松阳县有近百处。在传统村落的数量上，松阳县居全国前列。在 2013 年，传统村落保护还是一件刚起步的事业。松阳作为浙江省的一个贫困县，为了实现山区村落的脱贫和提高生活水平，对贫困山区乡镇采取了"下山脱贫，异地发展"的扶贫政策。部分交通不便、经济落后、基础设施配套差的深山村落，要按照统一的规划整体搬迁到山下平原地带。平田村所在的四都乡，深山区的村子要撤并，保留下来的平田、西坑、陈家铺等村，由于交通相对便利，景观风貌较好，还有云雾景观，所以未来会统一规划为 4A 级景区，进行封闭管理。按照下山脱贫的政策，这几个村也会把一定比例的村民搬迁到县城附近的安置小区。规划团队第一次与村民座谈时，他们更关心的问题是搬迁指标的分配。

　　就当时情景而言，平田村是一个在城镇化浪潮中即将被遗忘的村子。但是，她却抓住了传统村落保护和发展的历史时机，改变了发展方向。经过两年的规划建设，她重新获得了发展动力，走向了新生。见图 6-3-1。

一、政府扶持

　　平田村的保护和建设，离不开松阳县政府的政策扶持。松阳县委和县政府较早就注意到了本县古村落资源的价值，并于 2013 年 10 月出台了《关于加强历史文化村落保护利用，打造"松阳古村落"品牌的实施意见》。在这个文件中，松阳建立了富有地方特色的"历史文化村落"和"历史文化建筑"挂牌保护机制，并且对保护得力的乡镇（街道）、村和住户制订了明确的奖补措施。

图 6-3-1　平田村（叶瑞鹏　摄）

　　大约从 2011 年开始，松阳县政府就认识到，县内保留下来的数量众多的传统村落不是经济发展的负担，而是文化事业和旅游产业的重要资源。县政府在保护机制、资金来源、保护技术等多方面进行了探索：一方面，整合建设、文化、农办、旅游等相关部门工作资源，成立"名城古村老屋保护发展领导小组"，负责协调全县的传统村落保护利用工作，积极探索闲置传统民居活化利用机制和传统民居的产权流转机制，为传统村落新的业态提供了保障；另一方面，通过编制传统民居改造技术指南，有意识地加强本土工匠队伍建设，传承传统建筑的修缮和建造技术。

　　在传统村落保护与发展的事业上，松阳县这些年取得了不少成绩。2014 年 12 月，松阳县与云南省建水县一起，被住房城乡建设部列为第一批传统村落保护发展示范县。2016 年 1 月，中国文物保护基金会又以松阳县为"拯救老屋行动"全国唯一一个整县推进试点，探索以公益组织和产权人各出资 50% 的模式，推动历史建筑的整体修缮。

　　依托优良的古村资源，松阳县制定了"传统村落 + 民宿"的发展战略。县政府出台《松阳县民宿等级评定标准》，对民宿进行分级别管理，并制定以奖代补的政策，按照接待量和等级，分阶段给予不同标准的补助。对传统民居改造，特别是历史文化建筑的改造，还按照改造面积给予较高补助。

　　面对数量众多的传统村落，松阳县采取的是"以点带面、全县开花"的策略，尤其注重高端资源的引入和公共文化产品的打造。除了平田村，松阳县先后扶持了柿子红了、过云山居、茑舍、小茶姑娘、酉田花开等民宿品牌，并培育了大木山茶园、契约博物馆、红茶工坊、王景纪念馆、石门廊桥、豆腐工坊等文化项目。

如今，古村落游正成为松阳重要的旅游新业态和新品牌。由这些小项目形成的集群力量正逐渐显现，形成了浙西南乃至全国首屈一指的文化旅游目的地。

在平田村的规划建设过程中，凡是涉及公共利益和基础设施的项目，包括修建消防水池、强弱电路改造、给污水管网改造、安全防灾工程、整村景观提升等，全部由政府来承担。村中重要的文化公共设施，也是由政府来投资。对平田村的发展起到重要作用的农耕馆和手工作坊，都是政府投资并委托村民管理使用的。

二、规划先行

村庄规划常因为可实施性不强而遭批评。规划在乡村所起的作用，不同于城市。具体到传统村落的保护和发展方面，规划的重点和实施方式应根据保护目标和村落运行机制进行相应的调整。大部分的传统村落，都面临着产业缺失、基础设施落后的问题。传统村落的保护，既要对体现村落价值的要素进行保护，又要尊重村民的发展权，以发展促保护，使村落具备自身发展的能力，从而从根本上解决村落衰败的原因。

规划的第一项任务，是梳理资源条件，明确价值要素。传统村落是以传统生产生活方式为基础，因形就势，逐渐生长而成的。传统村落有其内在的生长逻辑，而村落价值是要经过深入的研究才能够提炼出来。通过规划总结的村落价值，不仅作为保护利用的基础，同时也要通过对村民的宣传教育，唤醒村民的文化认同，形成村民的保护共识，以形成自发的保护力量。

规划的第二项任务，是提出保护底线，指明发展方向。通过规划对现状的研究和分析，以及未来产业发展的可能性分析，形成大致的发展方向。

规划的第三项任务，是提高基础设施水平，同时改善村庄的生活质量，并做好安全防灾工作。只有把乡村的人居环境提高到和城市水平接近，甚至更高，村庄生活才真正具有吸引力。

平田村的完整风貌、与山水环境的和谐关系，是她的核心价值。规划层面上，对于周边的山水环境，对于组成传统村落格局特征的建筑要全面保护。祠堂、香火堂、庙宇、重要的风水林等，要完整地保留其功能，并进行修缮和修复。对村庄格局有明显影响的轴线、视廊、流线、驿道等，也要进行保护。价值相对较低的民居建筑，可以进行内部改造，提升居住质量。

建筑层面上，村内现存清至民国时期的古民居 15 幢（其中 2 幢被列为松阳县历史文化建筑），要进行重点保护。村内建筑的共同特征是硬山顶，石质墙基，夯土泥墙，青红屋瓦，装饰朴素，体现了平田村以农耕为主要生活方式的特点。

村庄规划要有一定的灵活性，随着深化设计的推进而随时进行调整。由于规划实施过程中，常会遇到用地产权的纠纷及村民真实诉求的问题，实施方案通常要调整多次才能确定下来。以停车场的设置为例，原本平田村并无停车场，村民和游客的机动车只能沿主路边停车，无法满足村庄旅游发展的需求。受到山地地形和村庄建设用地的限制，又不能太破坏村庄风貌和视线关系，可选择的余地也不大。最终的解决方案是在从入村到村口的道路两侧分散设置 2 处小型停车场。其中一处是与村民协调拆除养鸡场，还有一处需要拓宽路边平地。

乡村是熟人社会，有其自身运行的逻辑。即使是一个人口不断流失的村落，其乡村社会结构仍然会影响到规划和建设活动。规划的实施必须依靠传统村落本身的力量，地方政府和村民乡贤的通力合作是必要的条件。在平田村的案例里，"云上平田"民宿的投资人小江——一位从平田村走出去的城市年轻人，就起到了这个中心人物的作用。历史上，传统村落的建设通常是由告老还乡的乡贤来主导的，小江可以说是新时代的新乡贤。小江的父亲是平田村老书记，他本人虽已在县城工作，但受父亲影响，对平田村有深厚感情。在松阳县启动传统村落保护发展政策时，他就敏锐地看到了机遇。凭借本村人的身份，他以租或买的方式，拿到了村子十几栋老房子的使用权。在整个规划设计和建设的过程中，他也是最主要的与村民关系的协调者。有时他还要承担起村庄公益的责任，以赢取民心。比如项目伊始，小江就自掏腰包修缮了村子里一处年久失修的香火堂，对于村里没有经济来源的孤寡老人，也组织了捐款和众筹，以及逢年过节组织慰问等。

三、设计引领

小江拥有十几栋老宅的使用权，解决了乡村建设中常常遇到的产权困境。将这组状况不一的建筑加以设计改造，发展乡村度假，成为乡村振兴和规划实施的突破口。

从旅游资源上来说，平田村没有太多优势资源。虽然环境优美，风貌古朴，但是类似条件的村庄在松阳有不少（四都乡就还有西坑和陈家铺）。平田村面积不大，在村子里转一圈，也就一个小时左右，所以要想办法增加体验项目和拓展消费机会。摆在设计者和业主面前的首要问题，是如何创造村落的吸引点。

规划团队借助学校背景和社会人脉，联合了几所高校的专家教授，组建了一支联合设计队伍。他们是清华大学建筑学院许懋彦教授、香港大学建筑系王维仁教授、中央美院建筑学院何崴教授和 DnA 事务所的徐甜甜，分别承担了木香草堂民宿（图 6-3-2、图 6-3-3）、四合院餐厅（图 6-3-4）、爷爷家青年旅社和平田农耕

图 6-3-2　木香草堂

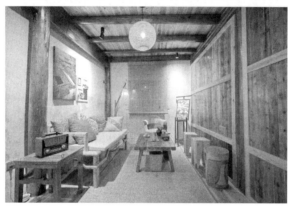

图 6-3-3　木香草堂内部
（李君洁　摄）

馆（含手工作坊，图 6-3-5）这四个项目的设计工作。后来清华大学张昕教授的照明团队和深圳李海虹的室内设计团队也加入进来，承担项目的照明和内装的设计。这样的明星设计阵容用在一个小型山区村落的规划建设里，在当时算是一个创举。设计团队的组建是平田村乡村建设过程中的关键一步，为整个项目的完成质量和后期运营奠定了良好的基础。

平田村作为一个典型的山区农耕村落，要发展乡村度假，必然要对某些局部进行调整。民宿区的规划布局，既要满足民宿运营和旅游发展的的功能需求，又不能对传统村落风貌和格局造成破坏，还要在实施中保留有根据村民意向做调整的余地。小江手上的十几处建筑，既包括传统的四合院，也有 20 世纪 80 年代修建的民宅，以及随地形而设置的厨房、杂房等。它们的建筑形制、年代、质量都参差不齐。设计师要依据建筑的位置、保存现状和空间氛围、景观效果，将其规划为一个功能完整的乡村生活体验区，同时要兼顾短期收益和长期功能的平衡，进行合理的建设分期。经过规划师、建筑师和政府、业主的多轮讨论，围绕着旅游服务、特色餐饮、传统民宿、文化展示和艺术创作的综合功能布局，确定了一期建设的范围。在实施过程中，除了因房屋产权问题进行了一些小型的调整，基本维持了规划方案。

在规划中要预留充足的公共空间。公共空间既包括对原有公共空间的保留和改造，也有新的公共建筑的植入。平田村原本街巷狭窄曲折，传统的夯土民居封闭而缺乏特色。游走村中，就仿佛走在逼仄的迷宫，能停留休息的地方很少。改造之后，村庄入口处原本非常封闭的一组建筑改成了农耕博物馆和手工作坊、设计师工作室，为文化展示和公共活动提供了空间。"爷爷家青年旅社"门前有一块三角菜地，空间还相对开阔。结合一层设置的咖啡馆，这里成为了一期片区的接待中心。设计师对门前土坎的地形进行了局部改造，加入了景观设计，从而增加了它的开放性和舒适性。旁边有一处由杂房改造的半开放茶室，也是纳凉观景、发呆聊天的好地方。三角地因此成为一个有吸引力的村庄公共空间（图6-3-6），丰富了民宿的功能，也赋予了一期片区更多的文化内涵，在满足游客需求的同时，

图 6-3-4　四合院餐厅

图 6-3-5　平田农耕馆和手工作坊

图 6-3-6　平田三角地景观

还改善了村民的公共生活条件。咖啡馆改造完成后，村里的老大爷下象棋聊天有了固定的去处，设计师工作室的一层成了乡、村干部开会的固定地点。

几位建筑师的作品中，有他们对传统建筑的理解，也有他们对农村社会问题的思考，既带有鲜明的个人特色，也体现了设计师的社会责任感。由于乡村旅游产业的兴起，传统建筑的价值开始被公众认识，建筑师也努力从传统建筑和建造技术中汲取营养。在每个建筑的改造中，都清晰地体现了遗产保护的可识别性原则。不得不进行风貌协调的地方，也并不刻意地"修旧如旧"，而是尊重村落自然演进的规律，同时在设计上又有所创新。在平田农耕馆，设计师尝试了不同形式的天窗、亮瓦的铺设方式，形成了新的建筑光影语言。在木香草堂，设计师利用夯土墙的厚度，探索了模式化门窗立面的处理手法。在四合院餐厅，设计师在跨院的小角落植入了金属材料，形成了"最佳观山角"。爷爷家青旅的外观改动不大，内部的二层应用了"房中房"的概念，形成了新的居住和空间利用方式。这些改造的项目，目的是"使村民看到自己老房子的魅力，并建立乡村的自信与自豪"[1]。

建筑师并没有在设计图完成后就离场，而是采用了"设计师设计 + 现场施工指导 + 当地工匠创新"的模式。在一年左右的施工周期中，设计师赴工地配合与指导数十次，与当地工匠密切合作，保证了设计作品的高质量落地，也实现了对传统建造技术的传承。这样的投入也获得了行业的认可。其中，爷爷家青年旅社相继获得美国酒店设计杂志《Hospitality Design Magazine》颁布的 2016 年最佳经济酒店奖和意大利 A' Design Award 银奖；平田农耕馆和手工作坊，获 2015 年住房城乡建设部第一批田园建筑一等优秀作品。平田村俨然成为一个小型建筑博物馆，

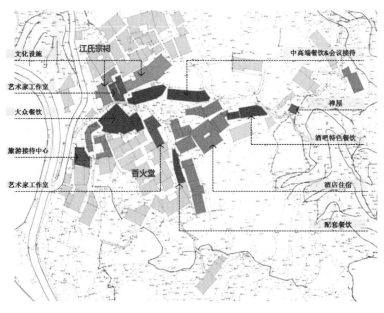

图 6-3-7　云上平田民宿功能分区（虚线为一期范围）

设计师的每个作品既有个性，又与村落和谐共存。见图 6-3-7。

四、结语

传统村落的复兴需要政府、村民和设计师的通力配合。为了让村庄能更好地运转下去，有必要让村民在继续从事农业的同时，获得新的经济来源。在平田村，是规划设立了底线，政府完善了民生工程，设计点亮了走向新生的火种。而让火种不断燃烧下去的，则是村民的自主运作和创新。云上平田开业至今，在小江团队的努力下,已经成为松阳乡村的一个知名品牌。随着知名度提高和客流量的增加，不仅乡村旅游产业得到了发展，村里的传统产业如蔬菜和手工特产也获得了更高的收益。

注释:

1　王冬．乡村的融入与品性的淡然：徐甜甜的松阳实践评述 [J]．时代建筑，2018（4）．

本节作者：孙娜　罗德胤

第四节　竹头寨规划实践

竹头寨位于福建省永泰县白云乡，是属于寨里村的一个自然村。竹头寨有两个特点：一是小而精的村落格局，二是庄寨及其承载的文化。

竹头寨始建于崇祯十四年（1641年），坐落于盆地中央一个隆起的丘阜之上。村落的集中建成区只有3.4公顷，四面环田，田外环山。其地势北高南低，三个主要的民居片区即上、中、下寨，自北向南沿地势铺开，其整体形状似莲座，因此旧时也称竹头莲花寨。村落内外，植被繁茂。三寨之中，中寨湾中厝是联排的中小型传统民居群，上、下两寨均为庄寨建筑。上寨是竹头寨的发源地，始建于崇祯时期，在本项目改造前仅保留地基及少量建筑。下寨（明官寨）建于清光绪年间，建筑本体保存较好，是省级文物保护单位，其内部雀替、柱头、横梁、太师壁、门窗格栅等木构件，精雕细琢，刀法繁复，形态多样，造型精美；寨内现有楹联三十二幅，是白云黄氏一脉耕读传家的重要体现。

2018年之前，竹头寨是一个空心化严重的古村落。

竹头寨所在的永泰县，传统建筑遗存相当丰富。见图6-4-1。这里最典型的传统建筑被称为"庄寨"，全县境内保存约150座。近年来"永泰庄寨"作为一个传统建筑的类型，得到永泰县的大力宣传和保护。永泰县为此专门组建了"古村落

图6-4-1　竹头寨修复前鸟瞰（叶俊忠　摄）

古庄寨保护与开发领导小组办公室"，后来又成立了"古村落古庄寨保护与发展基金会"，为永泰庄寨的保护与发展提供了政府保障和资金支持。

2017 年年底，永泰县为扩大永泰庄寨的影响力，同时建设永泰庄寨保护利用的示范性案例，决定于 2018 年年底举办"乡村复兴论坛·永泰庄寨峰会"。竹头寨作为一个未被开发的庄寨样本，被选为两个会场村之一。规划设计团队正是在这样的背景之下，受邀承接了竹头寨综合整治提升规划及设计实施任务。

一、规划设计总体策略

竹头寨虽小，规划设计与实施的难度却相当大。第一个难题是时间紧。自项目启动至 2018 年 12 月 28 日"乡村复兴论坛·永泰庄寨峰会"的召开，规划、设计、施工的总时长仅一年零一个月。应对这种情况，通常可以靠集中建设重点片区或精品路线的方法来解决。由于竹头寨的占地面积较小，无法形成足够的参观或体验线路，所以必须做全方位无死角的综合提升。与此同时，在这么小的范围内有两座庄寨，如何进行差异化的保护利用也是该项目面临的另一个难题。

为保证永泰庄寨峰会顺利召开，竹头寨的规划设计与实施模式尝试了一种特殊的"会议思维"，即在有一个相对完整的规划思路之后，以会议需要为导向选择设计建设项目，同时在规划中反复验证所选项目与整体规划的契合度，以及未来发展的可行性。

在综合整治提升规划层面，明确了几个大的方向：第一，考虑到竹头寨这样的小型村落，农业生产力和旅游承载力均有限，适合以整体保护为主，适度发展与研究相结合的、品质较高的文化旅游产业。第二，三个片区的保护与利用，应以区域内中心建筑为核心进行差异化的功能配合，并且联动发展。下寨片区仅有一栋省文保的庄寨，以保护为主，辅助低干预的参观体验功能。上寨片区为全村的制高点，视野开阔，近可俯视全寨，远可眺望三狮山。以上寨为核心，结合周边分布的少量传统民居，可进行力度较大一些的综合性文化旅游服务项目。而处于过渡区域的中寨，可于近期内做集中景观梳理，远期再根据上、下寨的发展情况做相应的建筑功能定位。第三，竹头寨全面的综合整治提升工程应该从工程难度较低，但效果明显的景观工程入手，且需要兼顾总体景观效果和重点景观节点。第四，为减少二次建设的资源浪费，各项基础设施工程需要与总体景观提升同步进行。

设计工作基本上与规划同步进行。设计团队在规划调研阶段已同时进行了建设项目的选点，分别为建筑工程、景观工程、夜景照明工程和基础设施工程。其中基础设施工程在规划完成后由当地设计团队深化。建设中期又加入了标识系统工程。

二、庄寨的重生

竹头寨有上、下寨两处庄寨。庄寨的保护利用方式及实施效果，成为政府、社会及专业各方面的关注焦点。更现实的意义，是上、下寨能否按时完工直接影响到会议是否如期举行。

作为省级文物的下寨，在本规划设计启动前已由当地设计单位完成了文物修缮方案的编制，并在规划调研同期开始了修缮工程。在峰会期间，完工后的下寨作为参会代表用餐的场所，并在第一进院落的天井内上演了由白云乡历史名人御医力钧生平为题材的舞剧，实现了规划中对下寨的文物保护与传统文化体验功能的定位。

中寨湾中厝的建设计划因为产权问题，仅完成了基本的建筑维护工作，也为后续的发展留下改造利用的空间。上寨及其附属铳楼的设计改造工程，成为规划设计团队的重点设计与建设工程。

上寨（后更名为卧云庄），也是永泰庄寨峰会第一天会场的所在地。她的功能定位经历过一翻波折。会场功能是该项目明确的设计任务，但会场功能本身不足以支撑体量庞大的庄寨。上寨最终被定位为庄寨文化研究中心，主要原因在于：第一，能容纳四五百人开会的大空间的庄寨，已经不可能回归传统的居住功能；第二，大体量的庄寨的整体商业运营成本很高，短期内难以市场化，文化功能的运营和维护成本相对较低，更容易获得政府支持和产生策划活动；第三，结合永泰县庄寨的研究工作及发展阶段，县里需要一个研究中心，有会议空间的上寨很适合开展研究工作；第四，作为永泰县第一个在废弃后又获得重生的庄寨，文化功能是很有尊严的定位。见图 6-4-2。

卧云庄设计有三个功能分区。入口区适合远观三狮山的风景，可用于接待、茶室、临时展览等文化商业功能。中部是会场区。后面部分，用于文化展示与研究。规划方提出了"主体修缮、周边复建、局部改造"的设计策略，即：对保存相对完好的主座进行修缮，尽量保留其原貌；根据现场遗留的台基，按原有布局复建外围建筑；主座前方则整合为开敞空间以满足近期举办大型会议的需求，未来可拆分为数个小型展厅或会议空间使用。

会议期间，卧云庄主体工程完工并投入使用，让参会代表和嘉宾收获了在"庄寨里面开大会"的独特体验。见图 6-4-3。

图 6-4-2　上寨（卧云庄）改造前
　　　　　后对比（陈曦　摄）

图 6-4-3　建成后的峰会会场

　　铳楼是与庄寨结合的一种防御性附属建筑。随着防御需求的消失，村里的铳楼均废弃了，成了消极空间。上寨的这座铳楼比较特殊，它与一座木楼相连。铳楼垂直封闭的纵向空间与木楼相对开放的空间，形成一种具有戏剧性的结合。设计师将其定位为铳楼书吧，木楼部分兼具读书和咖啡的功能，铳楼是更纯粹的藏书楼。实施过程中，对木楼进行了部分的落架重建，而铳楼则被整体保留(图 6-4-4)。在峰会召开之前，永泰县联合新浪微博发起捐书活动，为铳楼书吧宣传预热，征集到的三千本图书在会前全部上架。

三、景观整治与设计

　　在传统村落的景观设计中，规划设计团队倾向于用"无意识的景观"营造出村落之美，提倡进行"弱景观设计"，也就是以景观整治为主，同时根据村落自身特点对部分现有景观资源进行改造设计，并且强调改造和新增的节点要融入村落原生环境。竹头寨项目中首次在"弱景观设计"的基础上进行了一定程度的园林化尝试。

首先是景观整治工程(图6-4-5)。应对规划阶段的难题——"竹头寨占地较小，峰会前必须全方位无死角地综合提升"，景观整治是非常好的解决方式。竹头寨村内的道路很窄，除上寨北侧新修的水泥路，路宽均小于1米。道路旁、民居间到处是亲切感很强的小尺度空间，很难作为独立的景观节点进行设计。整治设计的具体方法是在整村路面提升的基础上，逐个点位进行简易草图设计，并由设计师与现场指导以村民为实施主体的施工队伍，边沟通边实施。这个过程细碎而繁琐，工作量大，但是能实现村落整体风貌的显著提升。

其次是景观节点与线路。通过现场调研和对庄寨文化的相关研究，设计者发现还原村落原生景观美的方法在竹头寨并不完全适用。庄寨的气质兼具防御性的威严和人文性的儒雅，因此节点设计要考虑突出庄寨的仪式性和序列感。设计师选择了四个景观节点和一条特定的景观线路。

四个景观节点中，有三个跟建筑相结合，分别是上寨前台地、下寨前台地和铳楼庭院。在这三个点上，景观都是建筑的从属。通过相对简洁的景观设计，衬托出建筑的高大，同时提供舒适的景观空间和建筑观赏点。特定线路的设计也类似，为解决下寨（明官寨）正前方的灌溉明渠对农田景观的割裂感，设计师利用这条明渠做了一个木栈道。这条栈道一方面织补了农田的裂痕，另一方面形成了一条很有仪式感的步道。自栈道起点慢慢走近下寨的过程中，庄寨在人的视野中逐渐变得高大，威严感和神圣感也逐渐加强。

中寨区的旱溪花园原是沟通了中寨与下寨的村落死角，堆积了很多陈年垃圾。在规划进行了路网调整之后，这里成为连通全村三个片区的桥梁和村落中心的景观空间。与其他景观节点不同，旱溪花园的设计重在突出庄寨的人文情怀，形成一定程度的园林化景观空间。

旱溪花园分石瀑布区、旱溪区和水景区三个区（图6-4-6、图6-4-7）。石瀑布区是旱溪花园最北部的区，作为旱溪的"水源"区。主景为石瀑布，主要的景观建筑是一座竹亭，名为待雨轩。旱溪花园所在的带状空间，其实是全村下雨时雨水汇聚再排出村外的最主要通道，因此旱溪区日常以旱溪状态营造精神意向中的水景空间，下雨时解决村落排水需求的同时可呈现出真实的水景效果。

水景区是旱溪花园的终点，以水池、亭、置石相结合形成一组小型园林景观。

图 6-4-4　铳楼书吧室外改造前后
对比［陈曦（前）/ 李君洁（后）　摄］

图 6-4-5　环境整治系列前后对比
［汪甜恬（前）/ 李君洁（后）　摄］

图 6-4-6　石瀑布改造前后对比
（李君洁　摄）

图 6-4-7　旱溪区改造前后对比
［汪甜恬（前）/ 李君洁（后）摄］

因其所在的位置也是中寨区的入口，也在一定程度上表现出水口园林的特征，此处的景观亭被命名为知归亭，代表希望走出竹头寨的村民留恋故土。

四、其他工程

竹头寨的照明设计（图6-4-8），坚持了本团队在传统村落中的一贯策略：一是要争取达到"看得见光，看不到灯"的效果，尽量减少灯具本身在白天对村落风貌的影响；二是必须看到的灯具，灯具形态要与村落风貌最大限度地融入；三是在满足基本照明需求的前提下，尽可能维持一种静谧感强的夜景暗环境。

照明的设计范围分三大块，重点建筑、重要景观节点和基础交通照明。对于重点建筑的上、下寨的立面照明，设计只采用了檐下隐藏灯带的方式，提示了建筑的高度却不会使原本很高大的庄寨在夜晚特别突显，同时因为外立面光照不强，室内通过门窗透出的光得到强调，呼应了永泰县的口号——"永泰庄寨，老家的爱"。

景观节点的照明设计方法同样倾向于藏灯。在亭、廊中，座椅下、水边等安装隐藏的灯带，经过景观构筑物结构反射出的光更为柔和，让夜晚静谧却不清冷。因竹头寨村小路窄，基础交通照明设计中以景观照明取代路灯。设计定制了高仿真效果的竹灯，同时，结合石墙、护栏等安装隐藏灯具。

标识系统工程，是在建设中期增加的设计内容。见图6-4-9。为突出本村的特点，设计采用当地最典型的传统材料——石、竹、木，却同时使用了石雕、木雕、竹刻的工艺。团队也为竹头寨设计了村LOGO。

基础设计工程，由规划后交由当地设计团队深化设计，本规划团队进行了现场配合与协调。因为时间紧，深化与施工团队并没有充分考虑基础设施建设对景观工程的影响，部分架空线路和入地管线对景观工程有干扰，这是建设阶段美中不足的遗憾。

五、实施经验

竹头寨项目在一年零一个月的时间内完成了设计与实施任务，涉及村落规划、建筑、室内、景观、照明、标识、基础设施等各专业，以及会议事件策划等活动。该项目是规划设计团队多年来在传统村落实践经验上的集中运用与再次提升。其经验粗略总结为以下三个方面。

第一，最大限度地发挥村民力量。乡村是人情社会，在村里做建设更需要得到村民的认可。在项目正式启动之初，规划设计团队通过宣讲会、调研、访谈等方式，

图 6-4-8　竹头寨夜景鸟瞰
（黄文浩　摄）

图 6-4-9　标识牌——指示牌
（陈曦　摄）

让设计师与村民互相认识、传达工作内容、探讨发展方向，建立良好的沟通交流机制。在项目实施过程中驻场设计师得到了很多村民的支持和照顾，并且在景观整治工程中，村民作为实施的主力，使整治工程的效果更具乡土气息，村民也因此收获到一些建设收入以及建设家乡的自家感。另外，实施过程中有一类特别重要的村民，我们称为新乡贤，比如竹头寨理事会的几位理事。他们更了解村民的需求，更擅长关系处理，实施过程中的很多困难，比如产权问题都是由他们出面调节解决的。他们还直接承接了部分建设任务。

　　第二，最大限度地发挥设计师的力量，包括驻场设计、强化沟通、坚持细节打磨等。保障传统村落规划设计的实施效果，并非易事，经常会遇到困难，比如村内交通、地形、地质等因素造成施工难度大，遗产保护性避让或村民的人为障碍，涉及传统工艺与现代工艺结合产生的非标准化建设，以及本身就有一些整治性非标准化设计等。这时，更需要设计团队与实施团队的深度配合。驻场设计与高频率的远程指导相结合，对项目进行全程跟踪，是实施效果的重要保障。

　　设计师要及时解决技术难题。比如上寨施工期间会场区做了一次重大的结构调整。为了获得大跨度的会场空间，原设计采用钢构以保证会场区内没有立柱（在遗产领域使用钢构也是一种较常见的做法），但开工后发现当地的钢构技术成熟度不高，而且上寨位置高，钢构材料运输难度大、工期紧。由县领导召集当地工匠研究，经设计团队探讨认可后改用大跨度的木结构代替。实际上后期还是加了柱子，但因为木结构是传统做法，会场的整体效果也很好。

设计师要用回归工匠精神的驻场设计进行景观营造。竹头寨的村落景观整治主要是在驻场设计的现场指导下进行的。同时，部分景观节点因为村落地形的复杂性难以用施工图精确表达，也需要将现场设计与施工同步进行。如旱溪花园的施工过程中，石瀑布工程请到了传统假山师傅，由设计师提供意向图和手绘示意图，亲自去石材市场挑选石材，与假山师傅现场研究工艺，并现场指导摆放调整完成；旱溪的铺设也是由设计师现场示范各形态"溪流"的标准段，再逐步实施。

设计师还要坚持设计细节的打磨。对于一些非标准化的定制性的产品，比如竹头寨的竹灯、标识系统，均由设计师与制作方多次打样反复调整完成。尤其是同时使用了石雕、木雕、竹刻的工艺的标识系统，对材料、做法、效果进行了多次试验，最后的成品才令人比较满意。

设计师还得灵活应对突发变动。当多专业同时进行建设时，可能会出现各种交叉影响的问题。如旱溪花园最初设计并没有水景区，水景区原址是一个植被较好的陡坡，后因村内砌筑石挡墙位置错误填出了一大块空地。设计师经过多方协商，确认石挡墙不可拆除后，现场设计进行景观化处理，并直接向县委分管领导申请对应的建设经费。同时，原设计的 3 号亭原址因村民不同意使用，也被设计师修改方案并改建至水景区，于是有了后来的知归亭（图 6-4-10）。

第三，充分发挥政府与"大事件"的推动力量。村镇能调动的资源是有限的，

图 6-4-10　水景区改造后对比
［汪甜恬（前）/ 李君洁（后）摄］

竹头寨之所以能在一年的时间里完成了大量设计与实施工程，主要借助了两个重要的推动力量：一是以村保办为代表的永泰县政府，因为有了以县级分管领导亲自主持工作，同时有专管办公室负责组织协调，可以在短时间内调动人员、经费等各种支持；二是"乡村复兴论坛"这类大事件的推动，因为有明确时间节点，并且有数百名参会代表现场"验收"的压力，各项具体建设项目的选择在最初就要同时考虑到近期会议需要及未来发展需求，并以会议时间为节点进行各项设计与建设工程的倒排工期，迫使所有相关团队密切合作，尽可能高效且高质量地完成设计与实施任务，避免无谓的拖沓与程序上的浪费。

六、结语

竹头寨规划实践项目是在会议事件影响下，永泰县庄寨保护利用的一次探索，也是短工期、多专业、高密度、高效规划实践的尝试，为本规划设计团队积累了很好的落地实践经验。该项目更重要的意义，是通过一次集中建设让永泰县古庄寨、古村村落保护事业看到了新的希望。

本节作者：李君洁

第五节　侨乡村规划实践

　　侨乡村位于广东省梅县区南口镇，是一个典型的客家村落，以围龙屋聚集而闻名。全村总面积约 1.5 平方公里，由寺前、高田、塘肚三个自然村组成。侨乡村紧邻南口镇区，距梅县中心城区约 13 公里。侨乡村南面靠山，北面是田，三星河从田中蜿蜒而过。村中建筑多依山脚而建，形成了"山、村、田、河"的空间格局。

　　作为客家人的聚居地，侨乡村自明嘉靖年间开村，至今已有五百多年的悠久历史。村内几乎家家都有人出洋经商，商人们返乡建房屋、办实业、设公学，对当地的建设、经济、教育做出巨大贡献，使侨乡村成为当时梅县最富裕的村庄之一。见图 6-5-1、图 6-5-2。

图 6-5-1　侨乡村的空间格局
（图片由梅县南口镇政府提供）

图 6-5-2　侨乡村的围龙屋（图片由梅县南口镇政府提供）

侨乡村以围龙屋为代表的传统建筑，目前大多处于闲置荒废的状态。由于祖宅产权关系复杂，部分产权人定居海外，国内的产权人也大多分布在广东省内各地，导致协调产权的任务非常艰巨。

基于侨乡村的客侨文化特征、田园景观风貌以及复杂的产权现状，结合2018年4月召开"乡村复兴论坛·梅县峰会"这一会议事件，规划团队决定以慢行系统为切入点，以线串点，以线带面，在改善交通系统、完善基础设施、改造重点建筑的同时，实现全村景观环境的大提升。规划团队于2017年9月启动本轮规划设计工作，于次年3月底完成施工。

围绕会议事件的规划设计与通常的规划设计工作模式有所不同。这轮规划设计具有以下特点：第一，有明确的时间完成节点，这意味着所有设计项目要充分考虑设计周期与工程周期；第二，设计项目要服务于会议事件，同时又要兼顾会后的持续使用；第三，设计项目要有针对性和话题性，能传承和延续历史文化，能彰显地方特色，还能对接现代生活。

在会场选择上，大型的围屋建筑原本可以用作会场，但因产权复杂、协调未果而不得不放弃，最终选定的是村委会旁边的空地。这里面积足够宽阔，还可眺望周边田园景观，让参会者有良好的会议体验。

一、慢行系统与环境提升

规划团队以慢行系统为串联线，将侨乡村的河流、山林、围龙屋和农田等特色资源有机地串联起来（图6-5-3）。慢行系统的主要工作是改造提升现有主路，贯通沿三星河的河岸道路，并进行河堤修整加固，与现有主路形成大骑行环线；此外，要修补现状的田埂路和街巷小路，与周围传统民居保持协调。

慢行系统的引入，既与侨乡村的古村传统风貌和地势平坦的现状相吻合，还贯彻了广东省住房和城乡建设厅在全省范围内建设慢行系统的规划要求。此举不仅为当地村民的生活带来了便利，也为外来游客创造了新的体验，还在一定程度上突显了村内原本被新建筑遮挡的围龙屋，使得这一极具地方特色的建筑遗产得到更多的关注。

规划团队与梅县区农业部门合作，引导村民完成了土地流转并进行农业种植；听取农业专家的意见，种植了五色水稻；再搭配种植季节性花卉，全面提升侨乡村的农田景观。区政府还下决心将部分区域的电线入地，大幅度改善了侨乡村的整体风貌。

规划团队与当地政府共同举办了村民动员大会，通过宣讲、培训，让村民了

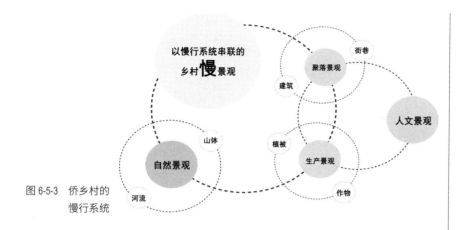

图 6-5-3　侨乡村的
　　　　 慢行系统

解乡村复兴论坛的意义和价值，了解本轮规划设计的工作内容和实施方法。规划设计的落地实践获得了村民的支持，从开始由村委带领村民进行全村大扫除，转变为后来由村民自发地维持村庄环境。村民配合施工方，按照规划设计的要求，采用篱笆、栅栏等材料对自家园地、菜地和田地进行了统一更新。此外，村委组织专业团队进行了垃圾箱修整和标识系统更新，使得侨乡村的配套公共服务设施得到了较大提升。

规划团队还与镇、村两委及村民讨论了《侨乡村历史文化名村保护规划》的管理规定。统一意见后，依照要求对会场及周边与传统风貌不协调的建、构筑物进行了整治，在提升景观环境的同时还配合了上位规划的执行。

二、河道景观与亲水平台

规划团队在侨乡村调研时发现，三星河的中游岸边坡度较陡、杂草丛生，没有建设河堤、护坡及滨河道路，从而导致滨河道路不连通、滨河景观不显露、两边村庄相对疏离、村民缺少互动等问题。

针对现状，规划团队提出了以互动为设计理念，分步完成清草、建路、创造节点的工作策略。首先，清除河道中游的杂草，让河道显露出来，让两岸村民之间、村民与河流进行视线互动；然后，在河道中游岸边新建河堤、护坡和滨河道路，将上游和下游岸边的两条原有滨河道路串联起来，形成连贯的滨河游览线路，实现上、中、下游的景观联动；最后，创造一个互动性的景观节点，也就是在视线开阔的河道转弯处设计了一处亲水平台，吸引人驻足、聚集、亲水、交流，从而实现人与人之间、人与自然之间的互动，并期望以此为突破点，逐步激活侨乡村整个滨水空间的活力。

亲水平台的位置是在三星河最急的转弯处，这是一个重要的景观节点。亲水平台上的竹亭，以当地常见的竹子为建筑材料。河堤用卵石铺砌，辅以种植当地盛产的鸢尾和美人蕉。在较低的成本控制下，为会议当日提供了一个很好的景观节点，也为村民提供了日常休闲散步的去处和交流互通的场所。见图 6-5-4。

如何吸引人聚集，是创造互动性景观节点的关键。从前，村民因生产、生活需求而聚集在晒谷场、洗衣码头等地方，这些地方自然成为村民们沟通交流的公共场所。现在，随着洗衣机在农村的普及，洗衣码头也就逐渐萧条进而不复存在了。为了让亲水平台重新聚集人气、激发活力，规划团队设计了一系列植入新功能的景观设施。例如满足自行车停靠功能的竹屋、满足亲水嬉戏功能的亲水石滩、满足观景功能的多级平台以及满足休憩功能的座椅等。建成后的亲水平台吸引了许多孩子与家长，孩子们嬉戏玩耍，家长们谈天说地。亲水平台俨然成为侨乡村的一处公共空间。见图 6-5-5。

三、照明设计

乡村照明，除了展现星空，还需要营造一种属于家的温暖味道。梅州是客家生活相对安逸的地方，基于这样的历史大背景，侨乡村夜景照明设计紧扣"静谧"两字展开，目的是营造一种故乡归属感。

规划团队做照明系统设计的最初想法，是让乡村照明尽可能"暗下去"。减弱

图 6-5-4　三星河及亲水平台改造后效果（贾萌　摄）

图 6-5-5　儿童捕鱼亲子亲水活动（图片由梅县南口镇政府提供）

乡村灯光，让人看见一片星空和萤火虫。但实际上，只有星空和暗淡路灯的乡村夜晚，是过于寂静的，并没有给人归属感和安全感。经过夜晚现场调研，规划团队确定了最终的工作方案。首先，检修村内现有路灯。侨乡村现有的照明系统只有路灯，部分已损坏，需要修复。其次，配合慢行系统，将路灯统一换成暖黄色灯光；三星河沿线的景观照明为每隔 10 米设置一盏竹筒矮柱灯；在修整铺砌后的田埂路侧边，每隔 30 米设置矮地灯；村内传统建筑的大门、檐下设置洗墙灯。为避免乡村夜晚像城市一样过亮，设计团队与施工团队反复调试灯光，采用换灯具、换型号等方法，一直调试到大家都认为合适的灯光效果。见图 6-5-6。

四、建筑设计与改造

侨乡村以围龙屋的数量多和质量高而闻名。但与此同时，由于围龙屋的规模大和产权复杂，导致改造、使用的难度和成本都很高。所以，在本轮规划，我们选择了体量小的建筑作为改造设计对象。

第一个项目是自在楼改造（图 6-5-7）。自在楼建于 20 世纪 20 年代，这是一栋不到 300 平方米的建筑，改造方案和施工建设的周期都不长，可在会议前顺利完成。自在楼位于侨乡村的主要道路上，可达性好，与南华又庐、焕云楼形成良好的景观对视效果。

图 6-5-6 侨乡村道路照明（图片由梅县南口镇政府提供）

图 6-5-7 改造后的自在楼

　　自在楼还具有特殊的现实意义。自在楼的建成，源于侨乡村历史上潘、谢两大家族的风水争斗，具有故事性和话题性。自在楼是最近这些年才有的名称，之前村民们一直将它称为"棺材屋"。当初潘姓族人建造它的时候，就不是为了居住，而是为了挡住谢家祠堂的风水，所以它的形象结实而封闭，看上去就像棺材。改造设计的指导思想，是将从前宗族争斗的产物变成今天村民共享的场所。设计方案保留了东侧的楼梯间和主体结构；西侧的一层四间打通，改为半开敞的"灰"空间；二层四间也打通，改为通透的室内大空间。室内设计方面，一层布置八仙桌和长凳，古朴且兼具乡土气息，可用于村民聚会和木偶戏表演（图6-5-8）。结合侨乡村几乎家家有华侨的特点，在二层室内引入咖啡、甜点，布置简洁的桌椅（图6-5-9）。

　　"自在楼"项目的规模很小，但它代表了规划团队激发乡村活力的一种探索。在自在楼的改造方案中，特别强调了开放性和综合性。之所以有这样的考虑，与乡村公共空间的特点有关。回顾我国传统村落中曾经出现过的一些公共建筑类型，像祠堂、鼓楼、学校、戏台等，虽然听到名字就会联想到它们的特定功能，实际使用中却并不局限于此。在祠堂里除了祭祖，还会讨论、决策一些集体事务，祠堂便由信仰性的空间变成了政治性的空间。戏台有演出的时候，有人会在周边贩

图 6-5-8　改造后的自在楼
一层空间

图 6-5-9　改造后的自在楼
二层空间

卖东西，举行一些商贸活动，戏台便由娱乐性的空间变成了生产性的空间。在水井边上可以干一些家务，也可以聊天、交流、"八卦"。这个"八卦"其实也有很重要的作用，如果用学术语言来解释，他们实际上是在利用公共舆论去建立乡村的伦理道德标准。

这些信仰性、生活性、政治性、娱乐性的公共空间，实质上都是开放的、综合的。"开放"意味着空间的使用方法是开放的，开放的对象包括所有人。"综合"则更多指向功能，即一种综合性的功能体现。所以我们希望改造后的"棺材屋"有一个开放的空间，摆上些桌子、椅子，大家可以自由自在地进出、自由自在地使用，就像它现在的名字——"自在楼"。

第二个项目是新建公厕。一直以来，乡村厕所是乡村基础设施的短板。侨乡村已有两处公共厕所，但设施陈旧，面积也较小。本轮规划设计中，在改善原有公共厕所的同时，于村委会东侧新建了一处公共厕所，既解决了会议期间的需求，也服务于会后的侨乡村。新建公共厕所采用当地工艺与材料，双坡顶与周围的传统建筑相呼应，但同时又有创新——采用连续双坡顶的形式并将其整体架空，既加强室内通风，又使其与周围建筑有所区分。玻璃砖及木格栅的使用，使室内产生光影变化，形式轻盈，并使其与周围环境相融合。

第三个项目是配合会议，对会场西边的毅成公家塾进行了轻度改造。毅成公家塾是侨乡村潘氏华侨所建造的私塾，现状为村委会所在地，产权归集体所有。毅成公家塾的改造重点，是在低干扰的前提下进行室内空间设计，将其主要作为华侨回乡办学事迹的展陈空间，并在会议当日进行图书展销和衍生文化产品售卖。会后作为陈列馆和研习室继续使用。

五、结语

侨乡村的上述几项规划设计内容，均在会议召开前完成。这些项目让侨乡村的农业种植得到了更好的配置和统筹，形成了规模化，还极大地提升了全村的田园景观环境。三星河的疏浚、竹亭的建设，以及自在楼的改造，为当地居民和外来游客提供了交流空间。社会资本因为本次会议事件，已经参与到侨乡村的运营。会议也提升了侨乡村的知名度和影响力，吸引了不少慕名前来参观学习的村镇干部和乡村工作者。

会议事件是一个时间结点，更是乡村振兴的一个新起点。广东梅县侨乡村举办的第五次乡村复兴论坛，在吸取了前四次会议经验的基础上，加入了新的活力元素，例如乡村管理人的培训、乡村美食家的教育等。在这次会议事件中，会议团队及其合作伙伴在挖掘地方特色、提升会议品牌、整合相关资源的各项能力上，都得到了提高。回顾本次会议与规划设计，笔者总结出以下几点经验。

首先，要对会场所在地的村委领导和村民提前进行宣传、教育和培训，让他们对会议事件和规划建设有新的认识，也让他们在之后开展的规划设计落地实践中有良好的合作精神，从而推动规划落地的顺利进行。

其次，要围绕会议事件，对会场及其周边进行规划设计，以便在节约成本的前提下提升场地空间的环境品质。

再者，要深入挖掘所在乡村的地方特色，包括历史文化、饮食习惯、节日民俗、建筑遗产等方面，要与周边区域形成区域联系效应，同时还要进行差异化建设，以便在发展中既能得到区域发展的基础带动力，还能形成自身独有的特点。

最后，要保持会议结束后的持续跟踪工作。规划设计团队要密切与当地村委领导联系，关注所在乡村的发展动向，共同引导所在乡村按照规划分期的要求，持续健康地进行建设。

本节作者：王芝茹　罗德胤　覃江义　王恒

第六节 哈尼民居改造

云南省红河哈尼族彝族自治州元阳县典型的哈尼族民居俗称"蘑菇房",因其外形尤其是茅草屋顶类似蘑菇而得名。蘑菇房一般是 2 层的木构架土坯墙建筑,外形简单,几乎没有任何装饰。蘑菇房是元阳哈尼族文化最鲜明的外部表征之一(图 6-6-1)。它是上千年来哈尼人应对当地气候和资源的最优选择,在景观上也已经和梯田环境形成了牢不可分的紧密关系。

关于元阳县世界遗产地内哈尼梯田与聚落的文化价值,已经在第三章有论述。这些聚落的主体构成部分,就是一个个蘑菇房。所以,蘑菇房也是此项世界遗产的重要内容,而保护该世界遗产地内的哈尼聚落,主要任务也就是保护这些蘑菇房。

图 6-6-1 典型蘑菇房

一、项目背景

在过去十几年的时间里,由于外出打工和新农村建设等原因,蘑菇房已经大量消失。当地一个相当普遍的观点认为,用土坯和茅草、稻草建造的蘑菇房代表着贫穷与落后，只有住上砖混结构的新房子才是"现代化"的象征。相比之下，近些年新建的水泥红砖房不仅丧失了地域特征，而且，由于当地经济条件尚不宽裕，很多红砖房都没有做外装修，坚硬裸露的红砖墙面与自然的梯田、山林环境格格不入。

设计人员希望寻求一种折中方案，在保留传统民居的外观和主要文化要素的前提下，对内部空间进行调整，以改善其居住性能。2012 年 4 月开始实施"红河哈尼梯田"申请世界文化遗产整治相关工程时，全福庄中寨的传统民居又比两年前减少了将近一半，只剩下 17 户土坯房和 1 户石头房。尽管剩下的传统民居已经不多，但全福庄中寨作为一个处于现代化进程之中的哈尼族传统村寨，她在反映新旧观念冲突的问题上具有代表性。如果能在这个村寨进行几户哈尼传统民居的改造工程，将会具有突出的示范意义。

设计团队与当地政府挑选了 3 户人家，作为改造示范户。它们分别是中寨 42 号村支书卢世雄宅、中寨 46 号卢海师宅和中寨 48 号卢有开宅。

二、蘑菇房的问题

表面上看，传统的哈尼族蘑菇房确实存在着诸多问题，比如空间狭小、光线昏暗（图 6-6-2）、容易着火、不够卫生等。然而，这些问题不能一概归咎于蘑菇房本身，而是要做理性的分析，之后才能寻求真正的解决方案。比如，关于卫生的问题，其根源在于哈尼人传统的人畜混居的生活方式，和建筑材料、建筑形式无关。又如空间狭小的问题，其实蘑菇房的建筑面积并不小，三层都算上的话可以达到 100 多平方米。之所以觉得地方不够用，是因为民居底层用来养牛，第三层用来贮藏，只有第二层是居民日常活动起居的主要空间。再如光线昏暗的问题，主要是因为蘑菇房的窗子开得很小（窗子小实际上是对传统生活方式的适应：以

图 6-6-2　光线昏暗的蘑菇房室内

前人们在屋里不会有阅读等需要较多光线的行为；小窗子有利于建筑的防兽、防盗和防风保暖；开洞小也有利于墙体结构稳定性）。解决采光的问题，可以适度把窗子扩大，而不必把整个蘑菇房拆掉重建。总之，通过适当的技术手段可以解决蘑菇房的一系列缺点。

三、消防设计

蘑菇房的木架草顶容易着火，而哈尼村寨的住宅密集，一家着火就会波及邻家。20世纪90年代，政府开展"铲茅工程"，将大多数茅草顶更换为不易燃的石棉瓦顶。没有了茅草顶的蘑菇房，在景观上大打折扣，不再是"蘑菇房"。要延续哈尼村寨的文化特色，在一些重点村寨恢复茅草顶是必要的。而恢复茅草顶，就必须解决防火问题。

设计人员通过采访发现，蘑菇房发生火灾有两种途径：一是从内部引燃，二是从外部引燃，多数火灾是先从住宅内部产生的。采取的解决方案，是在屋顶上安装喷淋系统，并在室外根据村落房屋总数配备一定数量的消火栓。喷淋系统没有安装在室内，是基于两个考虑：一是室内小型火情大多是人为引发，可直接扑灭——这也是城市住宅普遍不安装消防设施的原因；二是如果在室内安装喷淋系统，一旦启动则将导致屋内全面淋湿，会危及土坯墙体的安全性。

基于上述考虑，设计人员将哈尼村寨的消防设计定位于防止蔓延式火灾，即小型火情由屋主自行解决，当火灾严重到要超出个体建筑时，则启动该栋房屋及附近几栋房屋的屋顶喷淋系统，同时打开室外消火栓，以便将火灾范围控制到最小。

当然，再好的消防设施也不是万能的。为了充分发挥我们设计的消防设施，除了培训村民们如何使用消防工具外，还要普及消防常识，让村民们注意日常防火，并会用正确的手段及时扑灭不同类型的火情。

四、功能调整

接下来是对蘑菇房的功能调整。传统的哈尼民居虽然有三层，但除第二层及耳房外，其他的空间都不能用于居住，所以显得空间狭小。传统的哈尼族生活方式注重家庭集体生活，对个体生活的私密性考虑较少。比如卢有开家有6口人，实际居住面积仅40平方米。二层的空间，除了两个3~4平方米的小卧室和不到5平方米的楼梯间兼谷仓[1]外，是围绕火塘为中心的混合空间；包括起居、厨房、进餐、祭祀、仓储[2]等多项功能，都在这里进行。在现代生活观念的冲击下，传统的布局方式已经让人们尤其是年轻人感到不适。

蘑菇房的形制和布局，在整个元阳县范围内是相当固定的。此次改造的三户民居，虽然使用和保存状况各有特点，但基本的改造策略是一致的，即根据各户的居住人口、实际尺寸和户主要求，对平面功能进行微调。见图6-6-3。

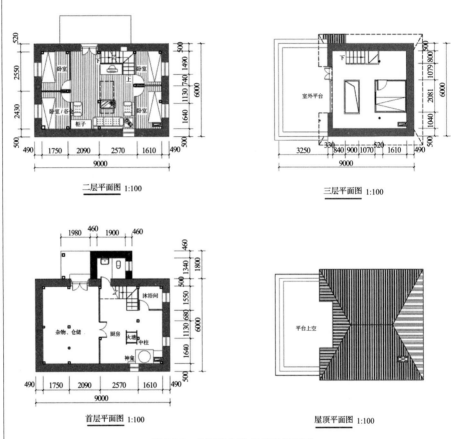

二层平面图 1:100

三层平面图 1:100

首层平面图 1:100

屋顶平面图 1:100

图 6-6-3　全福庄中寨 48 号改造设计

首先要人畜分离，将家禽、家畜转移到主体建筑之外，建立独立的圈舍。这样，既解决了人畜混居带来的卫生问题[3]，还可以将底层也利用起来，大大增加居住面积。底层的舒适度不及二层，所以主要安排厨房、卫生间及储物室。二层仍为起居和卧室。哈尼族一般是三代共居，所以在这一层一般要安排 3～4 间卧室。三层的阁楼原来比较低矮，多用于储物，使用频率不高，采用爬梯上下。茅草顶的坡度比石棉瓦顶陡得多，只要适当加高女儿墙，大部分空间的高度就能满足日常活动的要求，爬梯也可以改为更实用的固定楼梯。经过上述调整之后，使用面积能增加至 100 平方米以上，人均使用面积超过 15 平方米。虽然不算宽裕，但已经达到小康标准[4]。

底层厨房内设火塘和灶台，位于原来二层位置的正下方。设计者希望通过这种方式来尽可能保留住哈尼族的传统文化要素。另外，传统建筑的隔墙是用木板拼接而成的，不利于隔声。改造方案采用了砖墙和轻钢龙骨双层石膏板墙（内夹石棉隔声棉），隔声性能大大改善。

其次是调整层高。传统哈尼民居的底层用于圈养牲畜和存放杂物，层高很矮，只有 1.8 米左右。为满足居民日常活动的基本要求，层高要提升至净高 2.2 米。同样，三层阁楼的空间也需要适当提高。

再者是改善采光。传统哈尼住宅开窗又小又少，而且室内长期烟熏火燎，四壁黝黑，主要采光是依靠大门和阁楼洞口。要改善采光条件：一是增加侧向采光量，即适度增加窗子的数量和尺寸，二是室内采用浅色墙面。

元阳山区的冬季阴冷潮湿，原是依靠火塘产生的热量来烘干谷物、驱散室内湿气。将火塘移至底层后，二层的起居空间就没了取暖设施。解决这个问题是从附近的彝族民居借鉴来的——彝族民居普遍没有固定的火塘，他们用可移动的火盆来取暖。

五、墙体加高

改造工程中一个比较大的施工难点是如何提高一层的层高。这三栋民居，最早的 46 号建于 1964 年，42 号建于 1973 年，最晚的 48 号建于 1978 年，都有三四十年的历史了。它们的土坯墙和木结构都有不同程度的损坏，如墙体开裂、歪闪或土坯砖风化等。这些饱经风霜的老房子，是否还经得起"折腾"？对这个问题，外来的"专家"是远不如当地工匠有经验的。根据当地木匠的观察，这几户民居除了室内部分木构件糟朽必须更换外，总体的建筑质量还属可靠，可以在里面进行计划中的改造工程。

蘑菇房在建造时，土坯墙和木构架是交替施工的。部分横梁的后端直接搭在后部土坯墙上，梁头伸入墙中，梁架和墙体形成相互支撑的结构体系。木构架是用榫卯结构连接成的一个整体，可以采用杠杆法进行整体抬高[5]。施工队员首先用木板四面支护住外墙，再抽掉梁头处上方约 0.6 米高的土坯砖，然后用杠杆法，每次将一根柱子抬高一皮砖的高度，抬高后在木柱与柱础之间垫一块砖；等所有柱子都抬高一皮砖之后，再抬第二遍，逐渐将木构架抬至指定高度，最后用 60 厘米高的短木柱替换木柱和柱础之间的砖块，并将其加固[6]。

加高土坯墙看似容易，实施起来却相当复杂。土坯砖是当地人用来取代夯土墙的一种施工技术。建造夯土墙的住宅，光是夯筑墙体就需要二三十天的时间。其间如果下雨，只能中断工程，等待天晴。建土坯房的话，农民可以利用零碎的时间制作和晾干土坯，等土坯都准备好后，集中工作两三天，就能把墙体砌好。

从拆除屋顶和楼板到铺茅草顶为止的这段时间，木构架和土坯墙体是暴露在外的。其间不时地下雨，就算后来在顶部盖了防雨布做临时遮挡，墙体仍然局部受潮酥化。尤其是最早开工的中寨 42 号老宅，中间因为材料供应不上而停工半个多月，墙体严重受损，后墙向外倾斜，墙角还出现 1 米多长的通高裂缝。为保证墙体安全，施工队不得不将一部分墙体重砌。另外两栋住宅的墙体没出现影响结构稳定性的变形，当屋顶完成后，土坯墙就可以得到较好的保护了。见图 6-6-4。

六、内墙面处理

传统哈尼住宅的内部，多是裸露的土坯墙面，有的为了防潮而刷有一层石灰浆。由于长期的烟熏火燎，内墙面上积存了大量烟灰、油脂，形成一层黝黑的硬壳，这使得采光原本就不好的室内更显得昏暗。为了改善室内采光，同时也为了提高卫生水平，设计者将内墙面改为白色。一层厨房和卫生间的墙面，满贴白釉瓷砖。二层则刷白色墙漆。土坯墙面不够平整，且附着力不够，无论是刷大白浆还是贴白瓷砖，都需要先做基层处理找平，让墙面材料能"贴"在土墙上。可行的方案有以下几种：① 做龙骨，钉石膏板；② 刷水泥砂浆；③ 先挂钢丝网（用 10 厘米以上的长铁钉固定钢丝网），再刷水泥砂浆。以上三种做法，第 1 种效果最好，但会牺牲本就不大的内部使用空间；第 2 种造价最低，但只能用于直接刷墙漆的做法，若水泥砂浆层太厚还有后期剥落的危险；第 3 种可用于贴挂瓷砖。最终决定，在不同部位视情况采用第 2 种或第 3 种内墙处理方式。从施工的效果看，是比较令人满意的。见图 6-6-5 ～图 6-6-7。

七、户主的作用

哈尼梯田申遗整治的专家组在改造工程开始之前，就提出了这样的希望：在传统民居的改造中，居民的积极参与能帮助设计师更好地结合当地实际情况，避免出现外来设计理念的生硬移植，也能让这些改造工程更好地发挥示范作用。

户主的意愿在改造中也的确起了相当重要的作用。例如初版设计中，为了提高空间利用的效率，将楼梯和卫生间设在进门左手侧。但是，村民认为那里是男主人睡觉的位置，象征着家庭权威，这样重要的位置怎么能放楼梯呢？他

图 6-6-4　全福庄中寨 48 号改造后外观

图 6-6-5　全福庄中寨 48 号改造后底层

图 6-6-6　全福庄中寨 48 号改造后二层

图 6-6-7　全福庄中寨 48 号改造后三层
　　　　（图片由元阳县住建局提供）

们坚持将楼梯放在原来靠后墙的位置。在实施中，设计人员按照村民的意见调整了方案。

户主的从众思想也是比较普遍。如果是当地没出现过的新样式，一般很难被接受。比如为了改善室内采光，方案里有二层的天窗和三层 2.4 米宽的大窗，最终只有中寨 46 号实现了三层的大窗，其他均未实现。户主对外观和结构安全性考虑比较少。比如中寨 46 号，由主体和西侧后加建的一间卧室组成；户主觉得卧室的面宽太窄，要把隔墙打掉以扩大使用空间。而这里的"隔墙"，实际上是建筑主体的承重墙，去除之后将严重影响整体结构的安全。

另外，这家大门前的走檐带有顶棚，形成层次分明的建筑外观，是寨子里较有特色的一户。户主一是认为走檐下面的层高太低，进门要弯腰，不舒服；二是觉得走檐已开始漏雨，坚持要翻修走檐。蘑菇房的平台均是用石灰泥浆在石板上夯筑而成的，周边高起约 10 厘米，造型质朴大方。若要重做走檐，只能用水泥现浇一块平板。虽然只是建筑附属部分，但它对建筑外观以及村落景观的影响都很大。因此对这两处，设计人员都坚持没有按照户主意愿改造。

八、结语

截至 2012 年 7 月，全福庄中寨的 3 户民居改造都已基本完成。总结这次改造工程，设计人员认为在以下三个方面是比较成功的：

（1）采光。窗子扩大和内墙面刷白之后，室内采光水平不仅较之原先大大改善，而且室内采光水平和村民自建的红砖水泥房相比也不逊色。

（2）功能。把底层也利用上之后，住宅的实际使用面积明显增加，人均面积达到或超过国家规定的农村小康水平。

（3）外观。尽管高度有所增加，但是由于占地面积没变，建筑材料也保持原先的土坯墙，所以从外面看整体建筑风格与原先基本是一样的，传统民居的真实性得到了较大程度的保证。

由于民居改造工程时间较紧，施工仓促，仍有几点不足：

（1）结构稳定性。为了提高建筑底层层高，将建筑木构架整体抬高了 0.6 米。这算是一个比较大的手术，对加固措施还需要进一步研究，以保障房屋安全。

（2）材料。施工时段正值当地雨季，木材无法进行足够的干燥和防虫处理。

（3）文化元素。火塘、神龛、中柱等均为哈尼族的文化符号，在原设计中进行了保留（平移至一层），但是户主并未接受。

本节采编自：

孙娜，罗德胤．哈尼民居改造实验 [J]. 建筑学报，2013（12）：38-43.

注释：

1 谷仓位于一层二层的楼梯上方。

2 二层顶部有半米左右的空间可以搭木架，用来挂玉米、搁木柴等。火塘下方的篾架也可以放谷物等。

3 改造过程中还提出以村寨为单位建立居中圈养牛、猪的圈棚的设想，此次未能实施，故不讨论。

4 "1991 年中国国家统计局等 12 部委提出的由 16 项指标组成的中国小康指标体系"中规定农村钢混结构住宅人均使用面积为 15 平方米。

5 增加一层层高也曾考虑过能否采取下挖方式。由于哈尼民居地基打得不是很深，根据经验最多只能下挖 0.2 米，这样对一层层高的改善不大，还可能会对结构造成威胁，所以没采用下挖的方案。

6 最初要求采用榫卯结构固定新柱和老柱，但在现场施工中很难实施，故改为后期用钢板加固。实际实施时，工人用夹板固定其两侧。

第七节　郝堂村的乡村建设之路

郝堂村位于信阳市平桥区五里店乡，地处大别山麓的雷震山地带，面积约 16 平方公里，人口约 2200 人。2007 年的郝堂村人均收入只有 3600 元，是一个典型的贫困村。

郝堂村的转机来自 2011 年开始的乡村建设。经过集中三年左右的建设实践，小山村焕然一新，各项社会建设都得到了推进，村民生活得到了极大改善。从村庄环境卫生的整治，发展到公共卫生事业的拓展，深化到义务教育阶段的勃兴，再到公共文化设施的出现，这一切被和谐地融合在一起。郝堂村既保存了田园风光和传统建筑，又处处流淌着现代化的韵律。村庄环境的改变，吸引着成千上万的城市人来到这里寻找乡愁，也让外出务工的青壮年纷纷回乡创业，经营起农家乐、民宿和本地原生态产品等。原先寂静破败的山村，呈现出一派生机和兴旺景象。见图 6-7-1。

郝堂村的变化是如何发生的？概括地说，是缘于乡村建设的新思路。郝堂村既没有让资本进村上项目，也没有任由长官指挥，而是由基层政府部门、乡建专家团队和本地村民一起，共同缔造了郝堂村的今天。这是一曲多声部的合唱，其建设步骤由浅入深、由表及里，行动也是边想边做、边做边改，最终建设出了既保持村庄面貌和内在社会结构，同时又融入现代元素和新社会群体的新郝堂。2017 年 2 月 9 日，中央电视台新闻联播以头条新闻的方式宣传了郝堂村，这不仅是对郝堂村一个村庄成绩的认可，也是对一种乡村建设模式的肯定。

一、优先发展公共事业

在郝堂村开始建设之前，区委区政府领导就在思考：农村最缺什么？政府能做什么？农村虽然缺钱缺资金，但如果简单把扶贫款或扶贫物资发放下去，农村的贫困面貌不仅不会改变，还养了懒人，将造成新的不均衡、不平等。只有加大农村公共服务投入，才能从根本上减轻农民负担，减少农民生活开支，间接地增加农民收入。

2003 年，鉴于基层组织应付"非典"疫情难有招架之力的痛彻体会，平桥区委区政府在财政十分紧张的情况下，拿出 360 万元为 18 个行政村修建了统一标准的村卫生室，又把全区在农村执业的 400 多名村医送到省城的大医院培训了四个半月。这一举措，初步建立了农村的公共医疗卫生体系，同时也增强了村民对政府的信任度。

修建村卫生室的成功，促使区委区政府在决策时更有信心解决农民的真实需求。根据本区的实际特点，区委区政府的思路仍然不是大规模招商引资，促进农村产业发展，而是"尊重农民的小日子"。帮助农民把小日子过好，为了"微小而美好的改变"而努力。干部们认识到，农民的另一个迫切需求是教育和公共文化实施，所以一反多数地区"撤点并校"的做法，转而大力扶持村庄小学的改造和建设。另外还加强了职业教育和培训，由区里出资兴办的 26 所职业技术学校实行全免费学制，目的就是让贫困青年学一技之长。

公共文化设施的建设，也是平桥区的一个建设亮点。当其他地区的文化部门都热衷于建设乡镇文化站的时候，平桥区独出心裁地建设乡镇级的图书馆。当时有人批评这种高规格的图书馆是"追求政绩"，但区里不为所动，顶着压力给每个乡、每个行政村都建设了图书馆。王继军区长认为，在图书馆的建设上花钱是值得的，这是一个立足长远的建设，对倡导本地读书学习风气大有裨益。图书馆除了借书、藏书，还每年组织"书香平桥"的读书活动，推动全民阅读活动的开展。对于那些想读书而又买不起书的读者，图书馆推行了"你买书、我付钱"的图书回购项目，全价向读者回购旧书。这些举措使平桥群众获得了更多文化实惠，也拉近了图书馆和普通民众的距离，带动了其他文化事业的发展。

区委区政府的思路可以概括为：不能为了发展农村经济而直接抓经济项目，而是要从当地群众的迫切需求入手，解决农民自己无法解决的公共服务问题，为以后的发展奠定基础。

二、启动内置金融

2009 年，郝堂接受三农学者李昌平的建议，成立了夕阳红养老互助合作社。合作社启动资金由胡村主任胡静带头，吸收了 15 名老人作为合作社社员，每人出资 2000 元，向本村在外经商务工的村民注入资金 14 万元，李昌平以个人名义拿出 5 万元。加上平桥区科技局支持的部分资金，合作社本金共计 34 万元。

建立养老资金互助社的目的，是要建立村一级的共同体。基于村一级的资金互助社，可以绕开中国现有土地管理制度下农民的土地不可自由流转的问题。互助社当年只搞了 3 个月，年底就给 15 个入股的老人每人派了 200 元红利，第二年领到 570 元，第三年领到 720 元，去年领到 800 元。运转一年后，不少农村散户在这里得到贷款。合作社成立四年多以来，至今没有出现一笔坏账。

对于规避贷款风险问题，农村有自己的逻辑，这就是农村熟人社会的道德约束力。乡村是熟人社会，村民对彼此的家庭状况、做事能力、道德口碑都相互了解。金融互助合作使不少村民获得了资金上的支持，解决了经济发展缺少资金的难题。在建立合作社的过程中，村民还学到了一种新的合作民主和妥协的方式。拟定章程的时候，村民们"吵"了两天两夜，终于"吵"出来了大家都认可的七章四十七条章程。这个"吵"的过程，也是一次民主实验过程。由此开始，郝堂村形成了一套民主、自治管理本村事务的"规矩"：大事小情都经过民主程序，所有的规矩都是村民自己"吵"出来的。

三、推进生态恢复

郝堂村的改造得益于艺术家孙君。孙君是北京绿十字生态文化传播中心（以下简称绿十字）创始人。他自 2003 年创办这家以环保为工作目标的非营利机构后，主要致力于发展社区参与的农村生态保护，实现生态、生活、生产相结合的发展模式。

2011 年 4 月，绿十字与信阳平桥区政府合作的"深化农村改革发展综合试验区郝堂茶人家"项目启动。项目主要涉及生态环境、乡村规划、民俗文化、村民自治、建筑艺术、水利交通、健康与生计、有机农业、金融互助、乡村旅游、乡村岗位培训等诸多的内容。由绿十字牵头，11 家机构分别负责不同的子项目，比如新农村建设、有机农业、农村养老互助、社区参与、村民自治、旅游文化等。

孙君认为，新农村建设要让年轻人回来、鸟回来、民俗回来，要把农村建设得更像农村。区委区政府与绿十字等团队经过反复磋商，形成了对待村庄自然风貌的四条底线：不砍树，不填塘，不挖山，不扒房。区委主要领导同志提出了对村庄和村民的三个尊重：尊重自然环境，尊重村庄的文化肌理，尊重群众的意愿。在处理政府部门、专家团队和村民之间利益关系时，要遵守三个尊重原则：当专家与政府之间意见不一致的时候，尊重专家的意见；当专家意见与村民意见不一致的时候，尊重村民意见；当村民和政府意见不一致的时候，尊重村民意见。这些大致规矩的确立，使各方意志都得到了体现，特别把处于弱势的村民的意志放在了突出位置。

为了解决群众的信任，把村民凝聚起来，郝堂村的建设先从小事抓起。首先就是对垃圾进行分类。过去村庄缺少垃圾分类或污水处理的概念，"垃圾靠风刮、

图 6-7-1　郝堂村村景
（李君洁　摄）

污水靠蒸发"是农村习以为常的景观。建设村庄先从治理垃圾开始。村里要求村民打扫自己家门前的清洁区，还建立了垃圾处理系统。一开始，这个做法让自由散漫惯了的村民们难以接受，村干部就以身作则，带头到大街上扫垃圾，然后挨门挨户去动员。当大学生村官和外来的乡村志愿者在清理河道、房前屋后的垃圾时，村民自己也坐不住了。后来，村里又把小学生动员起来，上学路上用学校发的塑料袋捡拾垃圾。几个月过去，村民们接受了垃圾分类的理念。

垃圾分类解决后，村里开始进行一建四改（建沼气池、改水、改卫、改厨、改圈）工作，其中最核心的问题是污水处理。经过多次考察，孙君团队给出的方案是，污水一部分进沼气池，一部分通过地埋式家庭花池处理后，向村庄四周自流。村四周种下了 100 亩荷花池，荷花净化水田，还形成了自然景观。满塘荷花吸引了众多游客前来观赏。到了秋天，荷塘里收获的菱角、莲蓬、莲子和鲜藕又成了村民的另一项经济来源。在山坡和空地，村民种上了大片紫云英、格桑花。一到春天，成千上万的紫云英、格桑花蓬勃盛开，装点着整个村庄。格桑花、紫云英还是绿肥，等秋后深翻入土，就可以涵养被农药化肥损伤的土壤。对垃圾、污水的处理，对土壤的治理，很快就让村民感受了生活环境改善带来的好处。

郝堂村在修路时，选择了沙石路。这种路有利于动植物生存，又方便山区水系流动。沙石路保留了自然弯曲，依山顺河而建。原来分散在村庄各家门前的水塘，也进行了整治，使之变成环绕村庄的流动小河，并且用小桥、石矶点缀其间，形成了"流水潺潺、绿水环绕"的景象。

四、村庄保护与改造

孙君发挥自己的艺术家专长，一共画了 3000 多张房屋改造的草稿。他遵循"把农村建设得更像农村"的理念，启发干部和村民对旧房价值的认识和审美观的提升。

"绿十字"把村庄看作一个有文化肌理的存在。所以旧村改造不是另起炉灶，推倒重来，而是对原有房屋、院落的结构功能进行复原或装饰，在房屋建设细节上突出当地传统文化和豫南民俗特色。房屋外墙不贴瓷砖、不抹水泥，保留传统的土坯、砖瓦结构，内部的装修则根据人居需要进行现代化改造。原有的建筑在突出传统农家院落特点基础上，又扩展功能，修整成集居住、喝茶、会客和聚会交流的场所。一经建成，经济效益和文化效益就显现了出来。从整体上看，郝堂村的村容村貌大为改观，村庄建筑与周围的荷、竹、水、溪、茶园形成了一个整体。村庄的传统文化要素得以保存，并与当代生活生产要素进行重组，使村庄既散发了传统村落安详、从容魅力，又充满现代社会的动感韵律。

村民一开始对这种没有贴瓷砖、不抹水泥的房子不认可，觉得"丑""土"。政府也并未急于村民的认可，而是放开手脚，让村民自主选择是否改造房屋。政府运用经济的杠杆作用，对先行改造房屋的农户每家补助了每平方米 130 元补贴，对按照规划图纸建造新房者，每栋房子给予 10 万元贴息贷款。这一举措，也让观望的村民放下心来。待到改造后房屋效果和经济效益出现，农民就自觉地按照规划建造自己的房屋。这一环节，政府用于郝堂村建设的资金仅 360 万元。见图 6-7-2 ～图 6-7-5。

除此之外，郝堂也并非把现代化的新型建筑拒之门外，只要新建筑与郝堂整体规划相协调就可以。在孙君的引荐下，台湾设计师谢英俊也来到这里，他为郝堂小学设计了全新概念的生态厕所。他还为村里设计了一个公共空间——岸芷轩，跨越在郝堂的一处处理污水的水塘之上，遮盖住了村庄的污水处理系统。整个建筑主体结构是轻钢玻璃瓦房，整个建筑简洁明快，通体敞亮。和村庄里"土生土长"的房子不同，这个建筑充满青春时尚气息，却又不显突兀，它成为一个开放式公益空间，村民可以在这里免费看书、喝茶，很快这里就成为青年人喜欢的学习活动中心。

五、创建创业平台

信阳地处我国南北地理分界线上，兼具南北方的自然风光和人文特色。这里良好的自然环境和毛尖茶叶、土猪肉、土鸡蛋、河湖鱼类、无公害蔬菜、菌类等土特产，深受消费者喜爱。

对市民而言，郝堂村吸引他们的是村庄的自然风光和传统的民居建筑，以及由此而兴起的餐饮、住宿等服务业。在村庄环境改变后，在外打工的村民也看到了返乡创业的希望。有不少年轻人携妻儿回到了家乡，这里有祖屋，有工作，有亲情乡情，乡村生活远比城市生活美好。他们的回归，也壮大了郝堂村的建设队伍。

图 6-7-2 郝堂一号院
（孙娜 摄）

图 6-7-3 郝堂村农家乐
（李君洁 摄）

图 6-7-4 郝堂三号院，画家工作
室（李君洁 摄）

图 6-7-5 郝堂村养老院
（李君洁 摄）

村庄按照合作经济的模式，开启农村社会结构再造。首先是成立了以村总支书记曹纪良为董事长、村委会主任胡静为总经理的村集体经济组织——信阳市平桥区绿园生态旅游投资有限公司，这是一个与市场对接的集体所有制企业。绿源公司代理耕地、林权抵押、流转，向农民流转集体用地。外来资本下乡，只能通过绿源公司，与村庄联合开展种植业。村里的土地权属清晰，有助于各种生产要素流动起来，从而拉伸农业的产业链条，增加农产品的附加值。

其次，村民按照生产需要，组织起各种专业合作社。郝堂村对返乡青年的发展十分关心，准许青年创业合作社在充满现代气息的岸芷轩办公。岸芷轩还经常举办电影放映、读书会等文化活动吸引青年人。村里还物色几名年轻人参与此次实验村建设，为村庄培养后备人才，每位入选的人员有 700 元 / 月的生活补贴。为了帮助这些青年进一步学习提高，位于郝堂村的中国乡建院所有的对外培训项目都对本村青年免费开放。

由李昌平、孙君联合创办的中国乡建院，把办公室建在了郝堂村村口原来牛棚的位置上，建筑方案由孙君主持设计。乡建院经常在这里举办各种论坛、会议，还针对全国各地的乡建人士创办了每月一期的乡村复兴讲坛。在李昌平、孙君等人的感召下，很多社会资源也向郝堂村聚集。这些外来力量的介入，对乡村的结构进行了再造和优化，使乡村的精神文化与社会进步趋势联系更紧密，也让乡村与城市的连接更加全面、更加深入。

郝堂村的建设吸引了不少热爱乡村的人士回归乡村。姜佳佳是一名大学生村官，本来是借调到郝堂村来帮助郝堂村公益机构建设的，后来就一直被郝堂村留在青年创业合作社当理事长。退休的小学老师詹丽，自愿到郝堂村图书馆当图书管理员，一边管理图书，一边写作郝堂故事，深受郝堂村民的爱戴。

经过几年的建设，郝堂村的变化翻天覆地。村庄变美了，村民变富了，年轻人回来了，资金变活了。习总书记"看得见山、望得见水，记得住乡愁"的主张，在这里得以实现。2014 年，郝堂村被评为全国首批美丽宜居村庄示范村，是河南省唯一入选的村庄。

六、结语

总结郝堂村的乡村建设经验，有以下几条：

第一是在建设过程中对村庄的认识、理解和尊重。新农村建设不仅是一个致富工程，更是一个系统工程，是一个传统文化、道德观念、文明意识修复的过程。农业文化是传统文化的主要载体，新农村是在传统文明的基础上的复兴，是传承中华文明的基本载体，是现代化的承接地，也是全民族的心灵归宿，在城镇化的过程中，要紧的不是让农村像城市，而是让农村更像农村。

第二是通过创新性建设找到乡村建设的新增长点。与城市相比，乡村与城市相比是有差别的。找到乡村建设的产业平台，这个产业平台的要素是与现代生活对接、与市场需求对接，并由此寻找到乡村的位置。城乡一体，不等于城乡一样。郝堂的经营恰恰就是形成了乡村与城市的互补互帮。

第三是重新塑造村民的尊严。在乡村与社会、特别是村民与城市市民交往中，常因积习而受歧视，这就需要引入逆城市化的思维，用对文化的敬畏之心来从事农村建设，恢复和树立乡村文化的价值。不能把乡村建设看成是一个市场行为，而是一场旨在保护和激活乡村的思想革命。农民觉悟的提高在于乡村外来力量的介入和对乡村的再组织以及对乡村精神的现代化再造。以外发促内联、外联促内生的方式让乡村联上了现代化的快车道，这是一个值得思考的新的制度建设和精神文化建设课题。

本节作者：刘忱

第八节　明月村文创振兴乡村之路

明月村，位于四川省成都市蒲江县，距离成都市区 90 公里，曾经是隋唐茶马古道及南方丝绸之路上的饭宁驿站。全村面积 6.78 平方公里，农户 727 户（其中新村农户 350 户，散居农户 377 户），人口 2218 人。截至 2018 年 4 月，明月村引进文创项目 45 个，带动村民创业项目 30 个，形成了将生态农业、文创产业和乡村旅游相结合的三产深度融合发展方式，人均可支配收入从 2009 年的 4772 元增加到 2017 年底的 20327 元。明月村已被评为全国文明村、中国乡村旅游创客示范基地、四川省文化产业示范园区、2016 年成都市总体社区营造优秀案例和全国乡村旅游人才培训基地实训基地。2018 年 4 月，明月村以《人才振兴促进乡村振兴》登上了中央电视台新闻联播头条。

一、总体规划

2009 年，明月村是成都市级的贫困村，没有历史建筑，没有文化古迹，没有河山，也没有文物，是一个非常普通的村子。2013 年 4 月，从一口古窑的修复开始，明月村走上了乡村振兴之路。

明月村以本地传统的制窑手工艺为源起，发展手工创意聚落和文化创意项目聚落。通过规划和发展，在短短两三年的时间里，明月村从市级贫困村升级为中国乡村旅游创客示范基地和四川省文化产业示范园区。在这个过程中，最重要的一点是带着项目进村的新村民从一开始就和两千多原住民一起生活、劳动、创作，一起吟诗饮酒，从而成为新老村民互助融合、共创共享的幸福美丽新乡村。

明月村的总体规划，就是要建设一个没有"围墙"、没有专门划定某个区域的文化园区。美国注册建筑师施国平在村里的四季更迭与星辰日月里感受到"回归"与"初心"，以及久违的感动与身边的日常之美。他用一颗对土地与农村的尊重与谦卑之心，完成了明月村文化站的设计及村庄总体规划。

施国平认为："明月村的规划与设计，是关于都市到乡村、关于身体与心灵、关于文化艺术与自然的一次深度而整体性的探索。不同于粗放而高效的城市生活，也不同于质朴而单调的农村时光，它代表了另外一种全新的生活态度与状态。一群来自不同行业的有信仰、有文化、讲实证的城市人，回到孕育最初人类文明的田园，通过重拾传统的手工创作以及古老的心灵修养，来找寻一种回归自然、回归本心的生活。这是一种简单、质朴、真诚与喜悦的生活，它也是一条基于农业文明的文化纽带，帮助我们跨越大自然与现代科技文明之间越来越大的鸿沟。"

明月村的乡村建设包括三项内容：乡村产业、乡村建造、社区营造。

二、乡村产业

在乡村产业方面，利用三产互融互动，传统农业与精致农业、文化创意、精深加工、休闲旅游有效融合，构建多层次的生态产业圈。明月村发展产业的根基和要点是农业，在传统优势农业方面要加快农业生产方式转型，5年内实现整村生态种植。

明月村有两千多亩茶园，六千亩生态雷竹。雷竹笋产量非常高，是村民的主要经济来源之一。3月中旬至4月中旬为大量出笋期，在一个月的时间里要卖出600万斤。为此我们联系了各方专家和生态社区，在网络平台"开始吧"面向全国售卖雷竹笋，还发动全村村民一起来卖笋（图6-8-1）。村里的党支部书记负责把控笋的品质，返乡大学生负责电商和客户服务，摄影、宣传片全部由新村民完成。新老村民共同参与，发展订单式精准农业，让大家通过购买雷竹笋来支持明月村的生态环境建设。2018年4月，奥地利总统到访中国，离开前曾在成都的香格里拉酒店用餐，此次宴席的主要菜品之一就是明月村的雷竹笋，它也因此成为联系国际文化的一种媒介。

在乡村旅游方面，两年前明月村就定了基调——"新乡村田园生活方式体验"。明月村不是旅游景区，我们要先做环境提升，过一种充满美感的日常生活，再把这种生活分享给大家。我们并没有刻意地造太多景观，明月村最美的景观就是土地里的农作物。明月村以陶艺手工艺文创园区为核心，引进文创项目及文化创客，形成以陶艺手工艺为特色的文创项目集群和文化创客聚落，实现文化传承、生态保护、产业发展、农民增收的和谐统一。

2015年10月1日以前，明月村没有茶坊和民宿；2018年5月，村里的民宿客房已多达200间，村里开办的文创、陶艺、竹艺、手工艺品设计、艺术展示、游学，以及各种休闲农业体验等多达四五十家。到明月村住一周，每天都可以体验不同风格的民宿，体验草木染（图6-8-2）、陶艺（图6-8-3）等各种不同的文化。明月村推出了一系列衍生品和原创伴手礼，包括篆刻的产品、竹制品、陶瓷、四季不同款式的服装等。2017年中秋节，明月村还出版了诗集《明月集》，并且举行了新书首发式，深受游客喜爱。

图 6-8-1　新老村民共同参与雷竹笋售卖

图 6-8-2　草木染活动体验

图 6-8-3　蜀山窑陶艺传承

三、乡村建造

结合三年的经验和实践，明月村的乡村建造遵循四个方面的原则：

第一，自然。明月村所有的改造都是在原有基础上进行的，尽可能少地改变外观，只是把它整理干净，补充新的功能，让阳光照射进去，把景色引进去，在保持原有乡村特色的同时增加现代美感。比如，将一个猪圈改造成卧室，安装了大玻璃窗以后，进来参观的游客可以透过窗户看到对面村民的家，于是这家村民在墙上挂了一个黑板，写上每天的特色菜，大家参观完可以过去用餐，带动了村民发展餐饮业态。厨房，保留了厨房里的旧土灶，同时也摆上适合现代人生活的厨具、灶具。

在村口，建造了一间乡村图书馆，每天都有本地的村民进去看书，既丰富了村民的业余生活，也提高了他们的文化层次；修建房屋的材料是当地的鹅卵石，石头房子冬暖夏凉，我们已经在里面安然度过了三个夏天、三个冬天，没有安空调，既节能，又环保。在这样的环境里，孩子们非常放松，他们可以感受到自然、安全、艺术。

第二，节约成本。明月村的道路大多在竹林间，保持了乡村的自然特征和整体风貌，没有做硬化处理。现在很多乡村建筑都会统一风格，看起来比较整齐，但实际上乡村在不同的时代留下了不同的印迹，这些印迹也构成了乡村的文化面貌和历史，所以把乡村整理干净、整洁，加上植物的搭配，它是很美的。明月村现有二十多个文创院子，散落在不同的林间，呈现着不同的文化风貌，如果采取完全重建的方式，则需要花费大量的资金。这些院子有一个共同点，就是没有过多的设计，整体建筑呈现一种以用为美的文化特征。

第三，不怕麻烦。在乡村，与村民打交道、说服村民翻修房屋和提升业态有时是很麻烦的事，需要不厌其烦地沟通和鼓励。

第四，地方工匠。在乡村建造过程中，我们和当地的村民一起合作，培养当地的建造队伍，创造了非常多的就业机会，增加了当地村民的收入；他们建造的很多建筑和空间被收录到各种杂志，被拍到电视里，村民对乡村的自豪感和融入感不断增长。

四、社区营造

在乡村文化建设方面，明月村组织开展了很多活动。见图 6-8-4、图 6-8-5。

比如举办专注乡村研究与乡村建设的明月讲堂，每年 12 期，现在已经举办了三十九期，邀请全国范围内乡村建设、乡村文化、乡村旅游、环保、艺术等领域的专家和实践者来讲课。第一期举办于 2015 年 11 月 20 日，明月书馆开馆之时，由四川省旅游发展委培训中心主任任啸博士开讲。任啸博士以《众创年代，何处寻乡愁》为题，对四川乡村旅游的发展与迭代、明月村的美学生活方式内核和产业发展规划，进行了深入浅出的分析。这次讲堂的提纲与内容为明月村未来四年的发展提供了参考。中国行政学院经济学部副主任张孝德教授、水立方总设计师赵晓钧、美国注册建筑师施国平、SMART 文旅度假平台秘书长王旭、清华大学建筑学院副教授罗德胤、台湾新故乡文教基金会理事长廖嘉展、台湾天空的院子创始人何培钧、台湾文化创意产业联盟协会荣誉理事长李永萍、作家与服装设计师宁远、童话书作家十画、莫干山后坞生活民宿创始人王天鹏、浮云牧场创始人余勇、"老房子"集团创始人杨樵等六十余名行业资深人士，都曾在明月讲堂做分享与交流。这些讲课与交流活动，让"明月讲堂"成为一个乡村建设领域的知名品牌，2017年，明月讲堂成为国家乡村旅游人才培训基地精品课程，现场观众超过5000人，网上观众超过十万人。

又比如举办关注村民创业与发展的明月夜校，每年24期，对象为本村村民，关注乡村产业提升、文化提升。明月夜校的内容主要有乡村发展理念、乡村建设操盘手系列课程、乡村建筑系列课程、乡村旅游业态经营规范、民宿经营要点培训、生态农业种植、茶文化培训、手工茶制作培训、手机摄影技能培训、垃圾分类与环境保护系列课程等。我们还组织村民外出参观考察学习，也接收到明月村实习1~2个月或更长时间的博士、硕士及大学生。在他们实习结束，离开明月村之前，也会在明月夜校跟村民分享他们的实习见闻。这些理念层面、实践层面、技能层面及情感层面的持续活动，使明月村形成了浓郁的学习氛围。村民在夜校学习到的实际操作技能，为他们的创业和农业种植及转型起到实际的促进作用，也提升了他们的思想观念意识，激发了他们的创新创业内生动力。而村民素质水平的提高，也让明月村充满了蓬勃的生机和活力，还进一步巩固了明月村以"安居、乐业、家园"

图 6-8-4　晨跑捡垃圾小分队

图 6-8-5　明月讲堂

为主旨的幸福美丽乡村生命共同体。

还有每周六上午的村民陶艺培训班、明月染草木染村民培训计划、明月轩篆刻传习所篆刻培训班、村民导览员培训。每年组织上百场产业技能培训,对村民免费。这些培训为明月村的产业发展培养了在地人才,解决了在地就业上百人,还孵化了村民创业项目近十家。

秉承尊重在地文化的理念,以陪伴、不打扰、不强加的原则,激发、记录、呈现当地文化。每年举办雷竹春笋艺术月、上巳节古琴诗会、明月中秋诗歌音乐会等丰富多彩的文化艺术活动,村民成为这些活动的主体,他们从乡村文化的"观众",变成了乡村文化的创造者、享有者。村里还成立了放牛班儿童合唱团、守望者乐队等文化自组织,劳动妇女们成立了明月之花歌舞团,白天采茶做陶,晚上练舞排舞。她们的表演登上了村、镇、县、市的演出舞台,并在 2018 年多次受到中央电视台的报道。这些生于斯、长于斯的村民们,在劳作之余做陶、写诗、唱歌、跳舞,开始进入审美的日常生活。他们的脸上眉间,流淌着幸福与文化自信。

五、结语

总结明月村的乡村建设经验,主要有四条:

第一,关于明月村的理念,关键词是安居、乐业、家园。

第二,规划先行。2015 年成都市规划局、蒲江县规划局指导明月村编制村庄规划,后来一直依循当初的规划路线发展,几乎没有改变过。

第三,发展模式,即政府搭台、文创撬动、产业支撑、公益助推、共创共享,所有的参与方都不去标榜或彰显自己,大家同心协力、搭好台子,让村民当主角。

第四,人才振兴激发乡村活力,明月村的艺术家、设计师、茶艺师、实习生、返乡大学生等新老村民,大家心系明月村的每一步,共同发展。

另外我本人还有几点体会:

第一,在乡村做事需要深耕细作。

第二,节制知止。不要盲目扩张建造,要持续深入地改变文化风貌。

第三,不怕麻烦。在乡村,与村民打交道、说服村民翻修房屋是很麻烦的事,需要不厌其烦地劝导和鼓舞。

第四,有时候乡村的工作是很艰辛的,要活在生活里,活在四季里,活在自然里。

第五,乡村建设要塑造一个氛围,让每一个个体都散发出光芒,让每一种特长都得到充分发挥。

第六，我们和村民探讨明月村的哲学、建筑材料，以及明月村的未来，我们在村里见证了村里很多的日常，每一个日常都让我们觉得那是明月村最重要的事情，也让我们非常感动。须知日常美最可贵。

本节配图均由李耀摄影。

本节作者：陈奇